通信对抗仿真技术及评估

主　编　汤云革　杨志飞
副主编　于　鹏　牛　腾　张永鑫　张涛涛

西安电子科技大学出版社

内 容 简 介

通信对抗仿真与评估是电子装备体系对抗鉴定试验实施的重要一环，其主要表现形式为射频注入、纯数学仿真、暗室辐射式仿真及其组合。本书主要从通信及通信对抗仿真要素出发，介绍了无线信道大小尺度传播效应建模、基于无线信道探测数据的多径参数萃取方法、通信及通信对抗天线辐射效应建模、射频无线信道传播效应平台复现机理、通信对抗仿真可信度要素及内外一致性分析、通信对抗复杂电磁环境适应性仿真、基于不同应用的试验评估模型的描述等内容，保证了通信对抗体系仿真的高可信度、科学性及可操作性。

本书具有较强的实用性和创新性，适合无线通信及通信对抗领域的工程技术人员参考，也可作为高等院校通信对抗系统方向的研究生教材。

图书在版编目(CIP)数据

通信对抗仿真技术及评估/汤云革,杨志飞主编. 西安 ：
西安电子科技大学出版社，2024.12
ISBN 978 - 7 - 5606 - 7258 - 8

Ⅰ. ①通⋯ Ⅱ. ①汤⋯ ②杨⋯ Ⅲ. ①通信对抗—计算机仿真
Ⅳ. ①TN975

中国国家版本馆 CIP 数据核字(2024)第 103464 号

策　　划　刘小莉
责任编辑　裴欣荣　刘小莉
出版发行　西安电子科技大学出版社(西安市太白南路 2 号)
电　　话　(029)88202421　88201467　　邮　　编　710071
网　　址　www.xduph.com　　　　　　　电子邮箱　xdupfxb001@163.com
经　　销　新华书店
印刷单位　陕西天意印务有限责任公司
版　　次　2024 年 12 月第 1 版　　　2024 年 12 月第 1 次印刷
开　　本　787 毫米×1092 毫米　1/16　　印张　16.5
字　　数　388 千字
定　　价　49.00 元
ISBN 978 - 7 - 5606 - 7258 - 8/TN

XDUP 7560001 - 1

＊＊＊如有印装问题可调换＊＊＊

前　言

随着国内外新型电子战装备朝着网络化、体系化、联合作战等方向快速发展，其测试规模也越来越庞大，需要消耗大量的人力、物力等资源。为了解决这一问题，业界大多采用将实际室外场地测试与室内仿真测试相结合的手段，由此对通信对抗仿真平台设施提出了较高的要求，即平台系列传播效应模型、多天线模型、信道复现平台、测试方法及评估模型等应具有较高的可信度、科学性及可操作性。

本书以通信对抗仿真基础的含义为出发点，着重对其仿真过程中的关键要素进行了系统的阐述，主要包括以下几个方面：

一是介绍了通信对抗各类应用场景下的传播效应模拟方法，包括空间大尺度传播效应的预测及建模方法、叠加在大尺度上的小尺度传播效应的预测及建模方法以及基于实测数据的多径参数萃取方法；

二是系统阐述了通信对抗典型天线辐射特性的建模方法，进行了典型天线仿真，并提出了相应的精度验证方法；

三是介绍了通信对抗无线信道仿真平台的传播效应复现机理，还介绍了平稳信道与非平稳信道建模及模拟方法，同时对于软复现的 Quadriga 仿真方法也进行了介绍；

四是对通信对抗仿真的测向/侦察/干扰机理、室内外测试结果一致性分析方法、可信度进行了分类介绍，提供了提高可信度的具体措施及分析方法；

五是对通信对抗复杂电磁环境适应性仿真技术的构建方法进行了介绍，基于高效原则提出了一种基于客体脆弱性的复杂电磁环境构建方法，建立了适应性考核仿真平台的基础架构；

六是基于目前的效能评估方法，构建了评估指标体系，创新性地提出了基于多维多域复杂电磁环境的"旋转套桶"评估方法。

全书共 8 章，第 1、2 章由杨志飞、于鹏、张永鑫编写，第 3～6 章由汤云革、杨志飞、张涛涛编写，第 7、8 章由汤云革、杨志飞、牛腾编写。汤云革负责确定研究方向以及全书的结构设计和统稿工作。

在本书编写过程中，编者得到了南京航空航天大学朱秋明教授、中国电子科技集团第二十二所卢昌盛研究员及电子信息系统复杂电磁环境效应国家重点实验室冯润明研究员的技术支持，在此谨致谢意。另外，在此对参加本书编排、校对及绘图工作的刘万洪、杨来涛、刘旭光、赵广超、王毅等同志也表示感谢，对书中引用的有关参考文献的作者一并致谢。

通信对抗仿真方法规范化研究尚处于不断探索的过程中，由于时间和作者经验、水平有限，书中疏漏之处在所难免，请读者批评指正。

编　者

2024 年 2 月

目　录

第1章 绪 论

通信对抗仿真是通信对抗装备测试鉴定领域一个不可或缺的关键环节,大量仿真测试与少量外场实物测试相结合的测试模式,不仅可以提高测试效率,而且由于其可控性、遍历性等优势,可有效支撑体系对抗的复杂性、动态性及多样性等要求,目前已成为世界发达国家装备鉴定的主要测试手段。本章主要对通信对抗仿真的实质、意义、分类、特点及发展趋势等内容进行总体介绍,以支撑后续章节。

1.1 通信对抗实质及仿真意义

通信对抗是指为削弱、破坏目标方无线通信系统的作战使用效能和保障己方无线电通信系统正常发挥使用效能所采取的战术技术措施和行动的总称[1]。其实质是敌对双方在无线电通信领域内为争夺无线电频谱控制权而开展的电磁波斗争。

从广义上讲,通信对抗的基本内容包括通信侦察、通信干扰和通信电子防御三部分。前两者是显而易见的,而对于通信电子防御来说,它实为通信抗干扰,是采用反侦察与反干扰技术措施保障己方通信系统正常工作的手段,如目前无线电通信中采用的信源/信道纠错编码技术、加解密技术、猝发通信技术、频率自适应通信技术、跳频通信技术、天线自适应调零技术及多波束天线技术等,由此可见,通信电子防御也属于通信技术范畴,且是通信设备的组成部分或其附属设备。从狭义上讲,通信对抗的基本内容是由通信侦察和通信干扰两部分组成的,但在通信侦察中,对目标方通信装备方向和位置的侦察属于无线电测向定位的范畴,无线电测向定位已形成了独立的理论体系,为此,本书中关于通信测向定位的内容独立成章,这样,狭义地讲,通信对抗的基本内容包括通信侦察、通信测向定位和通信干扰三部分。

通信对抗仿真是利用纯数学、注入式及暗室辐射等多种平台设施,在想定的对抗态势下,对各类想定作战目标的无线通信专向、短波网、超短波网、移动通信网、散射通信网、卫星通信网、数据链网络等进行侦察、测向和干扰,并将获取的各类数据进行综合处理和效果评估,将其结果与所想定要求中规定的战术技术指标和作战使用要求进行比较分析,以达到对仿真对象的科学评估。通信对抗仿真具有广泛的应用前途,其具有低成本、可回放、效率高的优点,在装备研制、作战训练及内外一体化体系对抗中扮演着重要角色,本书的内容对于推进通信及通信对抗仿真测试、训练及推演具有重要意义。

1.2 通信对抗仿真对象及主要内容

1.2.1 通信对抗仿真对象

通信对抗仿真的实质是对通信对抗过程中的对抗规则、干扰方、目标方、空间传播效应及效果评估进行模拟[2]。其中，对抗规则主要是指对对抗双方的战情博弈的设计过程，包括力量部署、交战规则及支撑它们的地理信息系统等；干扰方为通信对抗装备，即可以是实体装备，也可以是数学仿真装备模型；目标方为干扰方的干扰对象，依据干扰方的装备类型可以区分为不同的通信节点或通信网络；空间传播效应是对干扰方及目标方无线信号传播过程及效应的无限逼真模拟，包括大小尺度的传播效应模拟；效果评估是对干扰方的干扰效应进行评估及目标方的抗干扰效能进行评估，应依据不同的评估对象采取最合适的方法进行评估。

1.2.2 通信对抗仿真评估主要内容

通信对抗仿真评估的内容主要包括对仿真对象的技术性能、战术性能等的评估。对于通信对抗装备，技术性能主要包括装备的总体技术性能、测向能力技术性能、侦察能力技术性能、干扰能力技术性能等。对技术性能的评估，主要采用"符合性"的评估思路，即检验其各项指标是否满足相关要求，如总体功能、测向精度、测向时间、通信侦察距离（或侦察范围）、跳频网台分选时间、跳频信号侦察时间、调制方式识别和解调能力、通信干扰距离（或干扰范围）、多目标干扰能力等。对战术性能的评估，主要采用"实战化"的评估思路，即检验其各项指标是否满足作战要求等，其"实战化"的评估思路，包括三方面：一是按"实战化"要求进行测试条件的设置，这是评估的前提；二是按"实战化"操作流程对被验对象进行操作使用，获取测试数据，这是评估的基础；三是按"实战化"对抗效果进行作战效能的检验，这是评估的最终目的。

1.3 通信对抗仿真设施及特点

1.3.1 通信对抗仿真设施

在电子对抗测试与效果评估中，正确选择测试设施，恰当使用测试手段至关重要，其决定了测试的效果、效率及性价比。对于测试设施，美国空军第 99 - 103 号指令描述了六种不同类别的测试与鉴定设施：① 建模与仿真设施；② 测量设施；③ 系统集成测试室；④ 硬件在回路设施；⑤ 系统安装测试设施；⑥ 野外测试场。目前这一分类方法已被美国国防部及北约成员国广泛采纳。在许多情况下，上述这些分类有重叠，也不是很严格，但基本上可以区分为室内仿真测试设施、室外实装测试设施及两者的高度融合。本书从通信对抗仿真的角度，在上述分类的基础上，提出了适应通信对抗仿真架构的三种室内仿真测试设施，即全数学仿真平台设施，半实物仿真平台设施和暗室辐射式仿真平台设施，下面对这三类设施进行简要介绍。

1. 全数学仿真平台设施

一般来说，全数学仿真平台设施由通信对抗各类仿真应用软件（包括通信方装备模拟、对抗方装备模拟、效能评估计算、背景电磁环境模拟、作战地理场景模拟、传播效应模拟、推演显示等众多软件包）、计算机网络及外设等软硬件设备支撑。目前，实际应用过程中，市面上大多商业软件，若按全数学仿真平台功能划分，其基础组成可包括仿真导控分系统、仿真控制分系统、战情产生分系统、模型计算分系统、电磁态势数据生成分系统、态势显示分系统、数据库分系统、效果评估分系统及硬件平台分系统等部分，如图 1.1 所示。

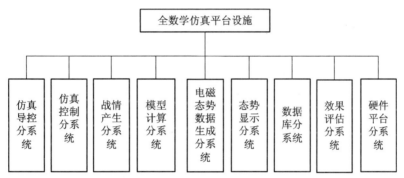

图 1.1　全数学仿真平台设施组成示意图

（1）仿真导控分系统：控制仿真进程，负责完成战情推进、系统同步、信息分发、数据采集等功能。

（2）仿真控制分系统：完成仿真方案评估、用频装备信息管理、电磁影响分析和信息对抗训练。

（3）战情产生分系统：按作战时间节点规划红蓝双方电子对抗装备位置、工作参数、工作状态等信息。

（4）模型计算分系统：接收仿真控制分系统的模型参数计算指令，承担装备、天线、电波传播、效果评估等模型的实时计算，并将结果反馈给仿真控制分系统。

（5）电磁态势数据生成分系统：根据作战想定中的战场复杂电磁环境需求，调用辐射源模型，生成具有相应强度、密度、样式和时空分布特性的电磁态势数据。

（6）态势显示分系统：以数字地图为基础，显示地理环境、兵力部署、运动目标航迹、用频装备工作参数与状态、电磁态势等信息，并可以完成与用户的交互。

（7）数据库分系统：包括地理信息数据库、仿真模型数据库、用频装备数据库、仿真战情数据库和仿真结果数据库。其中，地理信息数据库提供战场地形、地物、气象等信息，为作战仿真构建接近实战背景的虚拟作战地理空间；仿真模型数据库提供通信装备、对抗装备、环境信号、天线辐射、电波传播及效果评估等模型，用以生成战场电磁态势数据，评估通信或干扰效果；用频装备数据库维护用频装备信息、用频台站信息等；仿真战情数据库负责管理与维护战情设计方案，包括各作战时间节点目标方电子信息装备位置、工作参数、工作状态等；仿真结果数据库存储仿真过程中所产生的各类数据。

（8）效果评估分系统：根据评估指标和评估模型，对仿真数据进行计算、分析、对比、显示，并存储评估结果。同时具备查看历史数据的功能，并以文字、图形、表格等多种形式对结果进行显示。

（9）硬件平台分系统：包括为支撑上述应用的计算机、服务器、交换机等硬件设备。

2. 半实物仿真平台设施

半实物仿真平台设施一般由仿真控制分系统、信号空间传播特性模拟分系统、仿真评估分系统、电磁环境模拟分系统、仿真辅助分系统等部分组成。半实物仿真平台通过"营造"一个室内电波传播效应环境和场地的背景电磁环境，来进行"无辐射"式通信对抗仿真。典型的半实物仿真系统一般由五部分组成，如图1.2所示。

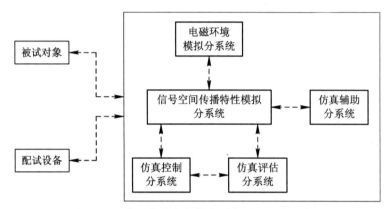

图1.2　通信对抗半实物仿真平台设施组成示意图

（1）仿真控制分系统。该系统用于完成仿真任务规划、仿真战情编排、动态的无线信道和装备天线模型参数计算、仿真进程控制、仿真结果存贮和显示等功能。在仿真运行时，采取基于同一时序控制全系统仿真时的闭环过程。

（2）信号空间传播特性模拟分系统。该系统主要依托多入多出的信道模拟器，用来模拟外场测试场区用频装备及其信号空间传播衰减特性、时延特性、多径特性、衰落特性、多普勒特性和目标辐射源的来波方向等参数，以达到对外场环境传播效应的逼真模拟。

（3）仿真评估分系统。该系统采集仿真数据，针对不同的应用场景，采用传统经典算法或智能算法，对被验装备性能和作战效能进行综合科学评估。

（4）电磁环境模拟分系统。该系统主要用来模拟战情设计的作战过程中不同阶段所需的背景电磁信号，包括自然电磁信号、敌我双方目标信号、对抗信号等，以支撑装备在各类复杂电磁环境下的适应性测试。

（5）仿真辅助分系统。该系统主要为时统设备以及矢量网络分析仪、频谱仪、示波器等，以实现系统工作状态、设备故障的在线自检以及仿真设备工作参数的校准，保证仿真设备的精度，实现各工作端口的频谱实时监视。

3. 暗室辐射式仿真平台设施

暗室辐射式仿真测试平台设施一般由电波暗室、环境信号模拟分系统、干扰信号模拟分系统、天线分系统、转台分系统、测试设备分系统、控制与评估分系统、时频与网络分系统等部分组成。其一般架构如图1.3所示。

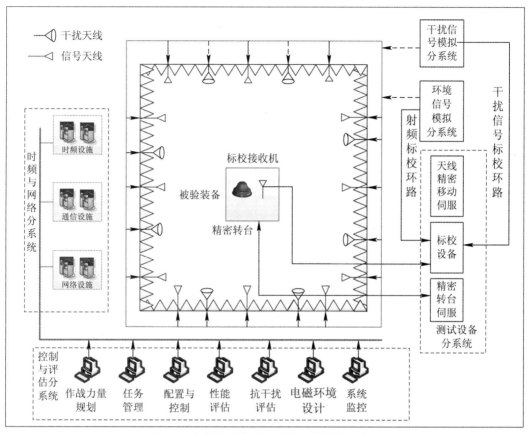

图 1.3　辐射式对抗仿真测试平台结构示意图

（1）电波暗室。电波暗室为测试提供一个满足静区性能要求的测试环境。电波暗室根据测试对象的大小、干扰频段等需求进行设计，满足测试对象的远场条件，其主要由屏蔽壳体、吸波材料、通风设施、空调、消防报警等设备组成。

（2）环境信号模拟分系统。环境信号模拟分系统用于各类环境无线电特性模拟，它既可以模拟信号的方向特性，也可模拟辐射源和接收设备相对位置变化的动态特性。另外，该分系统还具备海杂波、地杂波、气象杂波等杂波信号的模拟能力。

（3）干扰信号模拟分系统。干扰信号模拟分系统用于产生各类不同干扰样式的干扰信号。该分系统主要由干扰信号模拟器组成，具备模拟压制干扰、欺骗干扰及组合干扰等干扰信号样式的能力。

（4）天线分系统。天线分系统主要由环境信号发射天线阵、干扰信号发射天线阵、接收天线阵、天线射频阵列开关矩阵、天线滑轨等设施组成。

（5）转台分系统。转台分系统用于被验装备的架设，其主要由精密三轴转台及其配套设施组成。

（6）测试设备分系统。测试设备分系统用于测试中的测试和标校，主要由标校设备、精密转台伺服机构、天线精密移动伺服机构等设备组成。

（7）控制与评估分系统。测试控制与评估分系统用于测试中的过程控制和管理，其主要由计算机和外围设备以及应用软件组成，以实现作战力量规划、任务管理、参数配置与控制、电磁环境设置、性能评估、抗干扰评估及测试过程中的全要素监控等。

（8）时频与网络分系统。时频与网络分系统用于各分系统之间的时间同步和通信，其主要由时频设施、通信设施、网络设施等组成。

1.3.2 通信对抗仿真设施的特点

对于实装对抗，通信和通信干扰信号均是在真实的物理空间传播，各种车辆或飞机等载体对任务系统的影响是直接的，测试结果直观，可信度高。但实装对抗受测试场地、设施、空域、天气和时间等限制，相较室内仿真灵活性差，且易造成电磁频谱泄密，一般只能取得典型场景条件下的定量测试结果，为一特定场景的一个测试样本，地理环境不能穷举遍历，且生成实战电磁信号环境需要花费大量的人力、物力和财力。而采取全数学仿真、半实物仿真、暗室辐射式仿真相比实装对抗测试具有以下特点。

1. 全数学仿真的特点

全数学仿真是基于模型的仿真，具有经济性好、灵活性强和仿真模型通用性强等优势。数学仿真适用于两个方面：一是设备总体论证和设计阶段，通过它可以检验理论设计的正确性与合理性；二是测试数据处理阶段，通过采集实装对抗或半实物仿真测试数据，推算通信对抗装备对真实作战对象的对抗效果，推算被验或配试设备更大规模的对抗效果，推算通信对抗装备在想定作战环境下的对抗效果等。

数学仿真难以独立承担测试任务，这是由于支撑数学仿真的各类模型的准确性需要长时间的验证及修正，特别是其中大多数装备模型为功能模拟而不是信号级模拟，严重制约了仿真的逼真性，使得其承担全数学仿真测试任务十分困难，或难以取得理想效果。

2. 半实物仿真的特点

半实物仿真是仿真技术中置信水平最高的一种仿真，与其他类型的仿真方法相比，它具有更高的可信性。对于很难建立起准确数学模型的系统或设备，在实际操作中，以实物直接参与测试，从而可以避免难以准确建模的困难。利用半实物仿真，还可以进一步校准修正数学模型，给数学仿真提供基础数据。半实物仿真在以下四个方面具有明显特点。

（1）边界能力测试方面。相对于实装对抗，半实物仿真通过"实装-虚拟-构建"的模式，可方便地进行边界能力测试。通信及通信对抗的边界能力包括最大通信距离、最大侦察距离（范围）、最大干扰距离（范围）。在实际运行过程中，可依据被验装备的作战使命进行战情设计，配置信道模拟器传播参数，逐次逼近被验装备相应作战场景的边界传播效应，从而反演其相应边界距离（范围）。

（2）规模化体系对抗测试方面。外场实装测试规模大多为被验对象简化版的典型应用模式，无论是从数量上还是类型上，往往不足以有效支撑体系对抗的数量及类型要求。半实物仿真可利用基于虚实结合的各类半实物仿真平台，进行基于战情设计的被验装备及作战目标的规模化模拟，可为数据链对抗、卫星对抗、敌我识别、战术互联网侦察与干扰等测试与训练任务提供体系化、规模化的作战目标模拟。

（3）复杂电磁环境适应性测试方面。相比于外场实装测试，半实物仿真复杂电磁环境仿真测试至少具有以下四个方面的优势：一是电磁环境易设、可控、可知；二是仿真测试要素想定与构建灵活多样，测试遍历性、重复性好，便于规律探索、多样本统计和测试评估；

三是测试地域集中，保密性好，易于组织，能减少人力、物力、财力消耗，缩短测试周期，提高测试效率；四是测试进程可控，不会因外界气候条件恶劣、飞行计划取消或外界电磁信号干扰严重等因素影响测试进程。

（4）一体联动测试方面。一体联动测试包括室内的一体化仿真测试和室内外场一体化联动测试。前者是对集雷达、通信、光电及指控为一体的被验装备进行的半实物仿真测试，是室内各专业的半实物联动测试；后者是室内半实物仿真与外场测试的一起联动，即内外场测试在统一战情下进行，内场系统运行有外场实测数据流，外场有内场规模化数据支撑，内外交互、内外互补，以达到内外场各种资源的综合运用，可提供高逼真度条件下的综合测试与评估。

由于半实物仿真测试系统中采用实物＋数字仿真模型的运行模式，模型的准确程度将直接影响测试结果的可信度。模型需要不断地、循环往复地验证与修正，没有长时间数据积累，一般短时间形成高精度半实物测试能力的难度比较大。

3. 暗室辐射式仿真的特点

暗室辐射式仿真测试属于半实物仿真技术范畴，可用于装备研制过程中和研制完成后的性能测试，甚至可替代部分全实物环境下的测试，辐射式仿真是一种高效、可靠、可重复、高性价比的测试手段。目前，常见的暗室有米波暗室、微波暗室、毫米波暗室和光电暗室等。

与半实物仿真测试相比，辐射式仿真测试的优点是在空域上电子对抗设施直观明了，测试信号和测试结果更直观逼真。其缺点是适用频段较高，测试规模相对较小，基建和硬件费用高等。其主要特点有：一是测试场地具有全天候、保密、能避免外界电磁干扰的优越测量环境；二是仿真测试电磁环境可知可控；三是可规避对实际作战卫星和导航系统的干扰，采用"缩比"方法达到同等考核目的；四是暗室辐射式仿真测试易于设定多种战情，易于搭建配试环境，易于设置边界条件，易于组织实施，具有重复性好、效费比高、安全保密等诸多优势。

1.4 通信对抗仿真要素中的关键模型

在上述全数字仿真、半实物仿真、暗室辐射仿真平台设施上开展通信对抗各类业务仿真中，事关仿真结果可信度的，是其各类仿真模型模拟的准确性。这些模型中主要表现为通信对抗仿真中的各类装备模型、天线模型及无线信号传播效应模型。对于装备模型一般采取实体模拟或数字模拟手段解决，不在本书中做重点介绍，本书侧重于对后两类模型的分析，将在后续章节中做详细介绍。

1.4.1 通信对抗电波传播效应模型

电波传播效应模型主要分为确定性模型、经验模型及两者的结合，其建模要素主要体现为接收方的幅度特性、时延特性、多普勒频移特性等变化。

1. 幅度特性

电波传播幅度特性由电波环境所决定。在通信对抗工作频段内，电波传播主要在电离层和对流层传播。无论在哪种介质中传播，无线电信号均会遭受不同传播路径的衰减和衰落，概括起来为三种效应：中值衰减、慢衰落和快衰落，可由式(1.1)表述为

$$P(\bar{d}) = A(\bar{d}) \times S(\bar{d}) \times R(\bar{d}) \tag{1.1}$$

式中，$P(\bar{d})$表示传播效应，其中，$\bar{d}$表示发射天线与接收天线之间的距离，矢量$\bar{d}$表示了距离的方向性；$A(\bar{d})$表示电波传播中的衰减效应，主要通过理论和统计实验的方法获得；$S(\bar{d})$表示慢衰落效应，反映了电波传播在中尺度上的平均效应，主要通过理论与统计实验相结合的方法获得；$R(\bar{d})$表示快衰落效应，反映了电波传播在小尺度上的效应，主要通过理论建模或多径测试设备的测试结果来确定。

电波传播中的衰落泛指接收信号随机起伏的现象。从衰落的机制上划分，可分为衰减型衰落和干涉型衰落；从衰落的时空变化上划分，可分为慢衰落和快衰落；从衰落的成因上划分，可分为静态衰落(对应固定业务)和非静态衰落(对应移动业务)。

大量的实验证明，慢衰落$S(\bar{d})$来源于电离层吸收损耗的缓慢变化(天波传播模式下)或障碍绕射损耗的缓慢变化(陆地移动业务)。从衰落机制上来说，它具有衰减型衰落的性质。由于式(1.1)中前两项本质上都是衰减，且造成的影响均可通过增大信号功率来降低，因此可将它们合并到一起来描述，称为传播衰减或传输损耗，本书在后续章节中称之为大尺度传播效应。至于$R(\bar{d})$一项，从衰落机制上划分，属于多径干涉衰落，本书在后续章节中称之为小尺度传播效应。

2. 时延特性

对于收发无线装备均处于地面模式的情况来说，传输时延的表述如式(1.2)所示。

$$\tau = \frac{d}{c} \tag{1.2}$$

式中，τ为传播时延，单位为ms；c为光速，单位为m/s；d为收发端之间的距离($d = 6371 \times D$，单位为km，其中，$D = \arccos[\sin X_T \sin X_R + \cos X_T \cos X_R \cos(Y_R - Y_T)]$，$(Y_T, Y_R)$、$(X_T, X_R)$为收发两端的地理经纬度)。

对于短波天波传播来说，情况有点特殊，其是通过电离层反射传播的，而电离层层数(如D、E、F_1、F_2层)和每层的高度是时变的。在传输损耗计算中，计算出了每条传播路径的传输损耗和路径长度，传输损耗最小的路径为主路径，其传输时延可由式(1.3)表述为

$$\tau = \frac{L}{c} \tag{1.3}$$

式中，τ为传播时延，单位为ms；L为主路径长度，单位为km；c为光速，单位为m/s。

对于收发无线装备处于地空或空空模式的情况来说，传输时延可由式(1.4)表述为

$$\tau = \frac{\sqrt{d^2 + (h_T - h_R)^2}}{c} \tag{1.4}$$

式中，τ为传播时延，单位为ms；d为收发端之间的距离，单位为km；h_T为发端天线离地面的高度，单位为km；h_R为收端天线离地面的高度，单位为km；c为光速，单位为m/s。

3. 多普勒频移特性

移动业务的多普勒频移可由式(1.5)表述为

$$f_d = \frac{v}{c} \times f \times \cos\alpha \tag{1.5}$$

式中，f_d 为多普勒频移，单位为 Hz；f 为载波频率，单位为 Hz；c 为光速，单位为 m/s；v 为收信台相对于发信台的运动速度，在数值上相向运动时为速率之和，相对运动时为速率差的绝对值，单位为 m/s；α 为移动平台运动方向与无线电波入射方向间的夹角。

1.4.2　通信对抗天线辐射特性模拟

天线辐射特性建模方法比较多，不同尺寸、不同形状的天线应采用不同的分析方法。本书依据工程实践，把天线辐射特性的建模方法大致分为三大类，即严格解析法、近似解析法和数值分析方法，前两者往往用于简单天线的仿真建模，随着计算机技术的发展，数值分析方法建模是经常应用的方法。

1. 严格解析法

严格解析法包括严格建立和求解偏微分方程或积分方程。其中，严格求解偏微分方程的方法是分离变量法，严格求解积分方程的方法主要是格林函数法。严格解析法只限于简单形状的天线建模，如单根圆柱形线天线，无法分析多阵子天线或较复杂的线性天线。其原理基础源自麦克斯韦方程：

$$\nabla \times \boldsymbol{H} = \mathrm{j}\omega\varepsilon\boldsymbol{E} + \boldsymbol{J} \tag{1.6}$$

$$\nabla \times \boldsymbol{E} = -\mathrm{j}\omega\mu\boldsymbol{H} \tag{1.7}$$

$$\nabla \cdot \boldsymbol{E} = \frac{\rho}{\varepsilon} \tag{1.8}$$

$$\nabla \cdot \boldsymbol{H} = 0 \tag{1.9}$$

连续性方程为

$$\nabla \cdot \boldsymbol{J} + \mathrm{j}\omega\rho = 0 \tag{1.10}$$

式中，ω 为源的角频率；ε、μ 为媒质的介电常数和磁导率，在自由空间中 $\varepsilon = \varepsilon_0 = \dfrac{1}{36\pi \times 10^9}$（F/m），$\mu = \mu_0 = 4\pi \times 10^{-7}$（H/m）；$\boldsymbol{J}$、$\rho$ 分别为天线上的电流密度（A/m²）和电荷体密度（C/m³）。由于存在连续性方程，$\boldsymbol{J}$ 和 ρ 有确定关系，因而可将 $\boldsymbol{J}$ 视作唯一的源。

直接从式(1.6)～(1.10)由 $\boldsymbol{J}$ 求场 $\boldsymbol{E}$、$\boldsymbol{H}$ 为直接法。也可引进辅助位函数作为中介进行求解，可令

$$\boldsymbol{H} = \nabla \times \boldsymbol{A} \tag{1.11}$$

仅由式(1.11)并不能唯一地确定 $\boldsymbol{A}$，将式(1.11)代入式(1.7)，得 $\nabla \times (\boldsymbol{E} + \mathrm{j}\omega\mu\boldsymbol{A}) = \boldsymbol{0}$，所以矢量 $(\boldsymbol{E} + \mathrm{j}\omega\mu\boldsymbol{A})$ 是一无旋场，它必然是某一标量位函数 ϕ 的梯度，可令 $\boldsymbol{E} + \mathrm{j}\omega\mu\boldsymbol{A} = -\nabla\phi$，为了能单值地确定 $\boldsymbol{A}$、ϕ，可再规定 $\nabla \cdot \boldsymbol{A} = -\mathrm{j}\omega\varepsilon\phi$，称为洛伦兹条件，即有

$$\boldsymbol{E} = -\mathrm{j}\omega\mu\boldsymbol{A} + \frac{1}{\mathrm{j}\omega\varepsilon}\nabla(\nabla \cdot \boldsymbol{A}) \tag{1.12}$$

$$\boldsymbol{H} = \nabla \times \boldsymbol{A} \tag{1.13}$$

式中，$\boldsymbol{A}$ 满足如下非齐次矢量波动方程

$$\nabla^2\boldsymbol{A} + \omega^2\mu\varepsilon\boldsymbol{A} = -\boldsymbol{J} \tag{1.14}$$

若场源分布在一个有限区域 V 内，则此方程在无源区域中的解为

$$\boldsymbol{A}(\boldsymbol{r}) = \frac{1}{4\pi}\int_V \boldsymbol{J}(\boldsymbol{r}')\frac{\mathrm{e}^{-\mathrm{j}kR}}{R}\mathrm{d}v \tag{1.15}$$

式中，$R=|\boldsymbol{r}-\boldsymbol{r}'|=\sqrt{(x-x')^2+(y-y')^2+(z-z')^2}$，$\boldsymbol{r}$ 为观测点（场点）P 的坐标矢量，$\boldsymbol{r}'$ 为源中某点 Q（源点）的坐标矢量，R 为 P、Q 间距离，$k=\omega\sqrt{\mu\varepsilon}$ 为电磁波的传播常数。在自由空间中 $k=\omega\sqrt{\mu_0\varepsilon_0}=\dfrac{2\pi}{\lambda}$，$\lambda$ 为波长。空间场如图 1.4 所示。

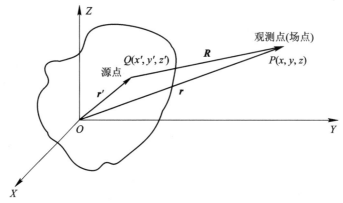

图 1.4　空间场的计算

则无源空间观测点 P 处的电磁场为

$$\boldsymbol{E}_p=-\frac{\mathrm{j}\omega\mu}{4\pi}\int_V \boldsymbol{J}\phi\mathrm{d}v+\frac{1}{4\pi\mathrm{j}\omega\varepsilon}\nabla\nabla\cdot\int_V \boldsymbol{J}\phi\mathrm{d}v-\frac{1}{4\pi}\nabla\times\int_V \boldsymbol{M}\phi\mathrm{d}v \tag{1.16}$$

$$\boldsymbol{H}_p=-\frac{\mathrm{j}\omega\varepsilon}{4\pi}\int_V \boldsymbol{M}\phi\mathrm{d}v+\frac{1}{4\pi\mathrm{j}\omega\mu}\nabla\nabla\cdot\int_V \boldsymbol{M}\phi\mathrm{d}v+\frac{1}{4\pi}\nabla\times\int_V \boldsymbol{J}\phi\mathrm{d}v \tag{1.17}$$

2. 近似解析法

近似解析法目前比较常用的方法有内外问题分析法及高频分析法。内外问题分析法是首先确定源区的场（内问题），然后再去求源区以外的场（外问题）；高频分析法是把典型边界条件下严格解的结果应用于非典型边界，如几何光学法、几何绕射法、物理光学等，或变分法、迭代法等。

1）内外问题分析法

内问题分析法：假定天线直径无限细，天线分段无限小，每个分段可看成是电流元、线元或面元，电流元、线元或面元的辐射场很容易求出。

（1）电流元的辐射场。

电流元是线天线的基本辐射单元，对于细单极天线和偶极天线，其辐射特性可通过其天线上的每一微分电流元的辐射场的叠加来分析。电流元的辐射场各分量如下。

电场：

$$E_r=\frac{Z_0}{2\pi}\beta^2 I\mathrm{d}z\left[\frac{1}{(\beta r)^2}-\frac{1}{(\beta r)^3}\right]\mathrm{e}^{-\mathrm{j}kr}\cos\theta \tag{1.18}$$

磁场：

$$H_\varphi=\frac{\mathrm{j}}{4\pi}\beta^2 I\mathrm{d}z\left[\frac{1}{(\beta r)}-\frac{1}{(\beta r)^2}\right]\mathrm{e}^{-\mathrm{j}kr}\sin\theta \tag{1.19}$$

式中，$Z_0=\sqrt{\mu_0/\varepsilon_0}=120\ \Omega$，$I\mathrm{d}z$ 为电流元的矩量，r 为场点到电流元的距离，$\beta=\dfrac{2\pi}{\lambda}$。

电流元的辐射电阻：

$$R_r = 80\pi^2 \left(\frac{\mathrm{d}z}{\lambda}\right)^2 \tag{1.20}$$

（2）线元辐射。

线天线在超短波以下的工作频率范围内有广泛的应用，线天线可视为阵元及激励电流呈连续分布的线阵，若已知天线上的电流分布，由线天线的方向图函数可通过天线上第一微分电流元辐射场的积分叠加来得到。

① 驻波线电流辐射。设线天线上的电流分布函数为 $f(x)$，天线方向图函数 $f(\theta, \varphi)$ 可表示为电流分布函数的傅里叶积分

$$f(\alpha) = \frac{l}{2} \int_{-1}^{1} f(x) \mathrm{e}^{\mathrm{j}ux} \mathrm{d}x \tag{1.21}$$

式中，$u = \frac{1}{2} kl\sin\alpha$，$l$ 为线源长度，α 为线源中心点到场点矢径与线源的法向夹角，而 x 则为线源的归一化长度（$-1 \leqslant x \leqslant 1$）。

② 行波线电流辐射。行波线电流的辐射场为

$$E_\theta = \frac{60 I_0}{r_0} \sin\theta - \frac{\sin\left[\dfrac{kl}{2}(\gamma - \cos\theta)\right]}{\gamma - \cos\theta} \tag{1.22}$$

（3）面元辐射理论。

面元是构成面天线口径的微面积单元，有时称为惠更斯辐射元。面元在面天线中所起的作用与电流元(电基本振子)在线天线中所起作用同样重要。整个天线口径产生的场可由面元辐射场叠加而成。面元的辐射场可分如下步骤进行计算。

① 电平面上的辐射场：

$$\mathrm{d}E = e_\theta \mathrm{d}E_\theta \tag{1.23}$$

式中，$\mathrm{d}E_\theta = \pm \mathrm{j} \dfrac{E_{\alpha x}}{2\lambda r} \mathrm{d}x\mathrm{d}y(1 + \cos\theta)\mathrm{e}^{-\mathrm{j}kr}$，此式说明面元电平面的合成场的极化方向在 e_θ 方向，位于 xoz 平面内，故称该平面为电平面。

② 磁平面上的辐射场：

$$\mathrm{d}E = \varphi \mathrm{d}E_\varphi \tag{1.24}$$

式中，$\mathrm{d}E_\varphi = \pm \dfrac{E_{\alpha x}}{2\lambda r} \mathrm{d}x\mathrm{d}y(1 + \cos\theta)$。

外问题分析法：外问题是利用叠加方法，将各电流元、线元或面元的辐射场在远场叠加即得到天线的辐射场。

2）高频分析法

高频分析方法是基于麦克斯韦方程渐进求解的，它可以与射线追踪技术结合在一起，建模对象为电大尺寸天线，主要用来弥补矩量法、有限元法、时域有限差分法等在计算电大尺寸天线方面的缺陷。目前，传统的高频分析方法主要有以下几种：几何光学、几何及一致性绕射理论、物理光学及物理绕射理论。

3. 数值分析方法

天线的数值建模方法比较多，可分为时域和频域的解析，常见天线数值分析分类方法

如图 1.5 所示。目前，国际上比较通用的商业电磁特性计算软件大都采用图 1.5 所用的方法，如 Ansoft HFSS 主要采用有限元法，FEKO 核心算法采用矩量法，XFDTD 采用时域有限差分法。这里主要对矩量法和有限元法进行介绍。

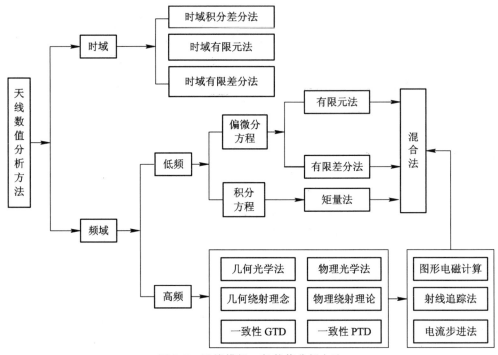

图 1.5 天线模拟一般数值分析方法

1）矩量法

矩量法以线性空间理论为基础，首先把未知函数展开成线性无关基函数的级数表达式，而后选择适当的权函数求内积，把积分方程转换成线性代数方程组，通过求矩阵元素和矩阵求逆，最后得出未知函数的解。其解法过程如下。

第一步：建立待求解问题的支配方程

$$L(f) = g \tag{1.25}$$

式中，L 为线性积分算子，g 为源或激励（已知函数），f 为场或响应，它为待求未知方程。

第二步：对于待求解的物理问题建立几何模型和求解区域。

第三步：对于几何模型和求解区域进行离散化剖分：

$$f \approx \sum_{n=1}^{N} a_n f_n \tag{1.26}$$

式中，a_n 为待定系数，f_n 为诸场或响应。

第四步：利用加权残数法建立误差泛函：

$$R(r) = L\left[\sum_{n=1}^{N} a_n f_n(r) - g\right] \tag{1.27}$$

第五步：利用对应离散化剖分单元的分域基函数离散化误差泛函，建立对应矩阵方程：

$$\sum_{n=1}^{N} a_n \langle w_m, L(f_n) \rangle = \langle w_n, g \rangle \tag{1.28}$$

式中，选择权函数 w_n 的目的是使 $R(r)$ 尽量小。上式可表示成矩阵方程

$$[Z][I] = [V] \qquad (1.29)$$

式中，$[Z]$ 为阻抗矩阵，$[I]$ 为电流分布矩阵，$[V]$ 为电压分布矩阵。

第六步：求解矩阵方程，获得待求函数的离散化近似解。

矩量法的主要功能在于数值求解算子方程的未知函数（如电流分布），一旦求出了天线上的电流分布，其他问题便容易解决了。求解时，若采用分域脉冲基函数，其是将天线分割为许多基本振子（电流元），每个振子上的电流是等幅同相的，但各振子是不同的，天线的辐射场是这些基本振子各自辐射场的叠加。在叠加时，应考虑各基本振子的相位差和波程差；类似地，若采用分域三角形基函数，其总场可以看成基本短振子辐射场的叠加；若采用分段正弦基函数，其总场是 N 个半波振子辐射场的叠加。矩量法应用的好坏还直接取决于分段方法、基函数和权函数的选择。

2）有限元法

有限元法是微分方程的一种数值解法，它建立在变分原理、区域剖分和插值的基础上，即从变分原理出发，求得与微分方程边值问题等价的变分问题（通常是二次泛函求极值的问题），然后通过分区插值，把二次泛函的极值问题化为一组多元线性代数方程来求解。其求解过程如下。

第一步：建立待求解天线问题的支配方程；

第二步：对待求解的物理问题建立几何模型和求解区域；

第三步：对几何模型和求解区域进行离散化剖分；

第四步：利用加权残数法建立误差泛函；

第五步：利用对应离散化剖分单元的分域基函数离散化误差泛函，建立对应矩阵方程；

第六步：求解矩阵方程，获得待求函数的离散化近似解。

有限元法与矩量法的不同之处，在于有限元法是基于微分方程的数值方法，矩量法是基于积分方程的数值方法。

1.5　通信对抗仿真发展趋势

近年来，随着现代信息技术的高速发展以及军用和民用领域对仿真技术的迫切需求，运用仿真手段对重大项目进行先期验证性理论测试与评估，已得到各个应用领域的普遍认同。从通信对抗仿真技术的发展来看，该技术已经从单项装备的仿真发展到成系统的仿真，从单系统局部性能仿真发展到多网系综合仿真与评估，从单一功能仿真发展到多功能综合仿真，从传统仿真发展到多媒体仿真、并行仿真和分布式交互仿真。目前，国际上通信对抗仿真技术的发展趋势是向分布式、交互式、开放式以及标准化、组件化和集成化方向发展，通过采用标准体系框架，保证仿真模型、仿真系统之间的互操作和可重用性。

因此，面对日益复杂的仿真对象，未来的通信对抗仿真也会广泛采用分布式仿真技术，能够集成不同类型的仿真应用，实现基于 LVC（真实-虚拟-构造）仿真的无缝连接。这种一体化的仿真代表了 21 世纪军事仿真发展的一个主要方向，其主要趋势有：在体系结构上，由集中式、封闭式发展到分布式、开放式和交互式，构成可互操作、可重用、可移植、可伸

缩及具有强交互能力的协同仿真体系结构；在功能上，由单个武器平台仿真、单系统仿真，发展到联合作战环境下的体系对抗仿真；在手段上，从单一的构造仿真、真实仿真和虚拟仿真发展到集上述多种仿真为一体的综合仿真系统；在效果上，由人只能从系统外部观察仿真结果发展到人能进入系统内部，与系统进行交互，并取得身临其境的感受。

1.5.1　内外场一体联动测试模式[3, 4]

关于内外场一体联动测试，目前还没有统一的定义，可以认为：内外场一体联动测试是一种综合利用内外场各种手段和方法开展测试的过程或思想，以模型为基础，以充分有效利用测试数据为核心，集成优化内外场各种测试资源，按需组合，达到测试效益最大化的目的。从这个意义上理解，内外场一体联动测试首先是一种综合开展测试的过程或指导综合开展测试的思想。第一，从实践的层面看，内外场一体联动测试就是将内外场置于一个整体测试体系框架下来考虑，是包括测试任务需求分析、测试设计、环境构建、组织实施和评估论证等所有方面在内的测试开展的全过程。实现内外场一体联动测试就是实现测试资源的按需组合、数据交流共享、综合环境构建等，开展一体联动测试评估。第二，从认知层面上来看，内外场一体联动测试是为解决资源综合利用问题和提高测试效率的一种集成优化的测试管理思想，是指导测试开展和测试场建设发展的思想或方法论，实现内外场一体联动测试就是在这种思想的指导下开展相关技术研究与应用等工作。第三，虽然内外场一体联动测试中一体联动的重点是内场测试和外场测试，但其解决的是各类测试资源任务开展割裂、信息使用独立、发展不平衡等问题，使各类测试资源能够共同发挥作用完成测试任务。

如何开展内外场一体联动测试要视具体情况而定。首先要考虑被验系统的特点、被验系统内部各单元之间的依赖关系，其次还要考虑测试目的所延伸出的具体测试需求，以及内外场测试资源情况。依据以上各因素，内外场一体联动测试模式可分为内外场结合模式、内外场联合模式、内外场融合模式三种。

1. 内外场结合模式

内外场结合测试模式是由内场和外场独立完成被验装备的某个指标的测试与评估，即每个指标对应一种测试方式，然后将各自的评估结果结合起来，完成一个完整的评估报告。在这种测试模式下，内外场产生的测试数据基本上无相关性，即内外场测试数据是简单的"加法"关系。

内外场结合测试模式可以应用于"独立"的模块、指标、功能或系统的测试中，即被验项目中各单元和功能间相对独立，某个单元或某单项功能不依赖于其他单元或功能的数据、信息、指令。这些独立的单元或功能通常不需要严格评估其他单元或功能的性能就可得到单独评估。

2. 内外场联合模式

内外场联合测试模式是以内场测试数据作为先验知识开展外场测试的一种应用模式，这种模式下，内外场测试数据具有一定的相关性，往往是外场测试数据的产生依赖于内场测试数据。测试开展过程中，内外场之间有非实时的信息交互，即内场仿真测试的信息可作为外场开展测试的基础。

内外场联合测试模式可以应用于系统中各单元和功能在保持自己功能特性的同时，需要依靠来自其他单元的数据、信息、提示或其他功能的系统。

3. 内外场融合模式

内外场融合测试模式是按照 LVC 的思路,在内外场一体联动测试技术框架下,内场仿真资源、外场模拟和实装资源按照即插即用的模式,实现按需组合、灵活重构,构建柔性可重组的测试环境,测试过程中内外场测试资源产生的信息实时交互融合,共同完成测试。内外场融合模式可以应用于集成性较强的系统的测试中,这类系统往往具有类同的功能特征,各子系统或单项功能之间没有可识别的边界,各种子功能都是基于复杂的调度和资源控制算法,通过系统中所有组件或大多数组件的共享实现的。

总之,内外场一体联动测试如"鸟之两翼,车之双轮",相辅相成,不可或缺,是一项技术要求高、涉及领域广、多种测试手段融合的系统工程。为适应对抗装备鉴定的需要,保证内外场一体联动测试顺利进行,还需要在测试总体技术、测试实施方法、模型技术及数据技术等方面开展针对性研究工作。

1.5.2 体系对抗半实物模式

目前,美军建立了最为先进的电子信息系统靶场测试体系,在其建设发展初期,也采用了以外场实装为主的方式。但在装备测试鉴定过程中,发现靶场建设存在系统重用性差、扩展困难等问题,依靠自然环境和实装为主的方式构建测试环境的成本巨大,难以承受。为解决这一难题,美军开始重视仿真测试能力建设,虚实结合、内外一体逐步成为美军装备测试建设发展的基本理念。美军在 60 年代后期,开始建设大型的全数字、半实物和混合仿真系统等,逐步采用综合手段开展电子装备的测试鉴定。80 年代,美军开始引入一体化分布式仿真技术,在建设先进仿真系统的同时,逐步实现测试训练设备及仿真系统之间的互联,协调完成复杂的仿真测试任务。"针对 C4ISR 系统的端到端测试"等具有代表性测试的开展,表明美军具备了系统级对抗的能力。21 世纪以来,美军通过先进仿真技术推动靶场体系结构和标准规范统一,逐步实现各测试靶场和设施、训练靶场、测试室和其他建模与仿真设施之间的共享、重用、互操作。2005 年美军首次开展了联合红旗军演(JRF05),利用虚拟和真实结合的仿真技术构建作战环境,对参演部队的体系作战能力进行检验,2018年的红旗军演中应用了真实、虚拟和构造集成架构(LVC - IA)的互操作训练体系,表明美军具备了联合一体的体系对抗测试训练能力。

以色列受制于国土面积与领土争端,不利于开展大规模实飞与实弹测试训练,因此其大量运用仿真技术建设环境模拟装置和电子战评估系统,综合利用在美军靶场开展的测试数据和实际作战数据,达到对武器装备进行测试训练的目的,其在虚实结合的仿真理论和实际应用方面走在世界前列。

俄罗斯的武器装备测试鉴定体制与技术发展路线与美军有很大不同,总体上,俄罗斯是通过实验与理论相结合的测试方法,在武器装备研发过程中通过建模来对产品的设计构想和基本性能指标进行评估,采用数字仿真和物理仿真测试对新构想、新方案的可行性以及单体、系统的性能进行评估,最终通过有限的实装测试来完成整个测试评估。

可见,在世界主要军事强国测试鉴定发展过程中,仿真技术发挥的作用越来越大,采用仿真手段开展体系对抗已成为军事装备测试的主要发展趋势,是武器装备测试鉴定不可或缺的重要手段。

体系对抗下半实物仿真的基本原理是：把实装或模拟设备从天线射频端口断开，将其与射频注入网络的端口连接，在注入网络中将目标、干扰和电磁环境等信号混合后，注入实装或模拟设备的信号接收端。射频信号注入相比于外场实装对抗测试，半实物仿真测试从物理上缺少了实际天线以及电磁波传播与平台运动过程，这些效应的模拟由射频注入网络完成。射频注入网络提供天线辐射特性效应、电波传播效应、运动效应模型，以完成对射频信号幅度、相位、时延、多普勒频移等参数的逼真模拟。

在射频注入网络方面，2017 年 4 月 21 日美国正式启用"罗马竞技场（Colosseum）"项目，该平台是由美国国防部国防高级研究计划局（DARPA）开发的新一代电磁环境模拟注入网络，其组成如图 1.6 所示。

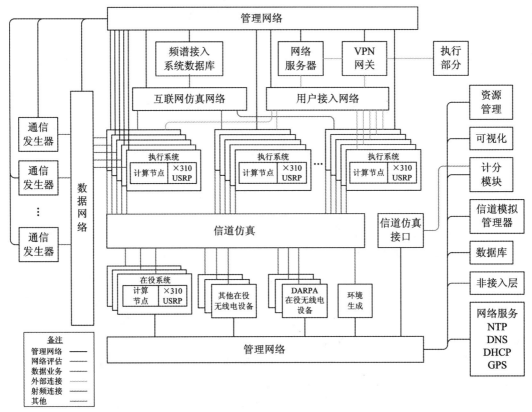

图 1.6 "罗马竞技场"组成框图

该平台利用虚实结合的思想，集成了可扩展软件无线电（SDR）与云计算技术，通过应用大量的新一代射频源仿真器，提供多样化、完全可控的仿真测试环境。该环境测试网络包含 128 个双天线软件无线电与 64 个现场可编程门阵列（FPGA），具备 256×256 个射频通道，可实时模拟城市、沙漠等多种环境下 256 种无线通信设备间的 6.5 万个通道之间的相互交互过程，每个通道提供 100 MHz 模拟带宽，整体支持 25.6 GHz 的带宽，各通道可同时运行多种想定，是一个大规模实时交互学习的可扩展软件定义的无线电 SDR 分布式系统雷达通信对抗仿真平台。

为了改进上述平台，以能够支持"24 小时×365 天"长时间、不间断任务的虚拟数字射频战场的智能化电磁频谱作战训练,美国国防部高级研究计划局(DARPA)于 2019 年度启动了"数字射频战场模拟器(Digital RF Battlespace Emulator,DRBE)"项目。DRBE 旨在创建世界上第一个大规模的虚拟战场射频环境模拟平台,用于应用模块开发、战法培训及真实战场博弈仿真与评估。DRBE 系统预期可实现在完全闭环的射频环境中,将真实的电子战、雷达、通信等射频系统通过数字射频战场模拟器进行实时交互。由于射频环境的精确仿真一直是商用现有电子系统的难题,故 DRBE 项目重点在低延迟、高吞吐量计算所必需的计算架构、战场环境效应模拟算法工具套件和体系结构等方面寻求突破,力图通过探索新颖的实时高性能计算架构,通过平衡计算吞吐量和极低的延迟,来模拟日益复杂的战场射频环境的特征。

第2章 通信对抗无线信号空间大尺度传播效应

大尺度传播效应主要表现为各类辐射源信号传播过程中的传输损耗变化，作为通信对抗仿真无线信道传播效应模拟诸要素中的重要一环，其模拟精度直接决定着对真实无线信道传播环境模拟的逼真度及通信对抗仿真结果的可信度。本章在通信对抗各类典型应用地理场景的基础上，对其大尺度传播效应的模拟计算方法进行框架性的介绍，主要目的是为建立与真实场景一致的大尺度传播效应提供支撑。

2.1 通信对抗大尺度典型应用传播场景及其建模方法[5]

2.1.1 通信对抗大尺度典型应用传播场景

本书在梳理 ITR - R. P 系列标准及传播效应理论建模的前提条件下，依据通信对抗及其对抗目标各类装备应用的陆海空天区域，将其传播场景分为 6 种，即陆地收发固定场景、陆地移动场景、海上移动场景、航空移动场景、星地链路场景、散射链路场景。另外，在上述场景中还要考虑一些特殊现象对传播效应的影响，如气象因素引起的对流层大气波导，不同季节偶发产生的云/雾/雨/雪/沙尘等。

陆地收发固定场景是指收发设备均在地面且保持静止状态的无线电业务，是最常见的无线电通信及通信对抗应用方式之一，其大尺度传播效应计算受工作频率、地形、地物、天线架高及无线电空间气象诸因素的影响。

陆地移动场景是指收发设备均在地面且至少有一方保持移动状态的无线电业务。同样，其大尺度传播特性计算受工作频率、地形、地物、天线架高、移动速度及无线电空间气象诸因素的影响。

海上移动场景是指收发设备至少有一方在海面且保持移动状态的无线电业务。同样，其大尺度传播特性计算受工作频率、海面粗糙度、海面温度、移动速度及无线电空间气象诸因素的影响。

航空移动场景可以是地面站与飞机之间，也可以是飞机与飞机之间，其特点是至少有一个台站在空中，且航空器可到达离地面 20 km 的高空。航空移动场景是介于地面通信业务与卫星通信业务之间的一种通信场景，其传播电路可穿过整个对流层或同温层的下边界。

星地链路场景按其近地或地面接收终端的不同运动状态和位置，一般分为陆地端固定、陆地端移动、海上端移动、近地航空端移动等。卫星通信中的卫星中继设备一般居于大气层外，信号要穿越大气层外空间、电离层、同温层、对流层区域到地（海）面，因此，必然存在着电离层效应、对流层效应及地（海）面由于地形地物而产生的多径传播效应等。其中，在对流层中还要考虑一些由气象条件引起的传播效应，如大气吸收衰减、降雨衰减、降雪衰减、云雾衰减、沙尘衰减等。

散射链路场景属于超视距传输的一种，其产生主要是由大气对流运动造成的，大气湍流中存在着大大小小、形状各异、或快或慢运动变换的空气旋涡、云团边际和各某种渐变层结等，它们的温度、湿度和压力与周围空气不同，从而其折射指数也与周围空气有差异。当无线电波通过这种不均匀介质时，除受到折射外，还会被各种不均匀体再次辐射，这种对流层不均匀体对无线电波的再辐射，称为对流层散射。利用对流层散射，无线电波可实现超视距传播，单跳距离一般在 300 km 左右，最远可达 1000 km。对流层大尺度电波传输损耗与工作频率、距离、散射角、气象条件、公共散射体高度、天线口径与介质耦合和收发天线的增益等因素有关。

2.1.2　通信对抗大尺度传播效应建模方法

通信对抗大尺度传播效应是指在无线信号的电波传播过程中，由距离扩散、传输媒质以及障碍物等对电波的吸收、散射、绕射、反射等作用所引起的信号衰减。本书基于 ITU - R P.341 - 6 定义，大尺度传播效应可表述为收发装备之间信号的空间传输损耗。目前，针对大尺度传播效应的建模方法可分为三种：经验预测模型、确定性预测模型和半经验半确定性预测模型。

经验预测模型是由大量测量数据经科学统计分析后所归纳出的通用中值模型，这类模型中，比较典型的有 Egli 模型、Okumura-Hata 模型、ITU - R 相关推荐模型（其各类推荐模型仍处于不断更新中）及 Ibrahim-Parsons 模型。经验模型方法的优点是简单，应用时不需要详细的各类环境信息，计算方便快捷；缺陷是其基于不同概率条件下的统计模型，在实际场景下的预测精度往往与真实值有出入，甚至差值还比较大，此时最好的解决办法是通过实测以对统计模型进行本地化模型修正。

确定性预测模型是在严格的电磁传播理论基础上，根据电波传播的初始条件和边界条件，通过复杂求解可得到传播路径上的电波传播效应计算结果。初始条件由发射源决定，一般相对固定，边界条件则由传播媒介与分界面的形状和电磁特性决定，通常随传播环境的变化而不同。一般来说，环境描述的精度直接决定了边界条件的精度，从而也最终决定了确定性模型的精度。由于确定性模型对具体环境中的电波传播特性有较高的预测精度，因而成为当前电波传播领域主要的研究方向。目前，大多数确定性模型是基于射线跟踪的电磁方法的，如几何光学、物理光学、几何绕射理论、一致绕射理论等。市场上也有相应的计算软件，如 REMCOM 公司开发的 Wireless Insite 软件包，可计算规则地形与非规则地形的电波传播特性。

半经验半确定性预测模型是上述两种方法在某些特殊场景或特殊需求下的结合。半经验半确定性模型比经验模型要求更详细的环境信息，但又少于确定性模型的要求，应用起来也比较容易，预测速度也很快，但显然，这也是个统计模型，预测精度一般来说也有一定的欠缺，通常适用于特定地形环境中的电波传播预测。

2.2 基于统计方法的大尺度传播效应计算

通信对抗电波传播效应大尺度传播效应（在下面描述中以传输损耗来表述）的计算，首先要依据通信及通信对抗装备的工作频段、运动状态、传播模式，而后选择相应的计算方法进行预测计算。下面对通信对抗的几种典型应用场景下传输损耗的计算方法进行简要介绍。

2.2.1 陆地固定场景下短波以下频段大尺度传输损耗计算

短波段及以下频段传输损耗的计算包括地波传播计算、天波传播计算，其计算架构如图 2.1 所示。

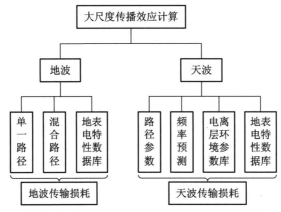

图 2.1   短波段及以下频段传输损耗计算架构

下面分类介绍如下：

1. 地波传播传输损耗计算

地波传播传输损耗计算依据地形的状况分为规则地形与不规则地形的计算，其中规则地形计算方法包括单一路径地波传输损耗预测方法和混合路径地波传输损耗预测方法。

1）规则地形条件下的地波传播传输损耗计算

所谓单一路径是指收发电路之间地面的电气参数可以近似为一致，目前常用的方法主要有两种：一是利用 ITU-R P.368 推荐模型（10 kHz～30 MHz）中图表进行查表或拟合计算[6]；二是利用 GJB/Z 87 - 97 提供的地波计算三套公式，即推广的平地面公式、留数级数公式和几何光学公式进行计算。

所谓混合路径是由几段地面不同的电气参数所构成的，如陆海交界及陆上不同土地的渐变等。地波在混合路径上传播时，在接收端的场强取决于电波传播路径跨越的各段不同性质地面电气参数、长度等的组合情况。混合路径的传播计算以单路径传播计算为基础，将混合路径分段计算，最后以一定的规则合成得到混合路径的场强。比如，若混合路径由三段不同地面电气参数所构成，则在收发互易条件下，其计算过程如下：

收端接收电平

$$E_R = E_1(d_1) - E_2(d_1) + E_2(d_1 + d_2) - E_3(d_1 + d_2) + E_3(d_1 + d_2 + d_3) \quad (2.1)$$

发端接收电平

$$E_T = E_3(d_3) - E_2(d_3) + E_2(d_3 + d_2) - E_1(d_3 + d_2) + E_1(d_3 + d_2 + d_1) \quad (2.2)$$

则混合路径接收电平

$$E = \sqrt{E_T + E_R} \quad (2.3)$$

式中诸场强单位均为 dBμV/m，d_1、d_2、d_3 为划分的三段距离，单位为 km。

2）不规则地形条件下的地波传播传输损耗计算

收发电路之间的地面不都是可以假定平滑的，在传播路径上会遇到树木、村庄、城镇、桥梁、高压输电线路等各种地物，在山区、丘陵地带，地形起伏变化更大。凸起的地形和地物将会阻挡地波的传播，使其耗散更多的能量。因此，其传播路径上的传输损耗不仅取决于地面的电气参数，而且还会受到地形和地物的附加影响。

地形和地物对地波传播的影响与波长有关，如对于地形来说，如果地形起伏的程度与波长相比很小，则收发之间的地面路径可以按平滑地面考虑，否则则需要考虑其附加的影响。目前，工程上常常用实效参数来粗略考虑它们对地波的影响。其估计方法如下：

第一步：假定收发点之间为理想导电平面；

第二步：在收发中间考虑地形地物突出物的影响（如较大起伏地形、城市、村庄、山峰等障碍物）；

第三步：如果突出物的线度远远小于波长，此时地面的实效电导率按下式估计：

$$\sigma_g = \frac{\lambda}{960\pi^4 \times h^2 \times \phi^2} \quad (2.4)$$

式中，λ 为信号波长，单位为 m；h 是突出物的平均高度，单位为 m；ϕ 是单位面积内突出物占有的总面积，单位为 m^2。

在用上述方法计算出实效电导率的基础上，利用 ITU-R P.368 提供的不同地面电导率、介电常数地波传播曲线进行插值拟合，得到此类情况下的地波传播接收场强曲线。

利用上述方法，在得到地波传播接收点场强后，收发之间地波传播的传输损耗可用下式转换求得：

$$L = 142.0 + 20\lg f - E \quad (2.5)$$

式中，L 为收发之间的传输损耗，单位为 dB；f 为信号频率，单位为 MHz；E 为接收场强度，单位 dBμV/m。

2. 天波传播基本传输损耗计算[7]

天波传播的计算首先需要进行收发之间的路径参数计算，在此基础上进行最大可用频率（MUF）预测及传输损耗计算，另外还需要相应的电离层参数库及地表电特性参数库的支撑。路径参数计算主要包括收发之间的发射功率、收发天线增益、时间（年、月、时）、大圆距离、方位角、反射点经纬度、反射点太阳天顶角及正午太阳天顶角、反射点磁旋频率、反射点磁倾角、f_0E、f_s、f_0F_2、$M(3000)F_2$、地面介电常数、地面电导率等，最大可用频率预测包括 E 层反射点的 MUF 预测及 F_2 层反射点的 MUF 预测。传输损耗计算主要包括其传播过程中的自由空间基本传输损耗、电离层的吸收损耗、高于最大可用频率（MUF）损耗、地面反射损耗、极区损耗及其他损耗等。ITU – R P.533 提供了小于 7000 km、7000～9000 km、高于 9000 km 三种距离下的传输损耗计算方法，而通信对抗短波装备大多作用在 7000 km 范围之内，由此本节主要侧重于对路径小于 7000 km 的天波传播计算模型进行介绍，其传输损耗计算表达式表述如下：

$$L_{bj} = L_{bfj} + L_{ij} + L_{mj} + L_{gj} + L_{hj} + L_{zj} - G_t \qquad (2.6)$$

式中，L_{bfj} 为第 j 条路径的自由空间损耗，单位为 dB；L_{ij} 为第 j 条路径的电离层吸收损耗，单位为 dB；L_{mj} 为第 j 条路径的高于基本 MUF 的损耗，单位为 dB；L_{gj} 为第 j 条路径的地面反射损耗，单位为 dB；L_{hj} 为第 j 条路径的极区损耗，单位为 dB；L_{zj} 为第 j 条路径的其他损耗，单位为 dB；G_t 为发射天线增益，单位为 dB。

1) 自由空间损耗 L_{bfj}

当电波在自由空间中传播时，随着电波越来越远离发射点，能量在越来越大的面积内扩散，当忽略电离层和地面的弯曲效应时，这种损耗就是电波在自由空间中传输的损耗。根据每条路径的跳距、跳跃次数和射线仰角，来计算该模式下的路径长度 $r_j(j=1,2,3)$，进而计算第 j 条路径的自由空间损耗 L_{bfj}。

$$L_{bfj} = 32.44 + 20\log f_j + 20\log r_j \qquad (2.7)$$

式中，f_j 为工作频率，单位为 MHz，r_j 如果是单跳，则

$$r = 2R_0 \frac{\sin\dfrac{d}{2R_0}}{\cos\left(\Delta + \dfrac{d}{2R_0}\right)} \qquad (2.8)$$

r_j 如果是 n 跳，则

$$r_e = 2R_0 \sum_{j=1}^{n}\left[\frac{\sin\left(\dfrac{d_j}{2R_0}\right)}{\cos\left(\Delta + \dfrac{d_j}{2R_0}\right)}\right] \qquad (2.9)$$

式中，R_0 为等效地球半径，单位为 km；d 为单跳跳距，单位为 km；Δ 为每跳射线仰角，单位为 rad；d_j 为 n 跳中每跳的跳距，单位为 km。

2) 第 j 条路径的电离层吸收损耗 L_{ij}

电离层对短波信号能量的吸收损耗主要表现为在电离层 D 区的"非偏倚吸收"与在 E 区和 F 区中的"偏倚吸收"。所谓"非偏倚吸收"是指电离层的折射指数接近于自由空间的数值 1，电波在此区域并不折射，或者说不偏离其轨道传播；而"偏倚吸收"的折射指数一般小于 1，电波会偏离其轨道传播。

第 j 条路径的电离层吸收损耗 L_{ij} 的表达式为

$$L_{ij} = \frac{n(1+0.0067R_{12})\cdot \sec i}{(f+f_H)^2}\cdot \frac{1}{k}\sum_{n=1}^{k}AT_{noon}\frac{F(\chi_j)}{F(\chi_{jnoon})}\cdot \varphi_n\left(\frac{f_V}{f_0 E}\right) \qquad (2.10)$$

式中，f、f_H 为工作频率，单位为 MHz；i 为 110 km 高处的电波入射角；k 为反射点数；f_H 为各控制点上电子磁旋频率纵向分量的平均值；χ_j 为第 j 个控制点的太阳天顶角；$\chi_{jnoon}=\lambda_j-\delta$ 为第 j 个控制点本地时正午的太阳顶角。$\dfrac{F(\chi_j)}{F(\chi_{jnoon})}$ 中 $F(\chi)=\max(\cos^P(0.881\chi),0.02)$，其中 P 为日吸收指数；$\varphi_n\left(\dfrac{f_V}{f_0 E}\right)$ 为穿透吸收因子，其值分区间求解；本地时正午，

$R_{12} = 0$ 时的吸收因子 AT_{noon} 可由相关图表查得。

3）第 j 条路径的高于基本 MUF 的损耗 L_{mj}

计算第 j 条路径的高于基本 MUF 的损耗 L_{mj}（当电波频率高于基本 E 层 MUF、F_2 层 MUF 时，损耗将随频率变化）。

（1）对于 E 层模式

$$L_{mj} = \begin{cases} 0 & f \leqslant \mathrm{EMUF}(t, j) \\ 130\left(\dfrac{f}{\mathrm{EMUF}(t, j)} - 1\right)^2 & f > \mathrm{EMUF}(t, j) \end{cases} \tag{2.11}$$

式中，$\mathrm{EMUF}(t, j)$ 为 E 层最大可用频率，当 $L_{mj} > 81$ 时，取 $L_{mj} = 81$ dB。

（2）对于 F_2 层模式

$$L_{mj} = \begin{cases} 0 & f \leqslant \mathrm{F_2MUF}(t, j) \\ 36\left(\dfrac{f}{\mathrm{F_2MUF}(t, j)} - 1\right)^{1/2} & f > \mathrm{F_2MUF}(t, j) \end{cases} \tag{2.12}$$

式中，$\mathrm{F_2MUF}(t, j)$ 为 F_2 层最大可用频率，当 $L_{mj} > 62$ 时，取 $L_{mj} = 62$ dB。

4）第 j 条路径的地面反射损耗 L_{gj}

由第 j 条路径的跳跃次数 n_j 计算其地面反射损耗 L_{gj}。

① 若为一跳传播时，则其地面反射损耗为

$$L_g = 0 \tag{2.13}$$

② 若为 n 跳传播时，则其地面反射损耗为

$$L_g = 2(n-1)L_{g1} \tag{2.14}$$

式中，$L_{g1} = 10\lg\left[\dfrac{|R_V|^2 + |R_H|^2}{2}\right]$，$R_H$ 为水平反射因子，R_V 为垂直反射因子。

5）第 j 条路径的极区损耗 L_{hj}

由第 j 条路径中点的地磁纬度、地方时、季节与传播距离，计算其极区损耗 L_{hj}，可通过查表进行计算，TU-R P.533 提供了当传播范围小于 2500 km 与大于 2500 km 时的表格。

6）第 j 条路径的其他损耗 L_{zj}

由于电离层是随机变化的介质，电离层吸收损耗将逐月逐日发生随机变化。上述计算中的 L_{ij} 实际上是吸收损耗的月中值，为了反映其逐日变化，还需考虑其他损耗 L_{zj}。可将其视同于移动通信中的阴影衰落。计算第 j 条路径其他损耗公式如下：

$$L_{zj} = 9.9 \tag{2.15}$$

2.2.2　陆地固定场景下超短波以上频段大尺度传输损耗预测计算方法

超短波主要采取视距传播或对流层散射传播方式，相对于微波而言，超短波受低空大气层不均匀性及自然现象中的云、雾、雨等的影响较微波小，地（海）面影响因素是其主要考虑对象，本小节在电波传播机制及收发电路地形剖面的基础上，对几例此频段内的确定性模型、经验半经验模型进行介绍。

通过调用地形数据库（如电子地图），绘制通信电路地形剖面，在剖面等间隔选取 $n+1$

个点，第 0 点对应于发射站，第 n 点对应于接收站，对剖面进行自动分析、判别，确定无线信道传播模式。传播模式判别流程如图 2.2 所示，主要包括开 LOS（视距）、半开 LOS、单刃、双刃、多刃及球面绕射模型。

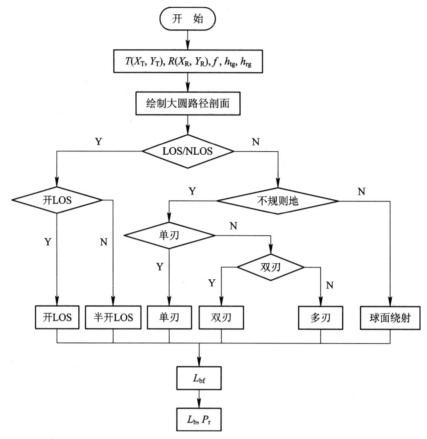

图 2.2 超短波地面固定业务信道模式判别流程图

对应于图中的 6 种传播模式，各传播模式的预测计算模型为：

（1）开 LOS 选用的模型：自由空间损耗＋基于精确二射线模型理论平地传播模型；

（2）半开 LOS 选用的模型：自由空间损耗＋平原和丘陵经验绕射附加损耗；

（3）单刃选用的模型：自由空间损耗＋理想刃形障碍绕射附加损耗；

（4）双刃选用的模型：自由空间损耗＋交替法障碍绕射附加损耗；

（5）多刃选用的模型：自由空间损耗＋主障碍法（1 主＋2 次障碍）绕射附加损耗；

（6）球面绕射选用的模型：自由空间损耗＋球形地面绕射附加损耗。

2.2.3 陆地/海上移动场景下超短波以上频段大尺度传输损耗预测计算方法

1. 基于 ITU-R P.1546[8] 点对面大尺度传输损耗预测模型

1）适用范围

该模型适用于 30～3000 MHz 广播、陆地移动、海洋移动和某些固定业务（例如那些采用点对多点的系统)中点对面的场强或传输损耗预测。该模型基于标称海陆特性(陆地、冷海、暖海)、标称频率(100 MHz、600 MHz、2000 MHz)、标称距离(1~1000 km 内 78 个点)、标称发射天线高度(10 m、20 m、37.5 m、75 m、150 m、300 m、600 m、1200 m)、标称时间概率(50%、10% 和 1%)、1 kW 等效辐射功率场强实验数据的统计分析结果进行内插或外推,并进行地形和环境特性各类修正。

2) 模型预测方法

基于 Rec. ITU-R P.1546 提供的 24 张不同标称频率、不同标称天线高度、不同标称时间概率、不同标称海陆特性的场强实验数据传播曲线,如果取值是图表标称值,则可直接计算场强值,若不是,则需要通过插值进行。

(1) 基于发射天线高度 h_1 场强插值方法。

发射天线高度 h_1 值可控制选择哪条曲线以从中得到场强值,如果是标称值(即 10 m、20 m、37.5 m、75 m、150 m、300 m、600 m 或 1200 m),则从提供的曲线族中或者从相关的表格中可直接得到所需的场强;如果不是标称值,则需要利用内插或外推方法求得。发射天线高度 10~3000 m 的非标称值的场强插值表达式为

$$E = E_{\text{inf}} + (E_{\text{sup}} - E_{\text{inf}}) \frac{\lg(h_1/h_{\text{inf}})}{\lg(h_{\text{sup}}/h_{\text{inf}})} \quad \text{dB}(\mu\text{V/m}) \tag{2.16}$$

式中,h_{inf} 为低标称发射天线高度,如果 $h_1 > 1200$ m,则 $h_{\text{inf}} = 600$ m,否则,h_{inf} 取 h_1 之下最接近的标称有效高度;h_{sup} 为高标称发射天线高度,如果 $h_1 > 1200$ m,则 $h_{\text{sup}} = 1200$ m,否则,h_{sup} 取 h_1 之上最接近的标称有效高度,E_{inf} 为 h_{inf} 对应的场强值,E_{sup} 为 h_{sup} 对应的场强值。

(2) 基于距离场强插值方法。

对距离的对数坐标通过线性内插得到场强值 E,公式如下:

$$E = E_{\text{inf}} + (E_{\text{sup}} - E_{\text{inf}}) \frac{\lg(d/d_{\text{inf}})}{\lg(d_{\text{sup}}/d_{\text{inf}})} \quad \text{dB}(\mu\text{V/m}) \tag{2.17}$$

式中,d 为需做出场强预测的距离;d_{inf} 为 ITU-R P.1546 提供的表格内小于 d 的最接近的距离;d_{sup} 为 ITU-R P.1546 提供的表格内大于 d 的最接近的距离;E_{inf} 为 d_{inf} 处的场强值;E_{sup} 为 d_{sup} 处的场强值。

注意:d 的值小于 1 km 或大于 1000 km 时,此方法将不再适用。

(3) 基于频率场强插值方法。

对于频率在 30~3000 MHz 的非频率标称值场强可以通过插值方法得到。频率低于 100 MHz 或高于 2000 MHz 时,必须将内插的方法替换为从两个靠近的频率值上进行外推的方法。对于大多数路径,可采用对于对数(距离)坐标做出内插或外推的方法,但对于一些海面路径,当所需频率低于 100 MHz 时,必须采用另一种计算方法。

对于陆地路径,以及对于所需频率大于 100 MHz 的海面路径,所需场强 E 的计算应采用下面的公式:

$$E = E_{\text{inf}} + (E_{\text{sup}} - E_{\text{inf}}) \frac{\lg(f/f_{\text{inf}})}{\lg(f_{\text{sup}}/f_{\text{inf}})} \quad \text{dB}(\mu\text{V/m}) \tag{2.18}$$

式中,f 为需做出场强预测的频率(单位为 MHz),f_{inf} 为低端标称频率,f_{sup} 为高端标称频

率，E_{inf} 为 f_{inf} 对应的场强值，E_{sup} 为 f_{sup} 对应的场强值。

（4）基于时间百分比场强插值方法。

对于 1% 与 50% 时间内给定时间百分比的场强值，应通过在标称值 1% 与 10% 时间内或者在标称值 10% 与 50% 时间内由内插进行计算，公式如下：

$$E = \frac{E_{sup}(Q_{inf} - Q_t)}{(Q_{inf} - Q_{sup})} + \frac{E_{inf}(Q_t - Q_{sup})}{(Q_{inf} - Q_{sup})} \quad dB(\mu V/m) \tag{2.19}$$

其中，$Q_i(x)$ 是逆互补累积正态分布函数，下标 t 为需做出场强预测的时间百分比，下标 t_{inf} 为标称时间百分比下限，下标 t_{sup} 为标称时间百分比上限，$Q_t = Q_i(t/100)$，$Q_{inf} = Q_i(t_{inf}/100)$，$Q_{sup} = Q_i(t_{sup}/100)$，$E_{inf}$ 为时间百分比 t_{inf} 的场强值，E_{sup} 为时间百分比 t_{sup} 的场强值。

注意：本书建议此计算方法仅对在 1% 至 50% 的范围内超出时间百分比的场强值有效，1% 至 50% 时间范围外的外推无效。

（5）基于混合路径的场强修正方法。

混合路径的场强 E 由下面的公式给出：

$$E = (1 - A) \times E_{land}(d_T) + A \times E_{sea}(d_T) \quad dB(\mu V/m) \tag{2.20}$$

式中，$E_{land}(d_T)$ 和 $E_{sea}(d_T)$ 分别表示距离发射端 d_T 处的陆地路径和海面路径场强（单位为 dB(μV/m)），A 为混合路径内插系数。

（6）基于对流层散射的场强修正方法。

流层散射场强 E_{ts} 可按下式计算：

$$E_{ts} = 24.4 - 20\lg(d) - 10\theta_s - L_f + 0.15N_0 + G_t \quad dB(\mu V/m) \tag{2.21}$$

式中，θ_s 为散射角，单位为弧度，$L_f = 5\lg(f) - 2.5\,[\lg(f) - 3.3]^2$，$N_0$ 为表面折射率中值，单位为 N，典型的温带气候；$G_t = 10.1\,[-\lg(0.02t)]^{0.7}$ 时间相关增益；d 为所需距离的路径长度（单位为 km）；f 为所需频率（单位为 MHz）；t 为所需时间百分比。

（7）基于地点概率的场强修正方法。

对陆地上的接收/移动台天线位置而言，超出 q% 位置点的场强 E 由下面的公式给出：

$$E(q) = E(50\%) + Q_i(q/100)\sigma_L(f) \quad dB(\mu V/m) \tag{2.22}$$

式中，$Q_i(x)$ 为概率函数的逆互补累积正态分布，$\sigma_L(f)$ 为预测区域平均高斯分布的标准偏差，其值取决于频率和环境，在 500 m × 500 m 内可以表述为

$$\sigma_L = K + 1.3\lg(f) \tag{2.23}$$

式中，$K = 1.2$，用于城市或城郊环境且接收机的天线低于地面散布物高度的环境下；$K = 1.0$，用于接收机的天线接近地面散布物高度的环境下；$K = 0.5$，用于乡村地区的接收机的环境下。

在做完各类插值及修正后，依据下式可计算大尺度传输损耗

$$L_b = 139 - E + 20\lg f \tag{2.24}$$

2. 基于 Okumura-Hata 陆地移动大尺度传输损耗预测模型

1）适用范围

30 MHz $\leqslant f \leqslant$ 3000 MHz、30 m $\leqslant h_b \leqslant$ 200 m、1 m $\leqslant h_m \leqslant$ 20 m、1 km $\leqslant d \leqslant$ 100 km 准平坦地形。模型中，把地形分为：（1）市区。密集 10 m 以上高大建筑物和两层以上楼房的城镇，或密布两层以上楼房和 10 m 以上茂密树林的大村庄；（2）郊区。散布房屋、小型建筑物和树木的一般村庄，移动台在其中行进时，近处有一些阻挡，但阻挡不严重；（3）乡村

公路。路边仅有稀薄树木和零星房屋的公路；（4）开阔区。农田和开阔场地之类，它在 $300\sim400$ m 宽的近场没有任何地物有碍视线，在整个传播路径也很少有高大树木或建筑物阻挡；（5）林区。在纵横 $300\sim400$ m 以上的范围有 10 m 以上高度密林的地带；（6）准光滑地形：高度起伏在 20 m 以内、变化缓慢而且地面平均高度的差不大于 20 m 的地形。

2）需求条件

地形，频率，距离，收、发天线高度，城市建筑物密度。

3）模型预测方法

其模型预测计算方法区分不同地理场景，如下式所示。

$$L_{b}=\begin{cases}69.55+A-s(a) & \text{市区}\\ 64.15+A-2\left(\lg\dfrac{f}{28}\right)^{2} & \text{郊区}\\ 28.61+A+18.33\lg f-4.78(\lg f)^{2} & \text{开阔地}\\ 69.55+A & \text{林区}\\ 48.38+A+9.17\lg f-\left(\lg\dfrac{f}{28}\right)^{2}-2.39(\lg f)^{2} & \text{乡村}\end{cases} \tag{2.25}$$

式中，

L_{b} 为移动通信电路的中值传输损耗，单位为 dB；

f 为预测频率，单位为 MHz；

$s(a)$ 为城市建筑物密度修正指数，修正公式如下：

$$s(a)=\begin{cases}30-25\lg a & 5<a<50\\ 20+0.19\lg a-15.6(\lg a)^{2} & 1<a\leqslant5\\ 20 & a\leqslant1\end{cases} \tag{2.26}$$

A 反映了传输损耗与频率、基站天线等效高度和距离的关系，关系如下：

$$A=26.16\lg f-13.82\lg h_{b}+[44.9-6.55\lg h_{b}](\lg d)^{\beta}-a(h_{m}) \tag{2.27}$$

其中，d 为基站到移动台之间的距离，单位为 km；h_{b} 为基站天线的等效高度，单位为 m；h_{m} 为移动台天线的等效高度，单位为 m；$a(h_{m})$ 为移动台天线高度修正因子，其表达式为

$$a(h_{m})=\begin{cases}(1.1(\lg f)-0.7)h_{m}-1.56\lg f+0.8 & \text{中等城市}\\ 8.29\lg^{2}(1.54h_{m})-1.1 & \text{大城市}, f\leqslant200\ \text{MHz}\\ 3.2\lg^{2}(11.75h_{m})-4.97 & \text{大城市}, f>400\ \text{MHz}\end{cases} \tag{2.28}$$

β 为距离大于 20 km 的修正指数，其表达式为

$$\beta=\begin{cases}1 & d\leqslant20\ \text{km}\\ 1+(0.14+1.87\times10^{-4}f+1.07\times10^{-3}h_{b}')\left[\lg\left(\dfrac{d}{20}\right)\right]^{0.8} & d>20\ \text{km}\end{cases} \tag{2.29}$$

其中，$h_{b}'=\dfrac{h_{b}}{\sqrt{1+7\times10^{-6}h_{b}^{2}}}$。

Okumura-Hata 是经验统计预测模型，主要用于点对面的传播预测，特别适宜于移动通信的场强、干扰和覆盖传播预测，在所有的陆地移动业务传输损耗预测模型中是最准确的。一般认为，该统计模型预测精度大约在 7～8 dB，而单独 Okumura 模型预测与实测的偏差为 10～14 dB，1994 年该模型被列为我国国家标准。Okumura-Hata 模型适用于大区制移动系统，但不适合覆盖距离不到 1 km 的个人通信系统。

2.2.4　航空移动场景下大尺度传输损耗预测计算方法

Rec. ITU-R P.528[9]《用于 VHF、UHF 和 SHF 频段的航空移动和无线电导航服务的传输曲线》是针对大陆温带气候的，它给出了 125 MHz、300 MHz、1200 MHz、5100 MHz、9400 MHz 在 1%、5%、10%、50%、95% 时间概率条件下的地空、空空航空业务的传输损耗曲线，曲线分为 A～I 共 9 条，对应的收发高度如表 2-1 所示。

表 2-1　各曲线对应收发天线高度表

Code	H_1/m	H_2/m
A	15	1000
B	1000	1000
C	15	10 000
D	1000	10 000
E	15	20 000
F	1000	20 000
G	10 000	10 000
H	10 000	20 000
I	20 000	20 000

这里，以工作频率为 125～6000 MHz、地面天线为 15 m，斜距在 600 km 以内这种典型应用为例，选取 50% 时间的传输曲线，作者团队对本推荐方法所提供的曲线进行了插值拟合公式化，大大方便了工程应用，所得结果如下。

1. 曲线插值拟合

$L125(n)$、$L300(n)$、$L1200(n)$、$L5100(n)$（$n=1$，2，3，4，5）分别为 125 MHz、300 MHz、1200 MHz、5100 MHz 对应的 A，B，C，D，E 曲线的传输损耗，插值拟合后的结果如下：

（1）125 MHz 的拟合结果如下。

$$L125(1) = \begin{cases} L_f & (d \leqslant 50) \\ 127.47 - 25.53 \lg(d) + 0.48d & (50 < d \leqslant 200) \\ 43.14 + 50.11 \lg(d) + 0.03d & (d > 200) \end{cases} \qquad (2.30a)$$

$$L125(2) = \begin{cases} L_f & (d \leqslant 180) \\ 361.52 - 150.02\,\lg(d) + 0.53d & (180 < d \leqslant 330) \\ -92.46 + 99.73\,\lg(d) + 0.009d & (d > 330) \end{cases} \quad (2.30\text{b})$$

$$L125(3) = \begin{cases} L_f & (d \leqslant 280) \\ 1480.71 - 675.02\,\lg(d) + 1.05d & (280 < d \leqslant 470) \\ -257.07 + 172.82\,\lg(d) - 0.07d & (d > 470) \end{cases} \quad (2.30\text{c})$$

$$L125(4) = \begin{cases} L_f & (d \leqslant 360) \\ 483.63 - 173\,\lg(d) + 0.23d & (360 < d \leqslant 520) \\ -4089.28 + 1747.44\,\lg(d) - 1.003d & (d > 520) \end{cases} \quad (2.30\text{d})$$

$$L125(5) = \begin{cases} L_f & (d \leqslant 420) \\ 1601.84 - 677.58\,\lg(d) + 0.72d & (420 < d \leqslant 500) \\ -4488.92 + 1943.92\,\lg(d) - 1.24d & (d > 500) \end{cases} \quad (2.30\text{e})$$

（2）300 MHz 的拟合结果如下。

$$L300(1) = \begin{cases} L_f & (d \leqslant 50) \\ 166.11 - 45.85\,\lg(d) + 0.56d & (50 < d \leqslant 195) \\ 63.10 + 42.38\,\lg(d) + 0.05d & (d > 195) \end{cases} \quad (2.31\text{a})$$

$$L300(2) = \begin{cases} L_f & (d \leqslant 70) \\ 76.16 + 21.57\,\lg(d) + 0.04d & (70 < d \leqslant 250) \\ -2436.28 + 1221.74\,\lg(d) - 1.42d & (250 < d \leqslant 350) \\ 175 + \dfrac{25}{230}(d - 350) & (d > 350) \end{cases} \quad (2.31\text{b})$$

$$L300(3) = \begin{cases} L_f & (d \leqslant 141) \\ 94.03 + 11.98\,\lg(d) + 0.037d & (141 < d \leqslant 400) \\ -2751.85 + 1222.31\,\lg(d) - 0.72d & (400 < d \leqslant 470) \\ 175 + \dfrac{15}{130}(d - 470) & (d > 470) \end{cases} \quad (2.31\text{c})$$

$$L300(4) = \begin{cases} L_f & (d \leqslant 188) \\ 123.46 - 2.21\,\lg(d) + 0.048d & (188 < d \leqslant 530) \\ -15\,518.39 + 6656.27\,\lg(d) - 4.66d & (d > 530) \end{cases} \quad (2.31\text{d})$$

$$L300(5) = \begin{cases} L_f & (d \leqslant 241) \\ 96.77 + 10.86\,\lg(d) + 0.029d & (241 < d \leqslant 560) \\ 2706.94 - 1275.36\,\lg(d) + 1.68d & (d > 560) \end{cases} \quad (2.31\text{e})$$

（3）1200 MHz 的拟合结果如下

$$L1200(1) = \begin{cases} L_f & (d \leqslant 109) \\ -154.59 + 136.09\,\lg(d) + 0.119d & (109 < d \leqslant 200) \\ 17.53 + 68.45\,\lg(d) + 0.038d & (d > 200) \end{cases} \quad (2.32\text{a})$$

$$L1200(2) = \begin{cases} L_f & (d \leqslant 145) \\ 182.95 - 32.76\,\lg(d) + 0.173d & (145 < d \leqslant 260) \\ -2247.12 + 1114.34\,\lg(d) - 1.132d & (d > 260) \end{cases} \quad (2.32\text{b})$$

$$L1200(3) = \begin{cases} L_f & (d \leqslant 190) \\ 158.87 - 16.47\lg(d) + 0.096d & (190 < d \leqslant 400) \\ -6468.91 + 2913.43\lg(d) - 2.391d & (d > 400) \end{cases} \quad (2.32c)$$

$$L1200(4) = \begin{cases} L_f & (d \leqslant 278) \\ 134.27 - 2.37\lg(d) + 0.052d & (278 < d \leqslant 520) \\ -12\,211.39 + 5240.58\lg(d) - 3.589d & (d > 520) \end{cases}$$

$$(2.32d)$$

$$L1200(5) = \begin{cases} L_f & (d \leqslant 345) \\ 119.61 + 4.14\lg(d) + 0.042d & (345 < d \leqslant 560) \\ -49\,825.70 + 21\,228.55\lg(d) - 15.222d & (d > 560) \end{cases}$$

$$(2.32e)$$

(4) 5100 MHz 的拟合结果如下。

$$L5100(1) = \begin{cases} L_f & (d \leqslant 84) \\ 262.74 - 84.448\lg(d) + 0.532\,91d & (84 < d \leqslant 128) \\ -998.6 + 602.62\lg(d) - 0.924\,78d & (d > 128) \end{cases} \quad (2.33a)$$

$$L5100(2) = \begin{cases} L_f & (d \leqslant 110) \\ 145.83 - 5.5479\lg(d) + 0.12d & (110 < d \leqslant 258) \\ -30\,848 + 15\,332\lg(d) - 23.12d & (d > 258) \end{cases} \quad (2.33b)$$

$$L5100(3) = \begin{cases} L_f & (d \leqslant 145) \\ 156.68 - 8.5349\lg(d) + 0.078d & (145 < d \leqslant 403) \\ -10\,722 + 4807.3\lg(d) - 4.0617d & (d > 403) \end{cases} \quad (2.33c)$$

$$L5100(4) = \begin{cases} L_f & (d \leqslant 191) \\ 204.64 - 31.106\lg(d) + 0.0958d & (191 < d \leqslant 524) \\ -209\,54 + 8988.2\lg(d) - 6.3325d & (d > 524) \end{cases} \quad (2.33d)$$

$$L5100(5) = \begin{cases} L_f & (d \leqslant 255) \\ 291.35 - 69.473\lg(d) + 0.122d & (255 < d \leqslant 564) \\ -35\,623 + 155\,158\lg(d) - 10.481d & (d > 564) \end{cases} \quad (2.33e)$$

2. 收发天线高度的影响计算

1) 收发天线高度对应的拐点计算、被插值曲线的确定

对照上述基于拟合公式绘制的曲线，各频点曲线 A～E 对应的拐点为

$$\begin{cases} d_{125}[1,2,3,4,5] = [50,180,280,360,420] \\ d_{300}[1,2,3,4,5] = [50,70,141,188,241] \\ d_{1200}[1,2,3,4,5] = [109,145,190,278,345] \\ d_{5100}[1,2,3,4,5] = [84,110,145,191,255] \end{cases} \quad (2.34)$$

依据收发天线高度计算视距，计算公式为

$$d(x) = 4.12(\sqrt{h_t} + \sqrt{h_r}) \quad (2.35)$$

式中，h_t、h_r 分别为发射天线和接收天线高度，单位为 m，对于小于 15 m 的地面天线按 15 m 计算。依据 $d(x)$ 公式，计算 A～E 五条曲线的视距为

$$d(x) = [146, 260, 427, 542, 598] \quad (n = 1, 2, 3, 4, 5) \tag{2.36}$$

依据 $d(x)$ 的大小确定 i，在 i 与 $i+1$ 两条曲线中插值。

$$d(i) \leqslant d(x) < d(i+1) \tag{2.37}$$

而后得到被插值曲线的方法如下：

$$\begin{cases} d_{s\_125} = d_{125}(i) + \dfrac{d_{125}(i+1) - d_{125}(i)}{d(i+1) - d(i)} \times (d(x) - d(i)) \\[2mm] d_{s\_300} = d_{300}(i) + \dfrac{d_{300}(i+1) - d_{300}(i)}{d(i+1) - d(i)} \times (d(x) - d(i)) \\[2mm] d_{s\_1200} = d_{1200}(i) + \dfrac{d_{1200}(i+1) - d_{1200}(i)}{d(i+1) - d(i)} \times (d(x) - d(i)) \\[2mm] d_{s\_5100} = d_{5100}(i) + \dfrac{d_{5100}(i+1) - d_{5100}(i)}{d(i+1) - d(i)} \times (d(x) - d(i)) \end{cases} \tag{2.38}$$

2）收发天线高度对传输损耗的影响计算

收发天线高度对传输损耗的影响计算如下：

$$\begin{cases} L_{d\_125} = \begin{cases} L_f & d \leqslant d_{s125} \\ L_{125}(i) + \dfrac{L_{125}(i+1) - L_{125}(i)}{\lg d(i+1) - \lg d(i)}(\lg d(x) - \lg d(i)) & d > d_{s125} \end{cases} \\[6mm] L_{d\_300} = \begin{cases} L_f & d \leqslant d_{s300} \\ L_{300}(i) + \dfrac{L_{300}(i+1) - L_{300}(i)}{\lg d(i+1) - \lg d(i)}(\lg d(x) - \lg d(i)) & d > d_{s300} \end{cases} \\[6mm] L_{d\_1200} = \begin{cases} L_f & d \leqslant d_{s1200} \\ L_{1200}(i) + \dfrac{L_{1200}(i+1) - L_{1200}(i)}{\lg d(i+1) - \lg d(i)}(\lg d(x) - \lg d(i)) & d > d_{s1200} \end{cases} \\[6mm] L_{d\_5100} = \begin{cases} L_f & d \leqslant d_{s5100} \\ L_{5100}(i) + \dfrac{L_{5100}(i+1) - L_{5100}(i)}{\lg d(i+1) - \lg d(i)}(\lg d(x) - \lg d(i)) & d > d_{s5100} \end{cases} \end{cases} \tag{2.39}$$

3）频率的影响计算

$$L = \begin{cases} L_{d125} + \dfrac{L_{d300} - L_{d125}}{\lg 300 - \lg 125}(\lg f - \lg 125) & 125 \leqslant f < 300 \\[3mm] L_{d300} + \dfrac{L_{d1200} - L_{d300}}{\lg 1200 - \lg 300}(\lg f - \lg 300) & 300 \leqslant f < 1200 \\[3mm] L_{d1200} + \dfrac{L_{d5100} - L_{d1200}}{\lg 5100 - \lg 1200}(\lg f - \lg 1200) & 1200 \leqslant f \leqslant 5100 \\[3mm] L_{d5100} + 20\lg\left(\dfrac{f}{5000}\right) & 5100 < f \leqslant 6000 \end{cases} \tag{2.40}$$

2.2.5 星地链路场景下大尺度传输损耗预测计算方法

星地链路场景即卫星通信应用下的业务场景，其卫星中继设备一般居于大气层外，信号要穿越大气层外空间、电离层、同温层、对流层区域到地（海）面，因此，必然存在着电离层效应、对流层效应及地（海）面由于地形地物而产生的多径传播效应，甚至波导效应等。

其中，在对流层中还要考虑一些由于气象条件引起的传播效应，如大气（O_2、H_2O吸收）衰减、降雨衰减、降雪衰减、云雾衰减、沙尘衰减等，另外还有由于折射引起的波束扩散、极化效应等。为了分类清楚，便于灵活计算，我们把星地各类通信传播计算的共性因素提取出来，总结其传输损耗计算要素框架，如图2.3所示。

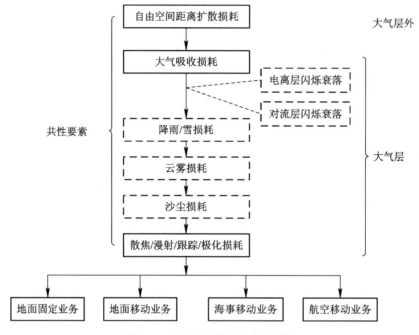

图 2.3 星地传播模型选择流程图

对于地面固定、地面移动、海事移动及航空移动业务的传输损耗的计算，可用下式表示。

$$L = L_{bf} + A_i \tag{2.41}$$

式中，L_{bf}为自由空间传输损耗，单位为dB；A_i为地面或近地终端的状态（地面固定、地面移动、海事移动及航空移动业务时）传播衰减因子，单位为dB，共性因素计算包含在诸状态计算中，下面分别进行介绍。

1. 地面端固定业务预测模型

地面固定业务是指地面终端处于静止状态，其传播衰减因子受多种因素影响，如电离层效应、对流层效应、云雾雨雪效应及天线波束等。ITU－R P.618[10]建议书提供了其相应计算方法，其传播衰减因子A计算表达式为

$$A = A_{bs} + A_{sc}(p\%) + A_{gas} + \sqrt{A_{st}^2(p\%) + [A_{rain}(p\%) + A_{cloud}(p\%)]^2} \tag{2.42}$$

式中，

A_{bs}为天线波束展宽损耗因子，单位为dB；

$A_{sc}(p\%)$为时间概率不超过$p\%$的电离层闪烁衰减深度，单位为dB；

$A_{st}(p\%)$为时间概率不超过$p\%$的对流层闪烁衰减深度，单位为dB；

A_{gas}为大气衰减因子，单位为dB；

$A_{rain}(p\%)$为时间概率不超过$p\%$的降水衰减因子，单位为dB；

$A_{cloud}(p\%)$ 为时间概率不超过 $p\%$ 的云雾衰减因子，单位为 dB。

2. 地面端移动业务预测模型

地面移动业务是指地面终端处于非静止状态，其传播衰减因子受多种因素影响，如终端附近路边树及路边建筑等遮蔽效应、山区多径效应、路边树多径效应、电离层效应、对流层效应、云雾雨雪效应及天线波束等。ITU-R P.681[11]建议书提供了其相应计算方法，其传播衰减因子 A 分别用下式计算。

（1）当被路边树遮蔽时：

$$A = A_{sc}(p\%) + A_{gas} + \sqrt{A_{st}^2(p\%) + [A_{rain}(p\%) + A_{cloud}(p\%)]^2} + A_{rts}(q\%) \quad (2.43)$$

式中，

$A_{sc}(p\%)$ 为时间概率不超过 $p\%$ 的电离层闪烁衰减深度，单位为 dB；

$A_{st}(p\%)$ 为时间概率不超过 $p\%$ 的对流层闪烁衰减深度，单位为 dB；

A_{gas} 为大气衰减因子，单位为 dB；

$A_{rain}(p\%)$ 为时间概率不超过 $p\%$ 的降雨衰减因子，单位为 dB；

$A_{cloud}(p\%)$ 为时间概率不超过 $p\%$ 的云雾衰减因子，单位为 dB；

$A_{rts}(q\%)$ 为路边树遮蔽不超过路径概率 $q\%$ 的路边树遮蔽衰落因子，单位为 dB。

（2）当为山区多径环境时：

$$A = A_{sc}(p\%) + A_{gas} + \sqrt{A_{st}^2(p\%) + [A_{rain}(p\%) + A_{cloud}(p\%)]^2} + A_{mem}(q\%)$$
$$(2.44)$$

式中，

$A_{sc}(p\%)$ 为时间概率不超过 $p\%$ 的电离层闪烁衰减深度，单位为 dB；

$A_{st}(p\%)$ 为时间概率不超过 $p\%$ 的对流层闪烁衰减深度，单位为 dB；

A_{gas} 为大气衰减因子，单位为 dB；

$A_{rain}(p\%)$ 为时间概率不超过 $p\%$ 的降雨衰减因子，单位为 dB；

$A_{cloud}(p\%)$ 为时间概率不超过 $p\%$ 的云雾衰减因子，单位为 dB；

$A_{mem}(q\%)$ 为山区环境不超过路径概率 $q\%$ 的山区环境多径衰落因子，单位为 dB，用下式计算，参数 a、b 由表 2-2 给出，$90\% < q\% < 99\%$：

$$A_{mem}(q\%) = \left(\frac{100-q}{a}\right)^{-\frac{1}{b}} \quad (2.45)$$

表 2-2　曲线拟合参数与工作频率、仰角的对应关系

工作频率 GHz	仰角 $\theta_0 = 30°$		仰角 $\theta_0 = 45°$	
	a	b	a	b
0.87	34.52	1.855	31.64	2.464
1.5	33.19	1.710	39.95	2.321

（3）当为路边树多径环境时：

$$A = A_{sc}(p\%) + A_{gas} + \sqrt{A_{st}^2(p\%) + [A_{rain}(p\%) + A_{cloud}(p\%)]^2} + A_{rtm}(q\%) \quad (2.46)$$

式中，

$A_{sc}(p\%)$ 为时间概率不超过 $p\%$ 的电离层闪烁衰减深度，单位为 dB；

$A_{st}(p\%)$ 为时间概率不超过 $p\%$ 的对流层闪烁衰减深度，单位为 dB；

A_{gas} 为大气衰减因子，单位为 dB；

$A_{rain}(p\%)$ 为时间概率不超过 $p\%$ 的降雨衰减因子，单位为 dB；

$A_{cloud}(p\%)$ 为时间概率不超过 $p\%$ 的云雾衰减因子，单位为 dB；

$A_{rtm}(q\%)$ 为路边树环境不超过路径概率 $q\%$ 的路边树环境多径衰落因子，单位为 dB，用下式计算，参数 u、v 由表 2 - 3 给出，$30°\leqslant\theta_0\leqslant60°$，$50\%<q\%<99\%$。

$$A_{rtm}(q\%) = -\frac{1}{v}\ln\left(\frac{100-q}{u}\right) \tag{2.47}$$

表 2 - 3　最佳指数拟合参数与工作频率的对应关系

工作频率/GHz	u	v
0.870	125.6	1.116
1.5	127.7	0.8573

3. 海事移动业务预测模型

海事移动业务是指近地终端处于海面，其传播衰减因子受多种因素影响，如电离层效应、对流层效应、云雾雨雪效应及海面多径效应等。ITU - R P.680[12] 建议书提供了其相应计算方法，其传播衰减因子 A 用下式计算：

$$A = A_{sc}(p\%) + A_{gas} + \sqrt{A_{st}^2(p\%) + [A_{rain}(p\%) + A_{cloud}(p\%)]^2} + A_{srm}(p\%) \tag{2.48}$$

式中，

$A_{sc}(p\%)$ 为时间概率不超过 $p\%$ 的电离层闪烁衰减深度，单位为 dB；

$A_{st}(p\%)$ 为时间概率不超过 $p\%$ 的对流层闪烁衰减深度，单位为 dB；

A_{gas} 为大气衰减因子，单位为 dB；

$A_{rain}(p\%)$ 为时间概率不超过 $p\%$ 的降水衰减因子，单位为 dB；

$A_{cloud}(p\%)$ 为时间概率不超过 $p\%$ 的云雾衰减因子，单位为 dB；

$A_{srm}(p\%)$ 为时间概率不超过 $p\%$ 的海面反射的多径衰落深度，单位为 dB。

对于 $A_{srm}(p\%)$，其计算表达式为

$$A_{srm}(p\%) = A_m + 10\lg(1 + 10^{\frac{P_r}{10}}) \tag{2.49}$$

式中，A_m 为振幅，单位为 dB；P_r 为相对于直达波的海面反射波非相干功率，可用 $P_r = G + R + \eta_1$ 表示（G 为天线增益因子，单位为 dBi；R 为海面极化反射系数；η_1 为漫反射系数）。

4. 航空移动业务预测模型

航空移动业务与地面固定业务、地面移动业务、海事移动业务一样，同样存在着电离层效应、对流层效应及多类环境影响（航空器飞行、海洋的运动、地表类型）等，ITU - R P.682[13] 建议书提供了其相应计算方法，诸效应引起的传播衰减因子 A 可用下式计算：

$$A = A_{sc}(p\%) + A_{gas} + \sqrt{A_{st}^2(p\%) + [A_{rain}(p\%) + A_{cloud}(p\%)]^2} + A_{srm}(p\%) \tag{2.50}$$

式中，

$A_{sc}(p\%)$ 为时间概率不超过 $p\%$ 的电离层闪烁衰减深度，单位为 dB；

$A_{st}(p\%)$ 为时间概率不超过 $p\%$ 的对流层闪烁衰减深度，单位为 dB；

A_{gas} 为大气衰减因子，单位为 dB；

$A_{rain}(p\%)$ 为时间概率不超过 $p\%$ 的降水衰减因子，单位为 dB；

$A_{cloud}(p\%)$ 为时间概率不超过 $p\%$ 的云雾衰减因子，单位为 dB；

$A_{srm}(p\%)$ 为时间概率不超过 $p\%$ 的海面反射的多径衰落深度，单位为 dB。

对于 $A_{sc}(p\%)$，其可用下式表示：

$$A_{sc}(p\%) = 10\lg\left(1 + \frac{p_r}{10}\right) \tag{2.51}$$

P_r 为相对于直达波的海面反射波非相干功率，用下式计算：

$$P_r = G + R + C_0 + D \tag{2.52}$$

式中，G 为天线增益因子，单位为 dBi；$R = 20\lg|R_i|$ 为极化反射系数；C_0 为修正因子，用下式计算：

$$C_0 = \begin{cases} 0 & (\theta_{sp} \geqslant 7°) \\ \dfrac{\theta_{sp} - 7}{2} & (\theta_{sp} \geqslant 7°) \end{cases} \tag{2.53}$$

D 为地球曲率发散因子，用下式计算

$$D = -10\lg\left[1 + \frac{2\sin\gamma_{sp}}{\cos\theta_{sp}\sin(\gamma_{sp} + \theta_i)}\right] \tag{2.54}$$

式中，θ_{sp} 为镜面反射点的入射余角，用下式计算：

$$\theta_{sp} = 2\gamma_{sp} + \theta_i \tag{2.55}$$

$$\gamma_{sp} = \frac{7.2 \times 10^{-3} H_a}{\tan\theta_i} \tag{2.56}$$

式中，H_a 为天线高度，单位为 km。

2.3 基于射线跟踪法的大尺度传输损耗预测方法

射线跟踪方法是基于几何光学即 GO (Geometrical Optics) 理论，通过模拟射线的传播路径来确定反射、折射和阴影等。射线跟踪技术应用在高频率条件下，也就是当媒质特性、散射体参量等在一个波长距离上变化非常缓慢时，电磁波的传播和散射具有局部性，在一个给定观察点领域内的场，不需要由整个初始表面上的场来求得，而只需要由该表面的某一有限部分来求取。这种高频场可以利用几何光学的分析方法来处理电磁波的传播和散射问题。考虑到场的衰减，计算场强或路径损耗时可以忽略那些到达时幅度很小的传播路径。对于室外传播而言，可以不考虑透射射线，只考虑直射、反射和绕射。一般考虑的射线有：直射，一次反射，两次反射，一次绕射，一次反射加一次绕射，一次绕射加一次反射，两次绕射等。

传播损耗的计算主要分为以下几种情况：

（1）直射。对于直射场的情况，有如下的计算公式：

$$\overrightarrow{E_{\text{LOS}}} = \overrightarrow{E_0}\,\frac{e^{-jkr_0}}{r_0} \tag{2.57}$$

式中，$\overrightarrow{E_0}$ 为发射天线位置处发射电场的强度，r_0 为直射波的传播路径长，波数 $k = \dfrac{2\pi}{\lambda}$。

（2）反射。反射线遵循反射定律，即反射线位于由入射线与法线确定的平面。入射线与反射线分居在法线的两侧，入射角等于反射角。对于反射场有如下的计算公式：

$$E_{\text{R}} = E_0 R\,\frac{e^{-jk(s+s')}}{s+s'} \tag{2.58}$$

式中 s' 是从源点到反射点的距离，s 是从反射点到接收点的距离。当采用 TE 波入射时，此时的反射系数表达式为

$$R = |\overline{R}| = \left|\frac{\cos\theta_1 - \sqrt{\dfrac{\varepsilon_2}{\varepsilon_1} - \sin^2\theta_1}}{\cos\theta_1 + \sqrt{\dfrac{\varepsilon_2}{\varepsilon_1} - \sin^2\theta_1}}\right| \tag{2.59}$$

当采用 TM 波入射时，此时的反射系数表达式为

$$R = |\overline{R}| = \left|\frac{\dfrac{\varepsilon_2}{\varepsilon_1}\cos\theta_1 - \sqrt{\dfrac{\varepsilon_2}{\varepsilon_1} - \sin^2\theta_1}}{\dfrac{\varepsilon_2}{\varepsilon_1}\cos\theta_1 + \sqrt{\dfrac{\varepsilon_2}{\varepsilon_1} - \sin^2\theta_1}}\right| \tag{2.60}$$

（3）绕射。对于绕射场，有如下的计算公式：

$$E_{\text{D}} = E_0 D\sqrt{\frac{s'}{s(s+s')}}\,e^{-jk(s+s')} \tag{2.61}$$

式中，D 是绕射系数，s' 是从源点到散射点的距离，s 是从散射点到接收点的距离。

对于双次绕射有

$$E_{\text{D}} = \frac{E_0}{s}D_1 D_2\sqrt{\frac{s'}{s(s+s')}}\sqrt{\frac{s}{s'(s+s'')}}\,e^{-jk(s+s'+s'')} \tag{2.62}$$

式中，D_1、D_2 分别是两个障碍的绕射系数，s' 是从源点到第一个散射点的距离，s 是从第一个散射点到第二个散射点的距离，s'' 是第二个散射点到接收点的距离。

绕射系数 D 的计算并没有统一的公式，不同性质的阻挡物绕射系数是不同的。我们这里主要考虑几种常见的类型，理想导电劈的一致性绕射系数和有限电导率介质劈的一致性绕射系数。

（4）总场及路径损耗的计算。总场强的计算遵循下面的公式：

$$|E_{\text{total}}| = \left|\sum_{i=1}^{n} E_i\right| \tag{2.63}$$

总的路径损耗为

$$L = 20\lg\left(\frac{\lambda}{4\pi d}\times\frac{E_{\text{total}}}{E_0}\right)\quad \text{dB} \tag{2.64}$$

2.4　大尺度传输损耗预测模型本地化方法

将模型本地化的具体方法就是利用实测数据修正推荐传播模型的系数。传播模型本地化是建立在处理数据的基础上，通过发掘数据间的关系，充分利用数据的关联性，完成对实测路径损耗值的分析和利用，实现未测地域传播路径损耗的预测。假定实测数据间满足某种函数关系，拉格朗日插值法则是利用实测数据的变化趋势近似估计某一位置的函数值。若实测数据间不存在某种函数关系，拉格朗日插值法则会帮助生成一个函数表达式进行近似。最小二乘法是曲线拟合中经常使用的一种方法，在生成拟合系数的同时也可以给出曲线与实测值的均方差。

2.4.1　拉格朗日插值法与算法实现

1. 拉格朗日插值法

实际问题中所遇到的许多函数 $f(x)$ 往往是很复杂的，甚至有些函数很难找到它的解析表达式。有时通过实验或数值计算所得到的也只是一些离散的（一般情况下是互不相同的）点 $x_i(i=0,1,2,\cdots,n)$ 上的函数值，即

$$y_i = f(x_i), \quad i = 0, 1, 2, \cdots, n \tag{2.65}$$

在实际应用中，一般将这些数据列成数据表格的形式。根据函数 $f(x)$ 已有的数据表格来计算函数 $f(x)$ 在一些新的点 x 处的函数值，这就是插值法所要解决的问题。所谓插值，就是指在所给定的函数表格中间再插入一些所需要的新的点上的函数值。插值法的基本思想是，首先设法根据表格中已有的函数值来构造一个简单的函数 $y(x)$ 作为 $f(x)$ 的近似表达式，然后再用 $y(x)$ 来计算新的点上的函数值作为 $f(x)$ 的近似值。通常可以选多项式函数作为近似函数 $y(x)$，因为多项式具有各阶导数，求值也比较方便。

关于插值还有其他方法可以使用，例如艾特肯逐步插值法、牛顿插值法、厄米特插值法和样条插值法等等。这些插值法各有各的优缺点，这里采用的是拉格朗日插值法。拉格朗日插值法构造起来相对简单，易于程序编译。拉格朗日插值多项式为

$$L_n(x) = \sum_{i=0}^{n} f(x_i) \prod_{\substack{j=0 \\ j \neq i}}^{n} \frac{(x - x_i)}{(x_i - x_j)} \tag{2.66}$$

由此可以看出，拉格朗日插值多项式具有明显的对称性。在代数插值法中，要使插值多项式能很好地逼近被插值函数 $f(x)$，往往要增加插值节点，提高插值多项式次数。但事实上，过分提高插值多项式的次数会带来一些新的问题。在某些情况下，高次插值会产生龙格（Runge）现象[9]，所以一般采用二次插值或三次插值。

2. 拉格朗日插值法的算法实现

在进行拉格朗日插值法计算的时候，直接调用子函数 float sertPoint(float * x, float * y, float ins, int num)，函数返回值即为所需结果。算法实现流程如图 2.4 所示。

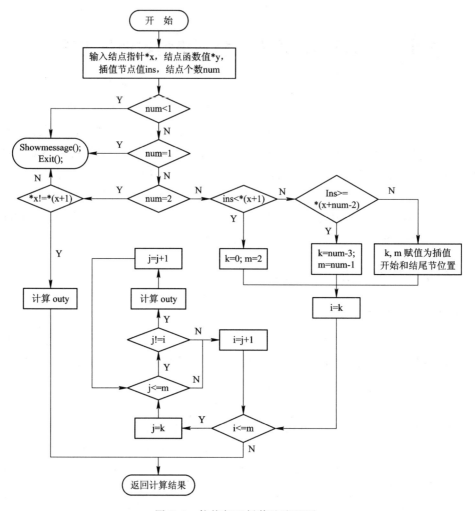

图 2.4 拉格朗日插值法流程图

2.4.2 最小二乘法线性拟合算法及实现

同样是利用已知数据近似出函数关系，曲线拟合与插值却有着很大的不同。插值要求近似的多项式曲线通过参与计算的已知点，而拟合则不然，它不要求通过已知点，只要求得到的近似函数能反映数据的基本关系。因此，曲线拟合的过程比插值过程得到的结果更能反映客观实际。那么前面介绍的很多模型本地化的方法为什么采用插值法呢？这里所做的任何运算都是为了得到未知损耗的预测值，而那些位置损耗的表达形式，即其自变量、函数形式都无法知道。前面也提到了插值时只采用三个或四个点，这完全无法预料函数形式。在需要多个已知点进行分析的时候，插值的高次多项式肯定会给计算带来很多麻烦，这时曲线拟合更有实用价值。怎样才称得上"拟合得最好"呢？即最小二乘法的原理，就是使各观测数据与拟合曲线的偏差的平方和最小。

对于线性拟合，自然是指拟合线性函数，取表达式

$$y = ax + b$$

$$(2.67)$$

作为它的拟合曲线。又设所得的观测数据为

$$(x_k, \, y_k), \quad k = 0, 1, 2, \cdots, n \tag{2.68}$$

则每一个观测数据点与拟合曲线的偏差为

$$y(x_k) - y_k = ax_k + b - y_k \quad k = 0, 1, \cdots, n \tag{2.69}$$

而偏差的平方和为

$$F(a, \, b) = \sum_{k=0}^{n} (ax_k + b - y_k)^2 \tag{2.70}$$

整理得

$$\begin{cases} a \displaystyle\sum_{k=0}^{n} x_k^2 + b \sum_{k=0}^{n} x_k = \sum_{k=0}^{n} x_k y_k \\ a \displaystyle\sum_{k=0}^{n} x_k + bn = \sum_{k=0}^{n} y_k \end{cases} \tag{2.71}$$

最终可以求得 a 和 b 的值，如下所示：

$$a = \frac{n \displaystyle\sum_{k=0}^{n} x_k y_k - \left[\sum_{k=0}^{n} x_k \right]\left[\sum_{k=0}^{n} y_k \right]}{n \displaystyle\sum_{k=0}^{n} x_k^2 - \left[\sum_{k=0}^{n} x_k \right]^2} \tag{2.72}$$

$$b = \frac{\left[\displaystyle\sum_{k=0}^{n} x_k^2 \right]\left[\sum_{k=0}^{n} y_k \right] - \left[\sum_{k=0}^{n} x_k \right]\left[\sum_{k=0}^{n} x_k y_k \right]}{n \displaystyle\sum_{k=0}^{n} x_k^2 - \left[\sum_{k=0}^{n} x_k \right]^2} \tag{2.73}$$

当然，也可以计算出观测数据与拟合曲线之间的偏差情况，程序流程图如图 2.5 所示。

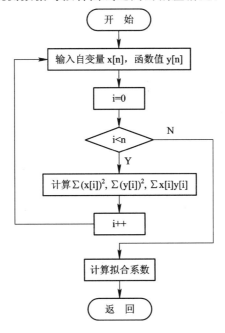

图 2.5 最小二乘法流程图

2.5 山地高原大尺度传输损耗预测建模方法

高原环境与内陆环境的差别还是比较大的，主要表现在对流层大气参数、地面地物和地面电气特性的不同。如高原海拔高、多山地、植被稀少，而内陆则相反，这些都会造成两者传播特性具有较大差异。本节利用三维抛物方程法进行了高原电波传播特性建模，并利用了高原实测测试数据进行了模型验证。具体的计算构架如图 2.6 所示。

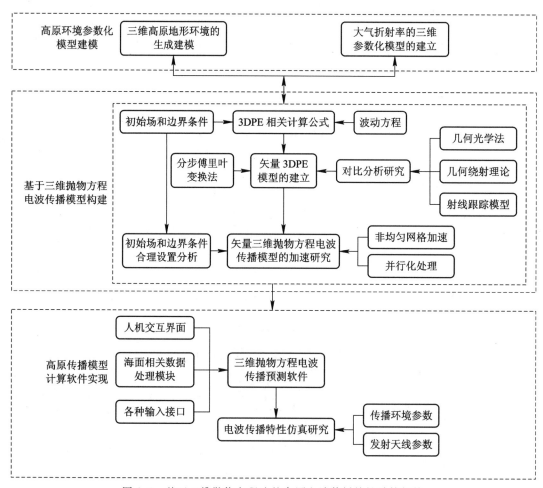

图 2.6 基于三维抛物方程法的高原电波传播特性计算架构

2.5.1 三维高原地形生成

将三维地形的不规则起伏以及风速、风向和不同海拔的影响考虑在内，分别建立三维地形和 PM 山峰谱，并考虑到三维抛物方程在不同方向上步长取值的特异性，利用二维非均匀网格对其进行离散化处理，从而得到各网格结点的高度值。图 2.7 为三维高原山地生成要素示意图。

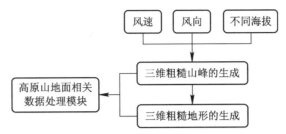

图 2.7　三维高原山地生成要素示意图

2.5.2　大气三维参数化模型建立

基于现有的气象实时观测数据,参照其二维参数化模型,建立对流层大气折射率的三维参数化模型。其建立示意图如图 2.8 所示。

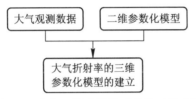

图 2.8　大气三维参数化模型构建示意图

标准大气条件下,大气折射率的二维参数化模型为

$$M(z) = M(0) + c_0 z \tag{2.74}$$

式中,c_0 为常数,一般取 0.13,$M(0)=330$ 为底层修正折射率。

通常情况下,蒸发波导使用基于边界层相似理论的折射率对数模型来描述:

$$M(z) = M(0) + c_0 \left(z - d\ln \frac{z+z_0}{z_0} \right) \tag{2.75}$$

式中,z_0 为常数,一般取 1.5×10^{-4}。当蒸发波导高度 $d=0$ 时,即和标准大气下的结果保持一致。含基础层的表面波导通常使用折射率四参数三线模型来描述,表达式如下:

$$M(z) = M(0) + \begin{cases} c_1 z & z \leqslant z_b \\ c_1 z_b - M_d \dfrac{z - z_b}{z_{\text{thick}}} & z_b < z < z_{\text{thick}} \\ c_1 z_b - M_d + c_2(z - z_b - z_{\text{thick}}) & z \geqslant z_b + z_{\text{thick}} \end{cases} \tag{2.76}$$

式中,波导参数 c_1 和 c_2 分别为波导基底和悬空层的斜率,z_b 和 z_{thick} 分别为基底和悬空层的厚度。当波导基础层厚度 $z_b=0$ 时,上式即可用来描述不包含基础层的表面波导修正折射率。

2.5.3　基于三维抛物方程法的传播模型构建

从波动方程和电波传播的物理机制出发,在前人研究的基础上研究抛物方程的近似形式,推导三维抛物型方程方法的相关计算公式,建立三维抛物方程电波传播模型。其中,所建模型要考虑由于大气折射指数的不均匀分布所产生的折射效应、山地的反射效应和绕射效应等对电波传播特性的影响。在上述山地高原环境数字化重构基础上,采用三维抛物方

程法最后得到的高原电波传输损耗计算表达式可以表述为

$$L_{GY} = 32.45 + 20\lg f + 20\lg r - 20\lg[\sqrt{x} \mid u(x, z)] \mid \qquad (2.77)$$

式中，f 为工作频点，单位为 MHz；$u(x, z)$ 为抛物方程计算的每个步进处的空间场；r 为收发之间距离，单位为 km，其计算表达式为

$$r = \frac{a_0}{1 - a_0 \times \Delta N} \times \arccos[\sin x_{1t} \sin x_{2r} + \cos x_{1t} \cos x_{2r} \cos(y_{1t} - y_{2r})] \qquad (2.78)$$

式中，a_0 取值 6370 km，(x_{1t}, y_{1t})、(x_{2r}, y_{2r}) 为收发天线所处点的经纬度。

针对(2.78)受 ΔN 的影响，而 ΔN 随年、月、日、时、海拔高度的变化而变化，若取 ITU R.P453 中值这种非实时性数据将不能真实反映通信传播区域 ΔN 情况，由此将引来模型计算误差，在(2.72)中其他参数不能改进的情况下，本书研究了如何寻求 ΔN 真值，以尽可能提高模型计算精度，并由此提出了一种基于天线升降的超短波频段以上的实时气象 k 因子测试方法来解决，即通过测试真实传播区域的 k 因子来取得 ΔN 真值，其测试机理如图 2.9 所示。

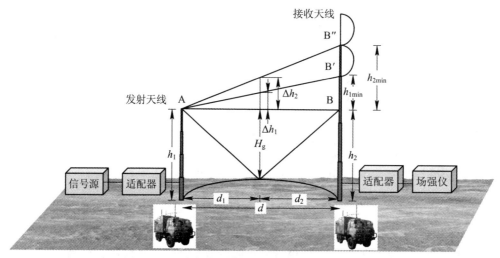

图 2.9　基于波瓣法传播气象 k 因子实时测量机理

图中，d 为收发两端之间的距离，单位为 km；h_1 为发端 A 站天线海拔高度，单位为 m；h_2 为收端 B 站天线海拔高度，单位为 m；若 $h_1 = h_2$，则反射点位于 $d/2$ 处，即 $d_1 = d_2$；H_g 为收发之间传播余隙，单位为 m；B′点为天线高度升降测试时，出现的第一个干涉瓣的最小点；h_{1min} 为收端天线从 B 点到 B′点的上升高度，单位为 m；B″点为天线高度升降测试时，出现第二个干涉瓣的最小点；h_{2min} 为收端天线从 B 点到 B″点的上升高度，单位为 m；ΔH_1 为收端天线上升到 B′点时，传播余隙的相应变化量，单位为 m；ΔH_2 为收端天线上升到 B″点时，传播余隙的相应变化量，单位为 m。

在调整天线升降过程产生干涉机理基础上，依据传播余隙与干涉瓣距关系，可以分析推导出 k 值的表达式如下：

$$k = \frac{\dfrac{d_1 d_2}{2a}}{\dfrac{h_1 d_2 + h_2 d_1}{d} - h_3 - \sqrt{\lambda d_1 \left(1 - \dfrac{d_1}{d}\right)} \times \sqrt{2(m+1)} + \dfrac{p_1 d_1}{d} + \dfrac{h_{1min} d_1}{d}} \qquad (2.79)$$

而后在 k 值基础上转换求解 ΔN，方法如下：

在得到上述气象 k 因子后，可利用下式得到 ΔN。

$$\Delta N = \frac{(k-1)}{ka} \times 10^6 \qquad (2.80)$$

针对 k 因子实时测量，作者设计了一种测试装置，具体测试方法如下：

① 将收发设备及相应天线分别置于各自升降平台，接收天线与发射天线应保持视距，间距为待测区域的距离，单位为 km；

② 工作频率在收发设备工作带宽高、中、低区域内选择，每个频率测试不少于 3 次；

③ 当同高升降时，在 1～40 m 范围内，收发设备各自对应的天线同时以相等高度升降，接收端的干涉瓣识别处理单元统计产生干涉时最大值与最小值的相应情况，自动记录干涉瓣情况并绘图输出瓣距，若没有产生，继续调整收发天线高度；

④ 当异高升降时，在 1～40 m 范围内，收端天线高度固定，发端天线以一定步进从最底端升高，接收端的干涉瓣识别处理单元统计产生干涉情况，并自动记录干涉瓣第一个最小值点并示警，此时测量并记录发端天线高度，若没有产生干涉最小值，继续调整发端天线高度；

⑤ 利用收发距离、工作频率（波长）、干涉瓣距、等效地球半径，天线升高等参数计算电波传播气象 k 因子；

⑥ 更换频率，重复②～⑤；

⑦ 按式（2.75）处理，统计并输出所有结果。

大量测试结果的统计值为此区域内的实时值，可弥补中值法的缺陷，建立的测试样本库可为气象中值模型修正提供有力支撑。

第3章　通信对抗无线信号空间小尺度传播效应

小尺度传播效应代表着信号传播的短时效应，反映了叠加在大尺度效应基础上信道的动态变化，其变化主要是由信号的多径传播引起的，在具体信道模拟上一般用多径数量、多径时延、多径功率、多普勒谱、每径的衰落分布等来表示，其中衰落分布是其动态变化的主要因素，其决定着信号的统计变化规律。本章主要就两个方面进行介绍，一是对小尺度传播效应衰落信道的分类、典型特征分布等进行介绍；二是面对海量的实测数据提出相应的处理方法，解决在通信对抗仿真场景下从实际测量数据中重构真实信道的业内难题，达到对真实场景信道参数的逼真复原构建。

3.1　小尺度传播效应衰落信道的分类

当信号经过无线信道传播时，其衰落类型决定于发送信号特性及信道特性。发送信号特性参数（如带宽、符号间隔等）与信道特性参数（如时延扩展和多普勒扩展）决定了不同的发送信号将经历不同类型的衰落信道。其中，小尺度传播效应衰落信道的分类类型如图3.1所示。

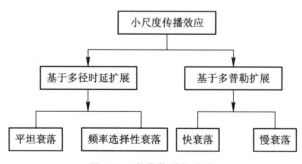

图 3.1　衰落信道的分类

图中，小尺度衰落若是基于多径时延扩展的，则可分为平坦衰落及频率选择性衰落；若是基于多普勒扩展的，则可分为快衰落与慢衰落。影响小尺度衰落的因素有多径传播、移动目标的运动速度、环境物体的运动速度、信号的传输带宽等。小尺度衰落的主要表现为：经过短距或短时传播后信号强度会出现急速变化，在不同多径信号上，存在着时变的多普勒频移引起的随机频率调制和多径传播时延引起的时延扩展。

3.1.1　基于多径时延扩展的频率选择性衰落和平坦衰落

多径的时延扩展引起时间色散以及频域色散，时间色散会引入码间串扰，频域色散会引起无线通信中两种不同的衰落。一种是传输信号带宽小于相干带宽的无线信道衰落，称为频率平坦衰落，也称频率非选择性衰落；另一种是传输信号带宽大于相干带宽的无线信道衰落，称为频率选择性衰落。频率选择性衰落和频率平坦衰落的区别可用图 3.2 来展现。

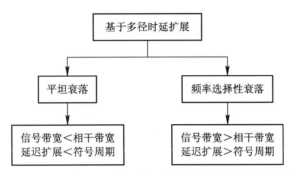

图 3.2　基于多径时延扩展的平坦衰落及频率选择性衰落

图 3.2 中，相干带宽是指在一个无线信道中，如果载波的幅度在一个频率窗口内保持不变，则称其是相干的。发送信号带宽与相干带宽的大小关系，决定了接收端能否可靠地解调接收的发送端的信号，相干带宽体现了信道频域特性的变化特征。

3.1.2　基于多普勒扩展的快衰落和慢衰落

多普勒扩展会引起频率色散以及时间选择性衰落，通过比较基带信号变化与信道变化的快慢程度，可将信道分为快衰落信道与慢衰落信道两类。基于多普勒扩展的快衰落与慢衰落如图 3.3 所示。

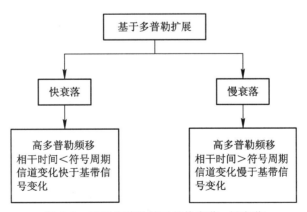

图 3.3　基于多普勒扩展的快衰落、慢衰落

图 3.3 中，相干时间是指在一个无线信道中，如果未调制信号的包络在一个时间窗口内保持不变，则称其是相干的。发送符号的传输速率与相干时间的大小关系，决定接收机能否可靠地解调发送信号，相干时间体现了信道时域特性的变化特征。

3.2 小尺度传播效应的衰落类型[14]

3.2.1 瑞利(Rayleigh)衰落

Rayleigh 衰落常常指无线电信号在非视距(NLOS)传播场景条件下的信号包络统计变化情况,是信号的短时快变化。大量的测量结果表明,Rayleigh 分布表达式可以做到对这种短时快变化信号的最好近似,其数学描述可用下式表示:

$$p(r) = \frac{r}{\sigma^2} e^{-\frac{r^2}{2\sigma^2}} \tag{3.1}$$

式中,r 为接收信号振幅,r^2 是瞬时接收功率,$2\sigma^2$ 为多径信号平均功率。

Rayleigh 模型假设所有入射角均等概率发生,由此可以得到的多普勒功率谱公式为

$$S(f) = \frac{1}{\pi f_d \sqrt{1 - \left(\frac{f}{f_d}\right)^2}} \tag{3.2}$$

式中,f_d 是最大多普勒频移。

3.2.2 莱斯(Rician)衰落

莱斯模型和瑞利模型的主要区别是在传播中是否存在视距(LOS)主导分量,当 LOS 主导分量存在时,接收信号幅度遵循莱斯分布,反之,则遵循瑞利分布。换句话说,在莱斯衰落信道中,在一条主路径上附加了许多散射路径,当主路径变弱时,莱斯分布就退化为瑞利分布。其中,LOS(直射波)和 NLOS(散射波)间的功率比值是莱斯的 K 因子,莱斯的 K 因子被定义为

$$K = \frac{r_s^2/2}{\sigma^2} = \frac{r_s^2}{2\sigma^2} \tag{3.3}$$

式中,r_s 为直射波功率,$2\sigma^2$ 为多径信号平均功率。当主路径变弱(K 因子较低)时,莱斯分布变为瑞利分布。

幅度 r 的莱斯概率密度函数如式(3.4)所示。

$$p_{Ri}(r) = \frac{r}{\sigma^2} \exp\left(-\frac{r^2 + r_s^2}{2\sigma^2}\right) I_0\left(\frac{r r_s}{\sigma^2}\right) \tag{3.4}$$

式中,r_s 为直射波功率,σ^2 是散射路径中每条单径实部或虚部的方差,$I_0()$ 是修正后的第一类零阶 Bessel 函数。

以 K 因子来表示,莱斯分布的表达式为

$$p_{Ri}(r) = \frac{2rK}{r_s^2} \exp\left(-\frac{K(r^2 + r_s^2)}{r_s^2}\right) I_0\left(\frac{2rK}{r_s}\right) \tag{3.5}$$

3.2.3 Nakagami-m 衰落

当信道快速变化时,会出现严重的衰落现象,此时瑞利衰落不再适用,在这种条件下,

可以使用 Nakagami-m 衰落模型来表示，当 $m=1$ 时就是瑞利衰落。大量的分析和实测也证明 Nakagami-m 分布比较接近实际信道的统计特性，并比较充分地描述了多径衰落现象。

（1）Nakagami-m 信道是具有参数 m 的信道模型，m 取不同的值时，对应的分布也不相同，相比于前面介绍的衰落更具有广泛性。当幅度 r 服从 Nakagami-m 分布时，其概率密度函数可表示为

$$p(r) = \frac{2m^m r^{2m-1}}{\Gamma(m)\Omega^m} e^{-\frac{mr^2}{\Omega}} \tag{3.6}$$

式中，$\Gamma(m)$ 是伽马函数，$m \geqslant 0.5$，Ω 是 r 的平方均值。

（2）形状因子

$$m = \frac{(K+1)^2}{2K+1} \tag{3.7}$$

m 取不同值对应不同的分布，当 $m=1$ 时，Nakagami-m 变成了瑞利分布，当 m 较大时接近高斯分布。

3.2.4　基于测试数据的衰落特性概率分布统计方法

衰落是非确定性事件，是随机过程。随机变量是以统计特性描述的。随机变量的数学期望为其平均值；随机变量的值从小到大（或从大到小）按序排列，中间的值为中值；随机变量的概率密度函数达到最大值为随机变量的最可几值。下面以瑞利分布的概率密度函数为例加以说明。

瑞利分布的概率密度函数如图 3.4 所示，其中，横坐标是 x/σ，纵坐标是 $g_E(x) \times \sigma$，$g_E(x)$ 为概率密度函数。图中，当 $x=\sigma$ 时密度函数达到最大值，所以 $x=\sigma$ 称为随机变量的最可几值，随机变量最有可能出现在该值附近。随机变量的中值 $x(50\%) = \sqrt{2\ln2}\,\sigma = 1.1774\sigma$，平均值 $\overline{x} = \sqrt{\pi/2}\,\sigma = 1.2533\sigma$，随机变量的均方值 $\sqrt{\overline{x^2}} = \sqrt{2}\,\sigma$，$\overline{x^2}$ 代表瑞利型随机变量的平均功率。

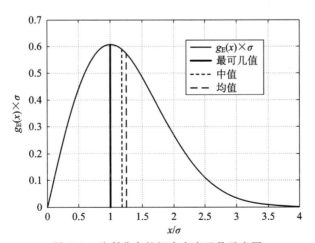

图 3.4　瑞利分布的概率密度函数示意图

由图中可以看出：瑞利分布唯一地由参数 σ 决定，σ 决定着随机变量散布的程度与概率

密度曲线的形状。单独测试标准偏差 σ 是不方便的，但是测试合成信号很容易，以接收电平为横坐标，以电平的出现概率为纵坐标，就能在图上由最可几值直接得到瑞利分布的 σ 值。

在移动或固定地点的接收电平测试中，每个采样电平都只是一个瞬时值，称为一个子样，如果在短时间内采集的子样足够多，有足够的代表性，在数据处理中，就可以根据这些子样的集合，计算出接收电平的数字特征，如均值、均方差、中值等。

通过测试数据，也可得到接收电平的分布函数。设在某一个测试点共采得 m 个接收电平值：P_{r1}、P_{r2}、$\cdots$、P_{rm}（m 足够大），在这些子样中找出最低的电平值 $P_{\min}$ 和最高的电平值 $P_{\max}$，在 $P_{\max} \sim P_{\min}$ 的电平区间内以单位电平为间隔划分出 N 个电平间隔相等的小区间，其序号分别为 1、2、$\cdots$、N，小区间中心点所对应的电平分别为：P_1、P_2、$\cdots$、P_N，小区间的电平间隔宽度为

$$\Delta P_r = \frac{P_{\max} - P_{\min}}{N} \tag{3.8}$$

最后统计出落在每小区间的接收电平子样的数目，根据这些统计数据，以接收电平 P_r 为横坐标，以电平的出现概率，即概率密度函数 $g(P_r)$ 为纵坐标，就可以画出概率直方图。该直方图就是接收电平作为随机变量的概率密度函数曲线，当然，它是由实测电平的采样数据统计得到的概率密度的近似曲线。

3.3 信道参数集获取方法

3.3.1 信道估计算法

在无线信道参数估计算法中，较为常用的大致可以分为三类：谱估计算法、参数子空间估计算法、确定性参数估计算法，如图 3.5 所示。第一类谱估计算法中比较常用的算法是 MUSIC(Multiple Signal Classification) 算法，该类算法一般应用于对时延和方位角的估计。第二类参数子空间估计算法中，比较典型的是 ESPRIT (Estimation of Signal Parameter via Rotational Invariance Techniques) 算法和归一化 ESPRIT 算法。前者一般用于时延和方位角的联合估计，而后者实现了水平角和垂直角的联合估计，在

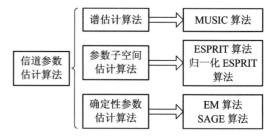

图 3.5 信道参数估计算法分类

信道测量和建模中大量应用。第三类确定性参数估计算法是目前使用最广泛、功能最全面的算法之一，比较典型的有 EM(Expectation Maximization) 算法，它常用来做时延和方位角的估计，而 EM 的扩展性算法 SAGE(Space-Alternating Generalized EM) 可以估计时不变系统中的时延和方位角以及时变系统中时延、方位角和多普勒频移。最近几年 SAGE 算法得到了非常广泛的应用。相比于 EM 算法，SAGE 算法降低了运算量并加快了收敛速度，从而使得参数估计更加精确，提升了系统信噪比。

1. 谱估计算法

谱估计算法的原理是通过构造空间谱，估计并遍历一定角度范围内的谱峰，从而得到各路径的 AOA(Angle of Arrival)估计值。根据构造空间谱的方法不同，这类算法又可划分为波束成形算法和基于子空间算法。1979 年美国 Schmidt 博士提出了 MUSIC 算法，该算法是最为典型的基于子空间的谱估计算法。

MUSIC 算法通过构造空间谱来查找对应较大谱峰值的角度，能够以较高的精确度实现对信号到达水平方位角的估计。与波束成形算法不同，它对接收信号的空间协方差矩阵进行特征分解，并将其划分为信号子空间和噪声子空间，然后利用噪声子空间与信号子空间的正交性来构造空间谱。因为空间谱的构造只用到了噪声子空间，而不是整个协方差矩阵，因此 MUSIC 算法比波束成形方法的复杂度更低，并且这种方法具有更优的路径分辨率。但该算法的缺点是需要信道的多次快拍数据，对子空间的秩很敏感，且只适用于接收天线数目大于发送天线数目的情况。另外，对于相干信号，其分辨能力会大大降低甚至完全失效。

2. 参数子空间估计算法

参数子空间估计算法的原理是将整个天线阵列分为几个子阵列，利用子阵列间的旋转不变特性直接计算得到来波角度。在这类算法中，最典型的为 Paulraj 和 Roy 于 1985 年提出的 ESPRIT 算法及其改进算法 Unitary ESPRIT 算法。ESPRIT 算法的主要原理是通过选择两个相同的子阵列，然后利用子阵列间导向矢量的关系来估计来波角度，但这类算法需要划分位置平移的子阵列，使它们在适用的阵列形状上有限。Unitary ESPRIT 是 ESPRIT算法的改进方法，它利用阵列的中心对称性，将 ESPRIT 算法估计过程中的复数计算转换为实数计算，从而进一步降低了 ESPRIT 算法的复杂度，但这也限制了该算法仅能应用于使用中心对称阵列的情况。与 MUSIC 算法相比，ESPRIT 算法不需要进行峰值搜索，而是直接通过多项式求解得到信号到达角，运算量比 MUSIC 算法要小，其缺点是仅适用于特定的天线阵列类型。

3. 确定性参数估计算法

前面介绍的谱估计和基于参数子空间的算法均用到了信号协方差矩阵的分解，要求路径间是不相干的，且可估计路径数目小于阵列天线数，这就大大限制了它们的适用范围。而确定性参数估计类算法是不受以上条件限制的，最大似然估计(Maximum Likelihood, ML)算法、期望最大化(Expectation Maximization，EM)算法、SAGE 算法都是典型的确定性参数估计算法。

ML 算法是贝叶斯估计算法的特例，观测信号的似然函数为含有待测参数的条件概率密度函数，通过遍历方式查找一定范围内能够最大化似然函数的角度值。这种方法精确度很高，但由于遍历搜索过程导致其复杂度也较高。

EM 算法是 Dempster、Laind 和 Rubin 于 1977 年提出的，作为一种迭代方法用来解决最大似然估计中部分观测值未知或者丢失的问题。EM 算法通过交替进行"E"(Expectation，期望)步骤和"M"(Maximization，最大化)步骤来迭代获得最优解。该算法简单稳定，但用于参数的联合估计时，每次迭代要更新所有参数，故收敛速度较慢，且估计结果受初始值影响，不一定收敛到全局最优值。

传统的 EM 算法数据计算量的大小与 M 步骤的复杂度成反比，越小信息量的完全数据空间意味着 M 步骤越复杂。这时，为了降低复杂度、提高收敛速度和减小计算量，研究者们提出了 SAGE 算法。相比于 EM 算法，SAGE 算法将待测参数分为几个子集，然后分别遍历每个子集的参数计算似然函数。通过这种方式，SAGE 算法在每次搜索时仅需更新个别参数而不是整个参数集，因此能够极大地减小 EM 算法的计算复杂度，加快数据收敛速度。SAGE 算法是目前无线信道测量数据处理最常用的路径参数提取算法，在 MIMO 信道参数估计和实际环境的信道参数估计中得到了广泛的应用。

3.3.2　常用的 SAGE 算法

1. 信号描述

典型的无线传播环境如图 3.6 所示，发射端为 M 个阵元组成的天线阵，发射的信号经 L 条路径传播后，接收端由 N 个阵元的天线阵接收。

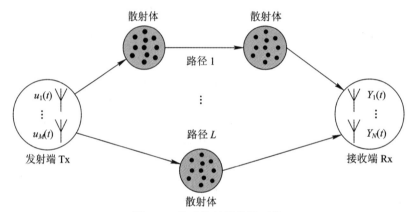

图 3.6　典型的无线传播环境

设第 m 个发射天线发射的信号为 $u_m(t)$，经过各类散射体传播后，第 l 条路径传输来的信号可以表示为：

$$s(t;\boldsymbol{\theta}_l) = \left[\,s_1(t;\boldsymbol{\theta}_l)\,,\,\cdots,\,s_N(t;\boldsymbol{\theta}_l)\,\right]^{\mathrm{T}}$$
$$= \alpha_l \exp\{\mathrm{j}2\pi f_l t\}\boldsymbol{c}_2(\Omega_{2,l})\boldsymbol{c}_1(\Omega_{1,l})^{\mathrm{T}}\boldsymbol{u}(t-\tau_l) \tag{3.9}$$

式中，$\boldsymbol{\theta}_l=[\Omega_{1,l},\Omega_{2,l},\tau_l,f_l,\alpha_l]$ 为第 l 条路径的信道参数，是需要估计的参数；$\Omega_{1,l}$ 为离开角，$\Omega_{2,l}$ 为到达角；τ_l 为时延；f_l 为多普勒频移；α_l 为复振幅；$\boldsymbol{c}_1(\Omega_{1,l})$ 为发射端对应的天线响应矩阵，$\boldsymbol{c}_2(\Omega_{2,l})$ 为接收端对应的天线响应矩阵。

对于天线响应矩阵，在球坐标系下，发射天线的响应矩阵可表示为

$$\boldsymbol{c}_1(\Omega_1) = \left[f_{1,1}(\Omega_1)\exp\{\mathrm{j}\cdot k\cdot\Omega_1\cdot r_{1,1}\}\,,\,\cdots,\,f_{1,M}(\Omega_1)\exp\{\mathrm{j}\cdot k\cdot\Omega_1\cdot r_{1,M}\}\right]^{\mathrm{T}}$$

$$\tag{3.10}$$

式中，方向向量 $\boldsymbol{\Omega}=[\cos\phi\sin\theta,\ \sin\phi\sin\theta,\ \cos\theta]^{\mathrm{T}}$，$\phi$ 为方位角，θ 为俯仰角，离开角可表示为 $\Omega_1=[\phi_1,\theta_1]$，$f_{1,m}(\Omega_1)$ 为发射天线阵第 m 个阵元在离开角方向上的增益，$r_{1,m}$ 为第 m 个阵元的位置，$k=2\pi/\lambda$。

同理，接收天线的响应矩阵为

$$\boldsymbol{c}_2(\Omega_2) = \left[f_{2,1}(\Omega_2)\exp\{\mathrm{j}\cdot k\cdot\Omega_2\cdot r_{2,1}\}\,,\,\cdots,\,f_{2,N}(\Omega_2)\exp\{\mathrm{j}\cdot k\cdot\Omega_2\cdot r_{2,N}\}\right]^{\mathrm{T}}$$

$$\tag{3.11}$$

接收信号 $Y(t)$ 为所有 N 条路径信号的矢量叠加，再加上高斯白噪声，可表示为

$$Y(t) = [Y_1(t), \cdots, Y_N(t)]^T = \sum_{l=1}^{N} s(t; \boldsymbol{\theta}_l) + N(t) \tag{3.12}$$

2. SAGE 算法介绍

SAGE 算法是对 EM 算法的优化，方法是将参数向量进行分割，然后按顺序更新参数，有效地实现了对参数的估计。SAGE 算法是基于最大似然估计的，算法目的是通过可观测得到的数据 $Y(t)$，实现对第 l 条路径的信道参数 $\boldsymbol{\theta}_l$ 的估计。

首先，根据最大似然估计原理，可得到目标函数

$$z(\boldsymbol{\theta}_l; x_l) = \tilde{c}_2(\Omega_{2,l})^H X_{l,n,m}(t; \tau_l, f_l) \tilde{c}_1(\Omega_{1,l})^* \tag{3.13}$$

式中，$\tilde{c}_1(\Omega_{1,l}) = c_1(\Omega_{1,l}) / |c_1(\Omega_{1,l})|$，$\tilde{c}_2(\Omega_{2,l}) = c_2(\Omega_{2,l}) / |c_2(\Omega_{2,l})|$，是归一化的天线响应矩阵，求解的目的是找到使 $z(\boldsymbol{\theta}_l; x_l)$ 最大的 $\boldsymbol{\theta}_l$。

由于 $X_{l,n,m}(t; \tau_l, f_l)$ 属于不可观测数据，要完成 $Y(t)$ 和 $X_{l,n,m}(t; \tau_l, f_l)$ 的转换，最常用的方法是串行干扰消除法，即从接受的叠加信号 $Y(t)$ 中减去除第 l 条路径外的其他路径的数据，从而得到第 l 条路径的完备数据，即

$$X_{l,n,m}(t; \tau_l, f_l) = Y(t) - \sum_{i=1, i \neq l}^{L} s(t; \boldsymbol{\theta}_i) \tag{3.14}$$

式中，$s(t; \boldsymbol{\theta}_i)$ 可由迭代的初始值 $\boldsymbol{\theta}_i$ 得出，$Y(t)$ 由实际测量得出。

将式(3.14)代入式(3.13)，相应的响应矩阵的值 $\tilde{c}_1(\Omega_{1,l})$ 和 $\tilde{c}_2(\Omega_{2,l})$ 也由初始值 $\boldsymbol{\theta}_i$ 计算得到，此时求出使 $z(\boldsymbol{\theta}_l; x_l)$ 最大的 $\boldsymbol{\theta}_l$，通过不断迭代，更新 $\boldsymbol{\theta}_l$ 即可得到所需的估计参数。

在 EM 算法中，估计参数 $\boldsymbol{\theta}_l = [\Omega_{1,l}, \Omega_{2,l}, \tau_l, f_l, \alpha_l] = 0$ 中的参数是同时更新的，而 SAGE 算法将参数进行分割，具体做法是将参数分为相应的参数子集：(τ_l, α_l)、$(\Omega_{1,l}, \alpha_l)$、$(\Omega_{2,l}, \alpha_l)$、(f_l, α_l)，将 EM 算法分解成为 4 次串行的搜索，降低运算的复杂度。

$$\tau_l^k = \arg \max_{\tau} \{ z(\tau, \Omega_{1,l}^{k-1}, \Omega_{2,l}^{k-1}, f_l^{k-1}; X_{l,n,m}(t; \boldsymbol{\theta}_l^{k-1})) \} \tag{3.15}$$

$$\Omega_{1,l}^k = \arg \max_{\Omega} \{ z(\tau_l^k, \Omega_1, \Omega_{2,l}^{k-1}, f_l^{k-1}; X_{l,n,m}(t; \boldsymbol{\theta}_l^{k-1})) \} \tag{3.16}$$

$$\Omega_{2,l}^k = \arg \max_{\Omega} \{ z(\tau_l^k, \Omega_{1,l}^k, \Omega_2, f_l^{k-1}; X_{l,n,m}(t; \boldsymbol{\theta}_l^{k-1})) \} \tag{3.17}$$

$$f_l^k = \arg \max_{\Omega} \{ z(\tau_l^k, \Omega_{1,l}^k, \Omega_{2,l}^k, f; X_{l,n,m}(t; \boldsymbol{\theta}_l^{k-1})) \} \tag{3.18}$$

$$\alpha_l^k = z(\tau_l^k, \Omega_{1,l}^k, \Omega_{2,l}^k, f_l^k; X_{l,n,m}(t; \boldsymbol{\theta}_l^{k-1})) / [c_2(\Omega_{2,l}^k) c_1(\Omega_{1,l}^k)] \tag{3.19}$$

对于固定的路径 l，第一步迭代时设置初始的 $\boldsymbol{\theta}_l^0$，经过不断更新迭代，得到需要估计的参数 $\boldsymbol{\theta}_l$，对所有的路径都采用这一迭代过程，即可完成信道参数估计。

3.4　多径分簇处理方法

实测信道数据中的多径分量通常以簇的形式存在，如何在庞大的实测数据的基础上进行分簇且又能不失信道的真实特性是一项挑战性工作。本书对目前分簇方法进行简要介绍，为实际工作提供基础支撑。

3.4.1 分簇算法简介

分簇算法又称聚类算法，属于无监督学习，是将庞大且杂乱的数据集进行划分的方法，并且实现分簇后簇内对象之间保持较高的相似度，簇间对象有较大的差异性。分簇算法种类众多，经典的分簇方法包括 K-means 算法、高斯混合模型（Gaussian Mixture Model，GMM）算法、基于密度的噪声空间聚类（Density-Based Patial Clustering of Applications with Noise，DBSCAN）算法。K-means 算法是基于欧氏距离的，GMM 算法是基于数据统计分布的，DBSCAN 算法是基于密度的。这些算法都考虑了多径分量（Multi-Path Component，MPC）的统计特性，对任意形状的稠密数据集都可以进行聚类。

由于信道数据的特殊性，应用在信道数据分簇的主要有基于划分的聚类算法与基于密度的聚类方法。其中，K-means 算法是一种经典的基于划分的聚类算法，其因易于实现、运行速度较快且过程简单，在众多领域都得到了应用；DBSCAN 算法是一种基于密度的聚类方法，不仅无需预先设定分簇数目，而且可以识别任意类型、任意形状的簇，也得到了广泛的应用。两类算法介绍如下。

1. 基于划分的 K-means 算法

K-means 算法基于贪心算法，通过迭代的方式求得最优解。在算法执行时需要首先确定分簇数目并初始化聚类中心，然后基于这些聚类中心评估每个数据样本之间的相似度，将样本依次分到一个个簇中，每个簇的聚类中心为该簇内所有样本的平均值。K-means 算法的收敛条件也很多，当每个簇的簇心不再变化，也即每个簇中的所有样本都不再变化时，说明该分簇方案是最优的，此外还可以设置一个迭代阈值，当迭代次数达到阈值时可终止算法运行。假设信道测量的数据样本集为 $X\{c_1, c_2, \cdots, c_n\}$，则 K-means 算法流程如下。

步骤一：确定分簇数目 k，并从数据样本中随机选取 k 个互不重复的样本作为簇心 $\{u_1, u_2, \cdots, u_k\}$，假设每一簇的射线集合为 $C_k = \{c_m \in X \mid m = 1, 2, \cdots, M_k\}$，其中 M_k 表示第 k 簇内的样本数据数目，则可定义每个簇的均值向量 u_i 为

$$u_i = \frac{1}{|C_i|} \sum_{c_i \in C_i} c_i \tag{3.20}$$

步骤二：计算每个样本 c_m 与均值向量 u_i 的欧氏距离 $d(u_i, c_j)$，为

$$d(u_i, c_j) = \| c_j - u_i \|^2 \tag{3.21}$$

此时本次迭代中将样本分为 k 簇的误差平方和（Sum of Squared Errors，SSE），$\text{SSE}(k)$ 表示为

$$\text{SSE}(k) = \sum_{i=1}^{k} \sum_{j=1}^{M(i)} d(c_j, u_i) \tag{3.22}$$

步骤三：通过比较每个数据样本与每个簇心的欧式距离，按照最近原则将数据样本依次划分到每个簇中，然后重新计算新的均值向量 u_i'，若 $u_i' \neq u_i$，则将 u_i' 的值更新为 u_i。

步骤四：重复步骤二和步骤三，迭代至聚类中心不再改变，或到达最高迭代次数，达到收敛，结束算法，并输出最终分簇结果。

K-means 算法能够处理数量较大的数据集，且处理时间与数据量成正相关，是一种快捷易实现的算法。对于数据类型是球形、类球形的结构，效果好且具有较强的鲁棒性。但该算法也存在一定的局限性，由于该算法需要预设聚类的数量 k 与初始的聚类中心

$\{u_1, u_2, \cdots, u_k\}$，这很可能导致把本该在同一簇内的样本分为两簇，且由于算法自身是迭代的，还可能导致算法陷入局部最优，无法达到全局最优，从而导致不佳的效果甚至是错误的分簇结果。

2. 基于密度的 DBSCAN 算法

现实情况中，有很多数据类型形状是不规则的或以任意形状分布的，对于这种情况，可以假定目标簇是由一群较为密集的样本数据组成的，且不同簇间被密度较低的样本数据隔开，此时，使用基于密度的聚类算法可获得更好的分簇效果，如图 3.7 所示。

图 3.7　DBSCAN 算法分簇实例

DBSCAN 算法一般需要预先设定两个参数，分别为阈值半径与每一簇内最小点数阈值。

设信道数据样本为 X，最小阈值半径为 r_{eps}，则一个随机样本数据 p 的邻域 $N_{eps}(p)$（定义为与该随机样本的距离小于阈值半径的区域）可描述为

$$N_{eps}(p) = \{q \in X \mid \mathrm{MCD}(p, q) \leqslant r_{eps}\} \tag{3.23}$$

若另一样本数据 q 在样本数据 p 的邻域内，即 $q \in N_{eps}(p)$，则称点 q 到点 p 是直接密度可达的，如图 3.8(a) 所示。那么根据密度连通定理，若一个数据点 c 到点 p 是密度可达的，到点 q 也是密度可达的，则点 q 到点 p 是密度连通的，如图 3.8(b) 所示。当该样本数据 p 的邻域内数据量大于簇内最小点数阈值 P_{min} 时，称该样本数据 p 为核心点。

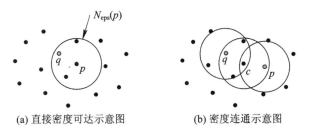

(a) 直接密度可达示意图　　　　(b) 密度连通示意图

图 3.8　密度相关概念示意图

假设 C 为数据样本 X 的一个非空子集，即 C 为一个簇，若对于任意的点 p 与点 q 都满足 $p \in C$，且点 p 到点 q 是直接密度可达的，点 p 与点 q 都是核心点，那么 $q \in C$。假设数据样本 X 的分簇结果为 $C_k = \{c_m = (\tau_m, \alpha_m, \beta_m) \mid m = 1, 2, \cdots, M_k\}$，若点 n 不属于任何一簇，即 $n = \{x_i \in X \mid \forall x_i \notin C_k\}$，那么称点 n 为噪声点。

在上述定义的基础上，DBSCAN 输入和输出如下所示。

输入：数据样本 $X = \{c_1, c_2, \cdots, c_n\}$，最小阈值半径为 r_{eps}，簇内最小点数阈值为 P_{min}

输出：分簇结果 $C_k = \{c_m = (\tau_m, \alpha_m, \beta_m) \mid m = 1, 2, \cdots, M_k\}$

DBSCAN 算法的流程可以描述如下。

输入数据并初始化，簇标号 $k=0$	(1)
for 数据样本 X 中的每一个样本 p	(2)
if 该点已经被聚类或标为噪声点	(3)
若还未被聚类或标为噪声点则继续	(4)
判断该点的邻域 $N_{\text{eps}}(p)$：	(5)
if 邻域内的点数小于 $P_{\min}$，则将该点标记为噪声点或边界点	(6)
else 将该点标记为核心点并建立新的簇，将点与邻域内的所有数据点都归在此簇	(7)
for 该点邻域内未被检测的点 q	(8)
判断该点的邻域 $N_{\text{eps}}(q)$：	(9)
if 邻域内的点数大于等于 $P_{\min}$，则将点 q 的邻域并入这一簇	(10)
end for	(11)
end for	
重复步骤(2)到(11)，直至满足每一个点都已经被聚类或被标为噪声点	

3.4.2　改进 K-means 算法的等效簇模型

1. 传统 K-means 算法的改进

　　尽管 K-means 算法具有众多优势，也在很多领域内得到了广泛应用，但对于特殊的多维度信道，数据、时延、角度等参数的数量级不统一，仅仅通过计算两个数据点间的欧氏距离得到的分簇结果并不理想。为此，需要对 K-means 算法进行改进，通常的做法是采取归一化信道参数多径分量距离（Multipath Component Distance，MCD），其中每一簇的射线集合为 $C_k = \{c_m = (\tau_m, \alpha_m, \beta_m) | m = 1, 2, \cdots, M_k\}$，其中 M_k 表示第 k 簇内的射线数目，τ_m、α_m、β_m 分别表示第 m 条射线的时延、到达方位角与到达俯仰角。任意两个信道数据样本之间的多径分量距离 $\text{MCD}(c_i, c_j)$ 可以表示为

$$\text{MCD}(c_i, c_j) = \sqrt{\| \xi_1 \text{MCD}_{\text{TOA}}(c_i, c_j) \|^2 + \| \xi_2 \text{MCD}_{\text{AAOA}}(c_i, c_j) \|^2 + \| \xi_3 \text{MCD}_{\text{EAOA}}(c_i, c_j) \|^2}$$
(3.24)

式中，$\text{MCD}_{\text{TOA}}(c_i, c_j)$、$\text{MCD}_{\text{AAOA}}(c_i, c_j)$ 和 $\text{MCD}_{\text{EAOA}}(c_i, c_j)$ 分别表示多径分量距离的时延分量、到达方位角分量与到达俯仰角分量，ξ_1、ξ_2 与 ξ_3 分别表示时延分量、到达方位角分量与到达俯仰角分量的归一化权重值。

　　相应地，将样本分为 k 簇的误差平方和 $\text{SSE}(k)$ 表示为

$$\text{SSE}(k) = \sum_{i=1}^{k} \sum_{j=1}^{M(i)} \text{MCD}(c_j, u_i)$$
(3.25)

　　此外，K-means 算法的性能在极大程度上受到初始聚类中心位置选取的影响，为了避免随机选取会选到孤立的点或将本该在同一簇的数据分为两簇，从而增加聚类数据的迭代次数与计算时间，一些学者考虑在设置初始聚类中心位置时引入遗传算法或引入模拟退火思想，这样进一步提高了算法的准确性。

　　考虑到分簇聚类的目的是使簇内数据尽可能相近，簇间数据尽可能相异，因此聚类中心应选在距离稍远的几个数据点区域中。由于方差可以表示空间中数据分布的疏密情况，方差大表示数据分布较疏散，反之，方差小则表示数据分布较为密集，由此，传统的思路是

在改进 K-means 算法的基础上研究提出一种基于密度的簇心初始化方法。

设数据样本为 $X = \{c_1, c_2, \cdots, c_n\}$，计算信道数据点 c_i 与其他数据 c_j 的多径分量距离平均值 $\overline{\mathrm{MCD}_i}$ 为

$$\overline{\mathrm{MCD}_i} = \frac{\sum\limits_{j=1}^{n} \mathrm{MCD}(c_i, c_j)}{n} \tag{3.26}$$

信道数据点 c_i 与其他数据 c_j 的多径分量距离方差作为该数据点的密度 $\sigma(c_i)$，表示为

$$\sigma(c_i) = \frac{\sum\limits_{j=1}^{n}(\mathrm{MCD}(c_i, c_j) - \overline{\mathrm{MCD}_i})^2}{n-1} \tag{3.27}$$

将计算得到的方差值按升序排列，第一个数据作为第一个聚类中心，然后将该数据邻域内的数据点从排序中删除，再选择排在第一个的数据作为下一个聚类中心，直至 k 个聚类中心都完成初始化。

2. 最佳聚类数计算方法

"手肘法"是一种利用误差平方和来确定初始聚类个数的方法。其原理是，随着聚类数量 k 的增加，SSE 的值呈减小的趋势。在达到最佳聚类数量之前，SSE 随聚类数的增加而变化较大。当 SSE 随聚类数的增加变化不大，即 SSE 的斜率足够小时，选择第一个对应的点作为最佳聚类数量（也称为肘点）。如图 3.9 所示，SSE 的变化看起来像一个手肘的形状，手肘点是最优值。

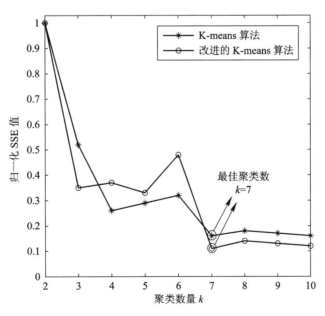

图 3.9　聚类数量 k 与 K-means 算法的归一化值 SSE 的关系

另一种常见方法为轮廓系数法。轮廓系数是用于评价聚类效果好坏的一种指标。可以将其理解为描述聚类后各个类别的轮廓清晰度的指标。轮廓系数包含两个参数，分别为内聚度和分离度。内聚度可以反映一个样本点与类内元素的紧密程度，分离度可以反映一个样本点与类外元素的紧密程度。轮廓系数的公式表示为

$$S(i) = \frac{b(i) - a(i)}{\max\{a(i), b(i)\}} \tag{3.28}$$

式中，$a(i)$ 代表样本点的内聚度，计算表达式为

$$a(i) = \frac{1}{n-1} \sum_{i \neq i}^{n} \text{distance}(i, j) \tag{3.29}$$

式中，j 代表与样本 i 在同一个类内的其他样本点，distance 代表了求 i 与 j 的距离的运算，$a(i)$ 越小，说明该类越紧密。

$b(i)$ 代表样本点的分离度，其计算方式与 $a(i)$ 类似，只不过需要遍历其他类簇，得到多个 $b(i)$ 值，即 $\{b_1(i), b_2(i), b_3(i), \cdots, b_m(i)\}$，而后从中选择最小的值作为最终的结果。

由此，$S(i)$ 还可表示为

$$S(i) = \begin{cases} 1 - \dfrac{a(i)}{b(i)} & a(i) < b(i) \\ 0 & a(i) = b(i) \\ \dfrac{b(i)}{a(i)} - 1 & a(i) > b(i) \end{cases} \tag{3.30}$$

由上式可以发现：当 $a(i) < b(i)$ 时，类内的距离小于类间距离，说明聚类结果更紧凑。S 的值会趋近于 1，且越趋近于 1，则聚类的轮廓越明显。相反，当 $a(i) > b(i)$ 时，类内的距离大于类间距离，说明聚类的结果很松散，S 的值会趋近于 -1，且越趋近于 -1，则聚类的效果越差。可见，轮廓系数 S 的取值范围为 $[-1, 1]$，轮廓系数越大表示聚类效果越好。

3. 等效簇模型参数估计与拟合

将基于射线的信道模型等效为基于簇的模型，需要计算等效的簇参数，如簇功率与簇时延。

簇功率可以等效于射线功率的矢量叠加，可以表示为

$$\overline{P}_n = \overline{a}_n^2 = 20\lg\left(\sum_{m=0}^{M(n)} 10^{\frac{a_{n,m}^2}{10}}\right) \tag{3.31}$$

式中，$a_{n,m}$ 表示第 n 簇内第 m 条射线的幅度。

第 n 簇的簇时延 $\overline{\tau}_n$ 可以由簇功率加权计算得到，表示为

$$\overline{\tau}_n = \frac{\displaystyle\sum_{m=0}^{M(n)} a_{n,m}^2 \cdot \tau_{n,m}}{\displaystyle\sum_{m=0}^{M(n)} a_{n,m}^2} \tag{3.32}$$

3.5　基于平稳信道和非平稳信道的参数萃取方法

复杂场景的信道测量包括对平稳信道及非平稳信道的测量，目前的无线信道实时测量系统测量的数据存在着两类主要问题：一是测量记录的数据量庞大，1 个复帧 1 秒的数据量可达 100 行×4096 列，如果采集时间足够长，数据量将非常庞大，不利于信道模拟器的正向设置；二是测量数据中存在着虚径信息，不能真正反映实际环境的传播情况，需要去伪存真。由此，研究原始测量数据如何高效适应信道模拟器的逼真建模为本节的研究重点

及技术难点。

3.5.1　信道模拟器的基本原理

信道模拟器可模拟射频信道的衰落特性、多径效应、射频信号的传输时延及运动目标产生的多普勒频移。其基本原理图如图 3.10 所示。

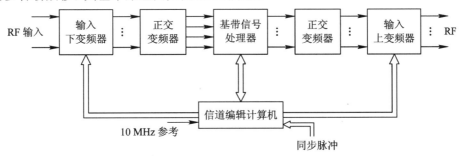

图 3.10　信道模拟器基本原理图

图 3.10 中，信道模拟器每个射频通道经输入下变频器、正交变频器把输入射频信号变换成两路正交的基带信号，信道编辑计算机对基带信号进行正交采样和多径延时处理来模拟射频信号传播中的多径衰落、时延、多普勒频移等信道特性，然后进行正交 D/A 变换，经过正交变频器、输入上变频器，把原来的射频信号变换成带有射频信道传播效应的射频信号。

3.5.2　基于平稳信道的参数萃取方法

平稳信道场景下各时刻的时延功率谱（PDP）变化缓慢，笔者利用信道测量设备在多个典型场地进行了多次多径效应测量，图 3.11 为其中一测量的时延功率结果图。

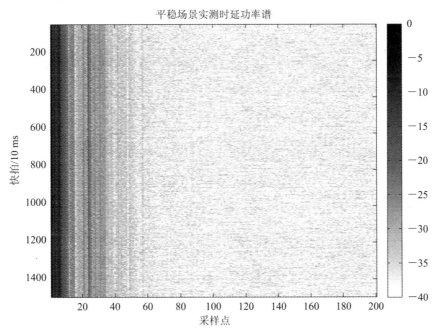

图 3.11　平稳信道场景下的实测 PDP

由图 3.11 可见，平稳信道场景下所采集的数据是一个时段多个节拍的时延功率谱，这些原始数据存在着多径数量大、首径相对弥散、无效数据多等特点，不能直接应用于信道模拟器，笔者采用峰值概率法建模来进行处理，如图 3.12 所示，取得了较好的结果。

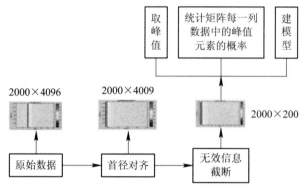

图 3.12　基于峰值概率法的平稳信道建模解决方法

基于峰值概率法的平稳信道处理方法的具体步骤如下。

第一步，首径对齐，即在采集的每一节拍数据中搜索到首径位置后，去除首径序列以前的数据，构建从首径序列开始的 M 行、N 列多径信息数据矩阵 $\boldsymbol{P}$ 这一存储结构，其可表示为

$$\boldsymbol{P} = \begin{bmatrix} p_{11} & p_{12} & \cdots & p_{1N} \\ p_{21} & p_{22} & \cdots & p_{2N} \\ \vdots & \vdots & & \vdots \\ p_{M1} & p_{M2} & \cdots & p_{MN} \end{bmatrix} \tag{3.33}$$

矩阵中的每一个 p_{ij} 表示为第 i 行 j 列处的每一节拍不同多径相对首径的峰值功率，单位为 dB。

第二步，无效信息截断，其方法为将矩阵 $\boldsymbol{P}$ 的每一列各元素转换为幅度叠加求平均，而后转换为功率平均值，生成相应一行由列平均数据组成的数组 $\overline{P}$，搜索数组 $\overline{P}$ 中首个小于 -20 dB 元素的位置 L 并截断其后数据，数据矩阵 $\boldsymbol{P}$ 由原 $M \times N$ 矩阵转换为 $M \times L$ 矩阵（$L < N$）。

第三步，基于峰值出现概率的信道建模，处理方法如下。

（1）取峰值，在 $M \times L$ 矩阵的各个数据中，若有如下的 $P_{i,j}$ 满足(3.33)式且大于判决门限 T，则判定其为有效峰值。

$$\max(p_{i,j} > T) \tag{3.34}$$

（2）统计矩阵 $\boldsymbol{P}$ 每一列数据中的峰值元素 $p_{i,j}$ 出现的概率。

（3）若矩阵 $\boldsymbol{P}$ 某一列数据的峰值概率大于等于设定的阈值，则判定该列数据为有效数据，利用每一列有效数据的幅度信息和位置信息，统计并建立相应平稳信道的参数模型。

该方法的软件界面及处理结果如图 3.13 和图 3.14 所示，该结果可以被信道模拟器调用，从而实现对真实信道的逼真模拟。

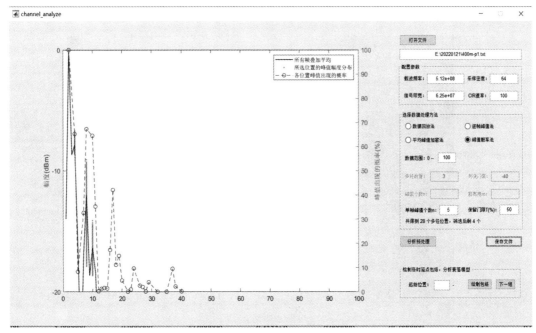

图 3.13　峰值概率法软件界面

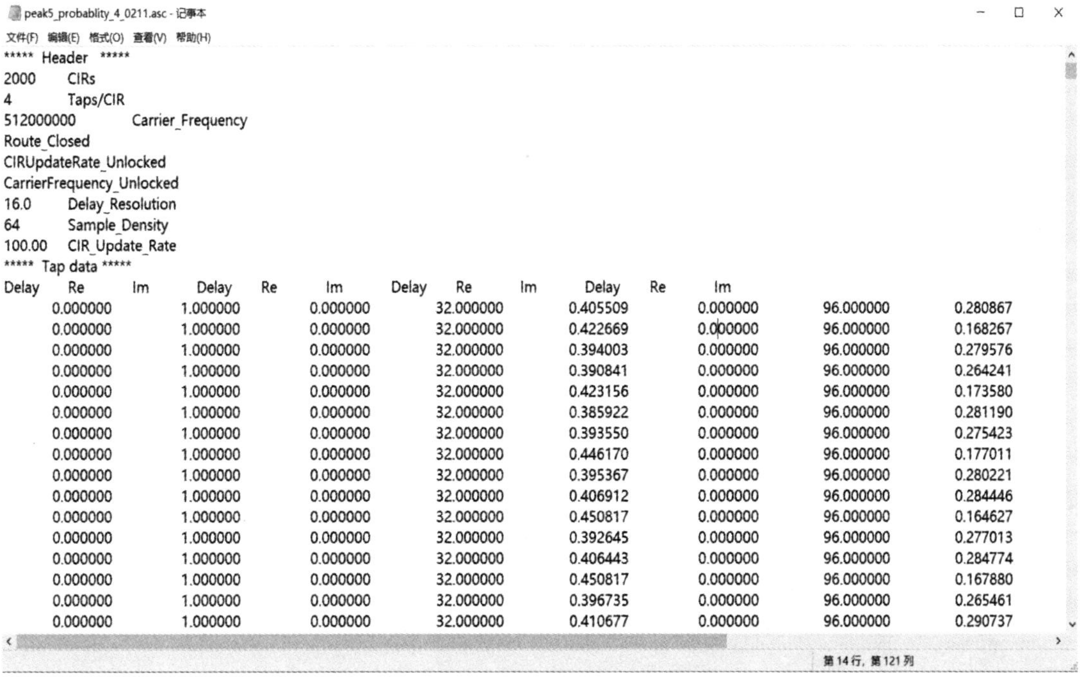

图 3.14　峰值概率法处理结果

3.5.3　基于非平稳信道的参数萃取方法

非平稳信道原始测量数据同样存在着多径数量大、主径弥散、无效数据多等问题，最大的特点是其时变特性，即每帧时延功率谱不同，某场实测功率延迟分布 PDP 及其中一帧的数据如图 3.15 和图 3.16 所示。

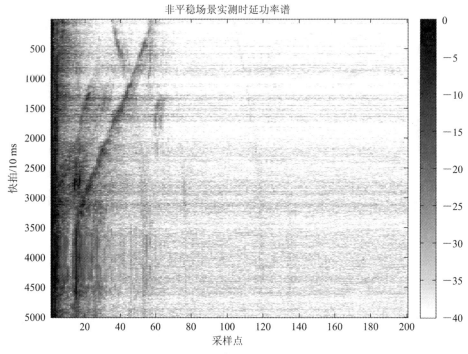

图 3.15 时变信道场景实测 PDP

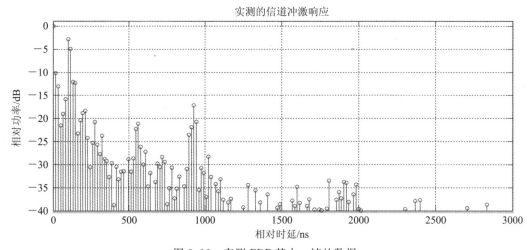

图 3.16 实测 PDP 其中一帧的数据

对于上述场景下的实测数据采取聚类回归法对每一帧的数据进行处理，建立每一帧的信道模型。具体步骤如下。

第一步，基于实测数据的聚类分析。

（1）初始化信道特征参数集 $C = \{c_n\}$，其中 $c_n = \{P_n, \tau_n\}$，p_n、τ_n 分别为第 n 条路径的功率和时延。

（2）基于相似度距离对信道测量数据进行分簇处理，具体如下。

以集合 C 第一个元素为聚簇中心，计算它和其他元素之间的距离，将小于阈值的元素合并为一个新的子集 C_l，其距离计算方法如下。

$$D(c_i, c_j) = \sqrt{\parallel D_\tau(c_i, c_j) \parallel^2 + \parallel D_P(c_i, c_j) \parallel^2} \tag{3.35}$$

式中，$D_\tau(c_i, c_j)$ 和 $D_P(c_i, c_j)$ 分别为不同元素的时延和功率的距离，两者分别可表示为

$$D_\tau(c_i, c_j) = \frac{\mid \tau_i - \tau_j \mid \tau_{\text{std}}}{\Delta \tau_{\max}^2} \tag{3.36}$$

$$D_P(c_i, c_j) = \frac{\mid P_i - P_j \mid P_{\text{std}}}{\Delta P_{\max}^2} \tag{3.37}$$

式中，τ_{std} 为多径分量时延的标准差，$\Delta\tau_{\max}$ 为多径分量时延差的最大值。P_{std} 为多径分量功率的标准差，$\Delta P_{\max}$ 为多径分量功率差的最大值。

（3）更新集合 C，删去与子集 C_l 相同的元素，重复上述过程，直至集合 C 为空，将获得的所有子集集合记为 $\{C_1, C_2, \cdots, C_L\}$，具体分簇结果如图 3.17 所示，该帧数据分为 6 个簇。

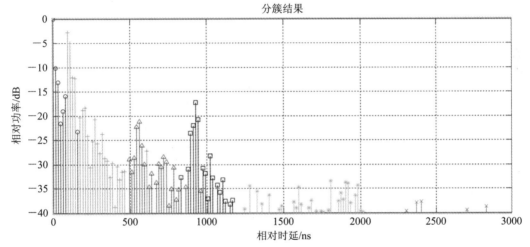

图 3.17　某帧 PDP 数据分簇结果

（4）假设子集 C_l 包含 m 个参数，计算对应平均功率如下：

$$P_l = 10 \times \lg \left(\sum_{i=1}^{m} 10^{\frac{P(\tau_i)}{10}} \right) \tag{3.38}$$

若其小于功率门限值（背景噪声决定），则将该子集删除，并获得新的子集集合，记为 $\{C_1, C_2, \cdots, C_L'\}$，处理后第 6 簇被去除，最终簇个数为 5。

第二步，基于分簇基础上的回归信道建模。

根据聚类产生的 L' 个簇，构建包含 L' 个多径的抽头时延线模型（TDL），通过回归优化算法调整每条多径的功率参数和时延参数，使模型与测量结果的误差达到最小，算法的框架如图 3.18 所示。

（1）输入窄脉冲信号 δ，经过包含 L' 个时延控制单元的信道产生模块后，其输出可表示为

$$A(\overline{\omega}, \overline{v}; t) = \sum_{n=1}^{L'} f(\omega_n(t) \cdot \delta(t - v_n(t)) \tag{3.39}$$

式中，v_n 表示各路脉冲时延系数，ω_n 表示不同路径权值，f 为信道生成函数。

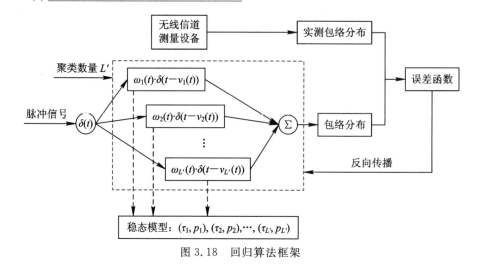

图 3.18 回归算法框架

（2）误差函数定义为信道模块的输出 $A(\overline{\omega},\ \overline{v},\ t)$ 与实测结果 $r(t)$ 的相关系数，具体如下：

$$E(\overline{v},\ \overline{\omega},\ r,\ t) = \frac{\mathrm{Cov}(A(\overline{\omega},\ \overline{v},\ t),\ r(t))}{\sqrt{D(A(\overline{\omega},\ \overline{v},\ t))}\sqrt{D(r(t))}} \qquad (3.40)$$

式中，$r(t)$ 为无线信道测量设备在 t 时刻的包络分布，采用梯度下降法调整控制单元的权值 ω 和 v，达到误差最小化，直至获得稳定的权值，则每条路径的时延值为 $\tau_n(t) = v_n(t)$，每条路径的功率值为 $P_n(t) = \omega_n(t)$。至此获得最终信道模型参数：$\{(\tau_1(t),\ p_1(\tau)),\ (\tau_2(t),\ p_2(t)),\ \cdots,\ (\tau_{L'}(t),\ p_{L'}(t))\}$。针对具体的一帧数据，误差收敛曲线如图 3.19 所示，萃取的 5 径信道模型为：$\{(0\mathrm{ns},\ 0\mathrm{dB}),\ (112\mathrm{ns},\ -2.53\mathrm{dB}),\ (576\mathrm{ns},\ -20.14\mathrm{dB}),\ (944\mathrm{ns},\ -17.02\mathrm{dB}),\ (1808\mathrm{ns},\ -32.47\mathrm{dB})\}$。提取下一帧数据，重复上述步骤，可实现非平稳信道所有时刻的参数萃取和建模。

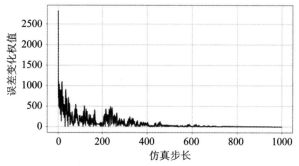

图 3.19 误差曲线收敛结果

上述方法实现了对平稳信道和非平稳信道的参数萃取，建立了相应的小尺度传播效应信道模型，并提升了信道模拟器对真实场景传播效应模拟的逼真度。

第 4 章 通信对抗天线辐射特性模型仿真

天线辐射特性模型仿真是通信对抗仿真中重要的一环，如对于半实物仿真系统来说，信号注入是指去掉天线的射频信号注入，所以实装天线辐射特性的建模扮演着重要的角色，其天线模拟准确与否，事关整个半实物仿真系统的精度与可信度。本章从天线辐射特性建模方法出发，主要对通信对抗的典型天线、自适应多波束天线及天线测量技术进行介绍与仿真，本章的内容可有效支撑半实物仿真设施与纯数学仿真设施开展工作。

4.1 天线辐射特性建模方法[15][16]

天线建模方法一般分为三类，即严格解析法、近似解析法和数值分析法。其中，随着计算机计算速度的提升及云计算的发展，数值分析法得到了普遍运用，即用差商代替微商，用有限求和代替积分，从而将求解微积分方程的问题转化为求解差分方程或代数方程组的问题，然后再利用计算机求出电流分布的数值解。目前，天线数值分析的一般分类方法如图 4.1 所示。

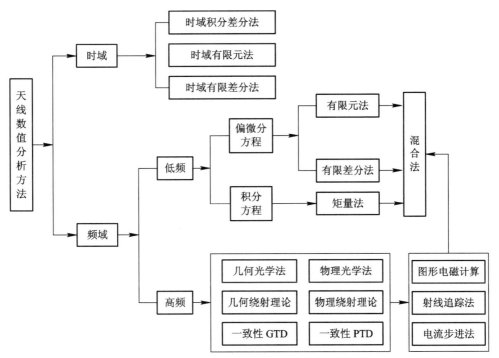

图 4.1 天线建模一般数值分析方法

目前，国际上比较通用的商业电磁特性计算软件大都采用如图 4.1 所示的方法，如 Ansoft HFSS 主要采用有限元法、FEKO 核心算法采用矩量法、XFDTD 采用时域有限差分法，下面对图中的主要方法做简要介绍。

4.1.1　有限元法

有限元方法的基础是变分原理和加权余量法，其基本求解思想是把计算域划分为有限个互不重叠的单元，在每个单元内选择基函数，用单元基函数的线形组合来逼近单元中的真解，整个计算域上总体的基函数可以看作是由每个单元的基函数组成的，则整个计算域内的解可以看作是由所有单元上的近似解构成的。

有限元法按照获取方程组途径的不同，可分为两类，即伽辽金有限元法和变分有限元法。前者就是我们常说的有限元法，它的指导思想分为三个层次：第一就是问题的转化，即把边值问题的求解转化成泛函问题；其次是方程组的转化，就是将麦克斯韦方程组转化为最终的代数方程组；最后就是场量的转化，把连续的场量离散化。因此，当求解电磁问题用到有限元法时，就要注意三个层次的把握，只有做好了这三个层次的工作，才能正确有效地解决问题。

1. 电磁场边值问题以及与之对应的泛函

对于电磁场边值问题，根据给定的边界条件，拉普拉斯方程或泊松方程有唯一解。一般来说，边界条件有以下三种。

第一类边界条件：所求的位函数在区域边界的值为已知函数，可表示为

$$\varphi = f(x) \tag{4.1}$$

第二类边界条件：所求的位函数在边界区域上的法线方向导数为已知函数，可表示为

$$\frac{\partial \varphi}{\partial n} = f(x) \tag{4.2}$$

第三类边界条件：位函数及法线方向导数的线性组合已知，可表示为

$$\varphi + f_1(x) \frac{\partial \varphi}{\partial n} = f_2(x) \tag{4.3}$$

所对应的泛函求解极值方程分别为

$$F(\varphi) = \frac{1}{2} \int_v \varepsilon \mid \nabla \varphi \mid^2 \mathrm{d}V - \int_v \rho \varphi \mathrm{d}V \tag{4.4}$$

$$F(\varphi) = \frac{1}{2} \int_v [\varepsilon \mid \nabla \varphi \mid^2 - 2\rho \varphi] \mathrm{d}V - \int_v \varepsilon \left(f_2 \varphi - \frac{1}{2} f_1 \varphi^2 \right) \mathrm{d}s \tag{4.5}$$

这三种边界条件中第一、二类边值问题对应的泛函方程为公式(4.4)，第三类边值问题对应的泛函方程为公式(4.5)。利用泛函求解极值的过程中，第一类边界条件并不能自动满足，必须由人来手动解决，称为强加边界条件，而与之对应的称为条件变分问题。第二、三类条件则可以自动满足，又称为自然边界条件，与之对应的则称为无条件变分问题。

2. 有限元方程的求解

建立相应的泛函后，接下来要做的工作就是区域的剖分离散。

$$W\varphi = P \tag{4.6}$$

$$\varphi \mid_{x1} = f(x) \tag{4.7}$$

上式和就是经过泛函离散后获得的有限元方程组，直接法、迭代法以及优化算法都是目前对其求解的主要方法。

3. 有限元网格的划分

用有限元法进行分析的首要任务就是对求解区域进行快速有效的离散剖分，其剖分的优劣将事关计算结果的准确度，一般在进行求解剖分时，需要遵循以下规范：

（1）几何规范：在形状多变的几何区域，需要对其进行较密的剖分，对于边界区域，节点的设置应使其能够还原区域的几何形状，网格形状应尽量正常，避免奇形怪状的区域出现。

（2）技术规范：在需要细致分析的部分，需要更细化的网格划分。

（3）物理规范：区域剖分密度在场量变化较大的地方，应该适当高些，当得到了初始的网格后，一般来说，还需要对其进行加密细分，以期更适用于仿真计算。

4. 有限元法的建模

依据上述介绍，对于有限元方法，其求解步骤可归纳如下：

第一步，建立积分方程，根据变分原理或方程余量与权函数正交化原理，建立与微分方程初边值问题等价的积分表达式。

第二步，区域单元剖分，根据求解区域的形状及实际问题的物理特点，将区域剖分为若干相互连接、互不重叠的单元，在此过程中，除了给计算单元和节点进行编号和确定相互之间的关系之外，还要表示节点的位置坐标，同时还需要列出自然边界和本质边界的节点序号和相应的边界值。

第三步，确定单元基函数，根据单元中节点数目及对近似解精度的要求，选择满足一定插值条件的插值函数作为单元基函数。

第四步，单元分析，将各个单元中的求解函数用单元基函数的线性组合进行逼近，再将近似函数代入积分方程，并对单元区域进行积分，可获得含有待定系数的代数方程组，即单元有限元方程。

第五步，总体合成，在得出单元有限元方程之后，将区域中所有单元有限元方程按一定法则进行累加，形成总体有限元方程。

第六步，边界条件的处理，一般边界条件有三种形式，分为本质边界条件（狄利克雷边界条件）、自然边界条件（黎曼边界条件）和混合边界条件（柯西边界条件）。其中，对于自然边界条件，一般在积分表达式中可自动得到满足；对于本质边界条件和混合边界条件，需按一定法则对总体有限元方程进行修正来满足。

第七步，解有限元方程，依据边界条件修正的总体有限元方程组是含所有待定未知的封闭方程组，通过采用适当的数值计算方法，可求得各节点的函数值。

4.1.2　矩量法

根据线性空间的理论，N 个线性方程的联立方程组、微分方程、差分方程、积分方程都属于希尔伯特空间中的算子方程，这类算子方程可化为矩阵方程来求解，在求解过程中需要计算广义矩量，故称之为矩量法。

设有算子方程为

$$L(f) = g \tag{4.8}$$

式中 L 为算子，g 是已知激励函数，f 为未知响应函数。

令 f 在 L 定义域中被展开为 $f_1, f_2, \cdots, f_N$ 这 N 个线性无关的组合，称之为展开函数或基函数，表示为

$$f = \sum_{n=1}^{N} a_n f_n \tag{4.9}$$

将式(4.9)代入式(4.8)，可得到

$$\sum_{n=1}^{N} a_n L(f_n) = g \tag{4.10}$$

式中，$a_1, a_2, \cdots, a_N$ 为 N 个未知函数。

选一组线性无关的权函数 w_n 分别与 $L(f)$ 和 g 做内积，则得到

$$\sum_{n=1}^{N} a_n \langle w_n, L(f_n) \rangle = \langle w_n, g \rangle \tag{4.11}$$

由此，可以划分为 N 个方程

$$\begin{cases} \sum_{n=1}^{N} a_n \langle w_1, L(f_n) \rangle = \langle w_1, g \rangle \\ \sum_{n=1}^{N} a_n \langle w_2, L(f_n) \rangle = \langle w_2, g \rangle \\ \cdots \\ \sum_{n=1}^{N} a_n \langle w_N, L(f_n) \rangle = \langle w_N, g \rangle \end{cases} \tag{4.12}$$

其可以写成如下矩阵形式

$$[l_{mn}][a_n] = [g_m] \tag{4.13}$$

式中，$l_{mn} = \langle w_m, L(f_n) \rangle$，$a_n = [a_1, a_2 \cdots]^{-1}$，$[g_m] = [\langle w_1 g \rangle, \langle w_2, g \rangle \cdots]^{-1}$。

对式(4.13)求逆得

$$[a_n] = [l_{mn}]^{-1}[g_m] \tag{4.14}$$

由此代入式(4.9)便可得到未知响应函数 f 的结果。

目前，有一些采用矩量法的商用天线仿真软件，如 FEKO，它基于矩量法对麦克斯韦方程组求解，可以解决任意复杂结构的电磁问题，是世界上第一个把多层快速多极子算法推向市场的商业代码，在保持精度的前提下大大提高了计算效率，使得精确仿真电大问题成为可能。在此之前，求解此类问题只能选择高频近似方法。FEKO 中有两种高频近似技术可用，一个是物理光学(PO)，另一个是一致性几何绕射理论(UTD)。当矩量法和多层快速多极子算法需求的资源不够时，这两种方法提供了求解的可能性。FEKO 广泛应用于包括线天线、面天线、喇叭天线、反射面天线、相控阵天线、微带天线等各种天线结构的设计中，用来计算和优化各种天线性能参数。

4.1.3　时域有限差分法

时域有限差分法近几年来越来越受到各方的重视，因为一方面它在处理庞大的电磁辐

射系统方面和复杂结构的散射体方面很突出，另外一方面则在于它不是传统的频域算法，它是种时域算法，直接依靠时间变量求解麦克斯韦方程组，可以在有限的时间和体积内对场进行数据抽样，这样同时也能够保证介质边界条件自动满足。时域有限差分法可以看作是在时域内对空间电磁波传播过程的数字拟合，它是法拉第电磁感应定律很好的体现。在时域有限差分法中，还应该注意色散的问题，因为色散会导致严重的后果，比如绕射、波形畸变以及各向异性等。造成色散是因为在时域有限差分法剖分的网格中，模拟的波的波速会随着传播方向、波长等发生变化。与此同时，为了保证时域有限差分算法的精确性，对不同剖分的网格以及介质边界产生的色散，也要做定量的分析研究。对计算自由空间的电磁问题，由于计算机只能模拟有限的空间，所以网格不可能无限大，这就要求网格在引起明显的色散的情况下进行截断，这就能使得电波在剖分区域内的传播就像在自由空间一样。

目前，一些商用天线仿真软件是基于时域有限差分方法的，如 XFDTD。它是直接对麦克斯韦方程的微分形式进行离散的时域方法，适合解决电大尺寸的天线、天线阵列设计、电中小尺寸的天线、天线罩的仿真和设计、各类载体的天线布局等问题。XFDTD 采用共形网格技术，针对微带贴片天线、共形天线、螺旋天线、抛物面天线、喇叭天线、分集天线等可以高效快速地建模及仿真。由于软件采用时域方法和窄带脉冲激励，一次仿真即可获得整个宽频带结果，非常适合模拟各类型超宽带天线。

XFDTD 也可以对天线安装在载体后的特性进行预测。飞机、舰船、车辆、弹体等对天线的近场影响较大，可能导致天线的远场特性畸变，通过 XFDTD 提前进行预测，可省去大量外场测试时间及经费。

XFDTD 可以预测载体上多天线之间的耦合，飞机、舰船、车辆、弹体等载体上通常搭载多副天线，天线之间可能会出现严重干扰，采用 XFDTD 提前预测天线之间的耦合，并对天线位置进行优化，可以降低近频天线之间的干扰。

4.1.4　几何光学(GO)

几何光学是麦克斯韦方程的高频近似解，它利用射线来描述电磁场的传播。根据 GO 理论，在各向同性的均匀媒质中，高频电磁场的传播是遵循费马定律的，且传播方向与波面垂直。有很多方法可导出 GO 场的表达式。

几何光学只研究直射、反射及折射问题，利用几何光学的分析方法，可以预估出在各种不同边界上场的分布，虽然这种近似的分析仅仅基于麦克斯韦方程渐进解的首项，但随着频率的升高，这种方法就越精确，在较低的微波频段，这种方法就会由于精度不高而失效。

4.1.5　几何绕射理论及一致性几何绕射理论(GTD/UTD)

GTD 是凯勒在 1951 年前后提出的一种近似计算高频电磁场的新方法。他把经典几何光学的概念加以推广，引入了一种绕射射线以消除几何光学阴影边界上场的不连续性，并对阴影区的场进行适当的修正。凯勒的这一方法称为几何绕射理论(GTD)。

几何绕射理论克服了几何光学在阴影区失效的缺点，同时也改善了亮区中的几何光学解。因为几何绕射理论是一种射线光学理论，它在几何光学阴影边界两侧的过渡区内失效。几何绕射理论的这一缺点已被 70 年代发展起来的一致性几何绕射理论(UTD)和一致性渐近理论(UAT)克服。UTD 和 UAT 在几何光学阴影边界过渡区内都有效，而在阴影边界过渡区外则自动地转化为几何绕射理论算式。因此，在工程实践中一般都采用 UTD 或 UAT。

另外，正如几何光学在其射线的焦散区失效一样，几何绕射理论及其一致性形式 UTD 和 UAT 在绕射射线的焦散区也都失效。焦散区的场可以采用等效电磁流法(ECM)来计算。

几何绕射理论及 UTD、UAT 计算的散射场局限于凯勒圆锥上，其他散射方向上的场不能计算。

4.1.6　物理光学及物理绕射理论(PO/PTD)

与积分方程矩量解法一样，物理光学法的出发点是 Stratton-Chu 散射场积分方程，矩量法求解表面感应电流时计入了各部分感应电流相互之间的影响，而物理光学法则根据高频场的局部性原理，完全忽略了这种相互影响，而仅根据入射场独立地近似确定表面感应电流。

当散射场以面效应为主时，物理光学法会给出比较精确的结果，但物理光学法同几何光学法一样，不能处理棱边、拐角、尖顶等表面不连续的问题。物理光学法也不能估算交叉极化的回波。另外，物理光学法的精度与散射方向有关，如果散射方向离开镜面反射方向较远，物理光学的误差会较大。

正如 GTD 是对几何光学的延伸一样，PTD 是对物理光学的延伸。在计算物理光学场时，散射体上的感应面电流采用了几何光学近似。在物理绕射理论中，几何光学电流近似是通过引入一个由典型问题导出的修正项而得到改善的。

PTD 可以计算有边缘物体的边缘绕射场，因为 PTD 不是一种射线光学理论，所以它在几何光学阴影边界过渡区和射线的焦散区都有效，PTD 计算得到的场只是边缘绕射的贡献，因此，还必须采用像物理光学等其他方法才能求得表面贡献，两者进行相干叠加，才能得到总的散射场。

由于 GTD 和 PTD 二者都依赖于二维尖劈问题的严格解，因此它们都只能用于凯勒锥的散射方向。如同采用等效电磁流法可以把 GTD 推广到任意方向，采用增量长度绕射系数的方法可以把 PTD 推广到任意方向。

4.2　通信对抗典型天线辐射特性建模

通信对抗典型天线包括偶极天线、对数周期偶极子天线、螺旋天线、环天线、笼形天线、盘锥天线、喇叭天线、抛物面天线等。本节主要以偶极天线、对数周期偶极子天线、喇叭天线、抛物面天线为例，对相应天线辐射特性理论进行建模与仿真分析。

4.2.1　偶极天线[17]

偶极天线是由两根直径和长度均相等的对称振子直导线组成的,在对称振子两臂之间馈以等幅反相的电压激励,并在其周围空间激发电磁场,电磁能量不断地向空间辐射。偶极天线广泛用于通信、雷达、探测等各种无线电设备中,可适用于短波、超短波甚至微波,可单独作天线用,也可用作阵列的单元,或用作反射面天线的馈源。

偶极天线的结构示意图如图 4.2 所示,图中每根对称臂导线的长度 l,两对称振子间距为 $2l_0$,振子半径为 a。

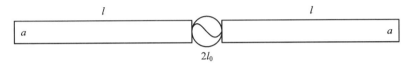

图 4.2　偶极天线结构示意图

偶极天线建模的主要过程如下。

第一步,偶极天线求解区域离散化剖分,就是将偶极天线两对称振子分段,分段如图 4.3 所示,偶极天线分为 $(N+1)$ 段,N 取值越大,计算量越大,但精度越高,实际仿真时需合理选择。

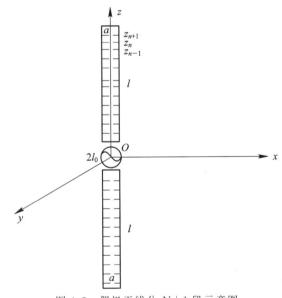

图 4.3　偶极天线分 $N+1$ 段示意图

第二步,选取分段正弦基函数为电流展开函数

$$S_n(z'-z_n) = \begin{cases} \dfrac{\sin[k(\Delta z_n - | z' - z_n |)]}{\sin k \Delta z_n} & | z' - z_n | < \Delta z_n \\ 0 & | z' - z_n | \geqslant \Delta z_n \end{cases} \tag{4.15}$$

则天线上的电流可表述为

$$I(z') = \sum_{n=1}^{N} I_n S_n(z'-z) \tag{4.16}$$

天线表面电流须满足的边界条件：

$$\hat{n} \times \boldsymbol{E} = 0 \tag{4.17}$$

所以，天线表面电流产生的散射场与入射场有下列关系：

$$E^s = -E^i \tag{4.18}$$

交换积分和求和次序，并进行整理得到

$$\sum_{n=1}^{N} I_n \int_{Z_n-\Delta z_n}^{Z_n+\Delta z_n} S_n(z'-z_n) \left[\frac{\partial G(z, z')}{\partial z^2} + k^2 G(z, z') \right] dz' = -j w \varepsilon E_z^i(z) \tag{4.19}$$

式中的积分代表了分段正弦函数 $S_n(z'-z_n)$，即在 $z_n-\Delta z_n$ 和 $z_n+\Delta z_n$ 间电流分布产生的场。令

$$E_{Z_n}(z) = \int_{Z_n-\Delta Z_n}^{Z_n+\Delta Z_n} S_n(z'-z_n) \cdot \left[\frac{\partial G(z, z')}{\partial z^2} + k^2 G(z, z') \right] dz' \tag{4.20}$$

于是，

$$\sum_{n=1}^{N} I_n E_{Z_n}(z) = -E_z^i(z) \tag{4.21}$$

第三步，选择权函数，建立对应矩阵方程。采用伽辽金方法，选取检验函数 $W_m = S_m(z-z_m)$ 对式两边同时求内积得

$$\sum_{n=1}^{N} I_n \int_{Z_n-\Delta Z_n}^{Z_n+\Delta Z_n} S_n(z'-z_n) E_{Z_n}(z) dz = \int_{Z_n-\Delta Z_n}^{Z_n+\Delta Z_n} S_n(z'-z_n) E_Z^i(z) dz \tag{4.22}$$

将上式可以写成矩阵形式

$$\boldsymbol{I} = \boldsymbol{Z}^{-1} \boldsymbol{V} \tag{4.23}$$

上式中的 $\boldsymbol{Z}$ 矩阵元素可表示如下：

$$Z_{nm} = \int_{Z_m-\Delta Z_m}^{Z_m+\Delta Z_m} S_m(z'-z_m) E_{Z_n}(z) dz \tag{4.24}$$

$\boldsymbol{V}$ 的元素表示为

$$V_m = \int_{Z_m-\Delta Z_m}^{Z_m+\Delta Z_m} S_m(z'-z_m) E_z^i(z) dz \tag{4.25}$$

第四步，求偶极天线的增益。求得了其上的电流分布，则可以计算偶极天线远区的辐射场：

$$E_\theta = j \frac{60 I_m}{r} \frac{\cos(\beta_0 l\cos\theta) - \cos\beta_0 l}{\sin\theta} e^{-j\beta_0 r} \tag{4.26}$$

式中，$\beta_0 = \frac{2\pi}{\lambda}$，$l$ 为偶极天线半长，θ 为俯仰角。

则其在自由空间的方向函数为

$$f(\theta, \varphi) = \left| \frac{\cos(\beta_0 l\cos\theta) - \cos\beta_0 l}{\sin\theta} \right| \tag{4.27}$$

近地条件下，地面上的偶极天线必定受地面的影响，特别是短波段的偶极天线，地面作为天线不可分割的部分，地面和天线要作为一个整体来考虑。利用镜像原理，垂直极化波和水平极化波有不同的 Fresnel 反射系数。

（1）近地条件下垂直极化偶极天线的 E 面方向函数为

$$f(\theta) = \left[\frac{\cos(\beta l \sin\theta) - \cos\beta l}{\cos\theta}\right] \times \left[1 + R_V^2 + 2R_V\cos(\varphi_V - 2\beta h\sin\theta)\right]^{1/2} \quad (4.28)$$

式中，h 为偶极天线的架高；l 为偶极天线半长；θ 为高低角；$\beta = 2\pi/\lambda$；R_V，φ_V 由 $R_V e^{-j\varphi_V} = \dfrac{\varepsilon_\gamma' \sin\theta - \sqrt{\varepsilon_\gamma' - \cos^2\theta}}{\varepsilon_\gamma' \sin\theta + \sqrt{\varepsilon_\gamma' - \cos^2\theta}}$ 决定，式中，$\varepsilon_\gamma' = \varepsilon_\gamma - j60\lambda\sigma$，其中，$\varepsilon_\gamma'$，$\sigma$ 均为地面参数，分别是介电常数与电导率。

（2）近地条件下水平极化偶极天线的 E 面方向函数为

$$f(\theta) = (1 - \cos\beta l)\left[1 + R_H^2 + 2R_H\cos(\varphi_H - 2\beta h\sin\theta)\right]^{1/2} \quad (4.29)$$

式中，h 为天线的架高；l 为偶极天线半长；θ 为高低角；$\beta = 2\pi/\lambda$；R_H，φ_H 由 $R_H e^{-j\varphi_H} = \dfrac{\sin\theta - \sqrt{\varepsilon_\gamma' - \cos^2\theta}}{\sin\theta + \sqrt{\varepsilon_\gamma' - \cos^2\theta}}$ 决定，式中，$\varepsilon_\gamma' = \varepsilon_\gamma - j60\lambda\sigma$，其中，$\varepsilon_\gamma'$，$\sigma$ 均为地面参数，分别是介电常数与电导率。

偶极天线方向性系数为

$$D = \frac{4\pi f^2(\theta, \varphi)_{\max}}{\int_0^{2\pi}\int_0^{\pi} f^2(\theta, \varphi)\sin\theta\,\mathrm{d}\theta\,\mathrm{d}\varphi} \quad (4.30)$$

偶极天线的增益为

$$G = 10\lg D\eta \quad (4.31)$$

式中，η 为天线效率。

下面做一简单仿真，偶极天线的工作频段为 30～100 MHz，天线的半臂长 $l = 84.9$ cm，架设离地面高度 $h = 10$ m，极化方式垂直或水平，电导率 $\sigma = 0.10000$，介电常数 $\varepsilon = 10$。其中，30 MHz 在不同电导率下不同极化方式的仿真结果如图 4.4、图 4.5 所示。

（1）$\sigma = 0$ 时方向图如图 4.4 所示。

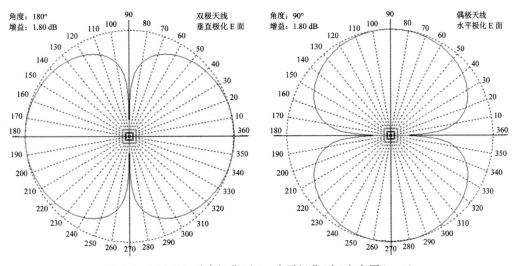

图 4.4　30 MHz 垂直极化（左）、水平极化（右）方向图（$\sigma = 0$）

（2）$\sigma = 10000$ 时方向图如图 4.5 所示。

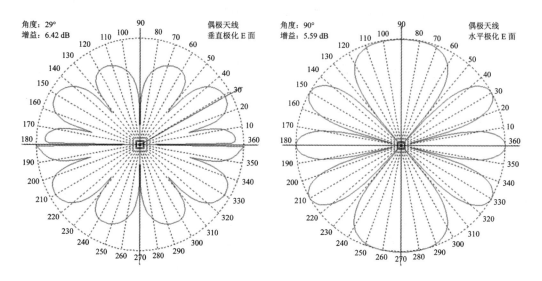

图 4.5　30 MHz 垂直极化(左)、水平极化(右)方向图($\sigma=100\ 00$)

4.2.2　对数周期偶极子天线[18]

对数周期偶极子天线因其结构简单、性能优良而广泛应用于 HF、VHF、UHF 频段的通信、测向、搜索、电子对抗之中。对数周期偶极子天线的结构示意图如图 4.6 所示。它由 N 根平行排列的偶极子天线构成，其结构特点是各振子的尺寸、位置与振子的序号有关，它们是按比例因子 τ 构成的。这里

$$\tau = \frac{R_{p+1}}{R_{p+1}} = \frac{L_p}{L_{p+1}} = \frac{d_p}{d_{p+1}} \tag{4.32}$$

式中，p 为振子序号，按振子长度由小到大排列，分别以 $p=1,2,\cdots,N$ 表示；R_p 为天线的虚顶点 O 到第 P 根振子的垂直距离；L_p 为第 P 根振子的长度；d 为两相邻振子间的距离。

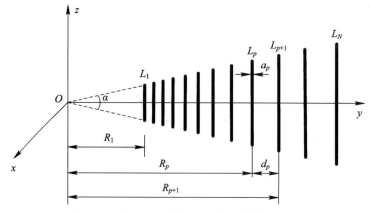

图 4.6　对数周期偶极子天线的结构示意图

鉴于对数周期偶极子天线的导线结构特点，基函数和检验函数均选择分段正弦函数，即分段正弦-伽辽金法。分段正弦-伽辽金法可大大简化计算过程。当用矩量法分析线天线

时，采用伽辽金法可以减少分段数，仿真结果表明，一般情况下，采用伽辽金法时，分段间隔 $\Delta h = 0.05\lambda$ 即可满足精度要求，而采用脉冲基点匹配法时，分段间隔 Δh 与导线的直径同数量级方可满足同样精度。

分段正弦基函数的数学表达式为

$$S_{pn}(z) = \begin{cases} \dfrac{\sin k_0 (h_p - |z - z_n|)}{\sin k_0 h_p} & z_{n-1} \leqslant z \leqslant z_{n+1} \\ 0 & \text{其他} \end{cases} \tag{4.33}$$

式中，$p = 1, 2, \cdots, N$ 为振子序号，$n = 1, 2, \cdots, M_p$ 为分段节点的序号，$h_p = L_p/(M_p + 1)$ 为第 P 根振子上的分段长度，$k_0 = \omega \sqrt{\varepsilon_0 \mu_0}$ 为自由空间波数，$M_p + 1$ 为第 P 根振子上的分段数，且 M_p 为奇数，分段节点（包括两端点）为 $z_n = -0.5L_p + n h_p$，$n = 0, 1, 2, \cdots, M_p + 1$。

则第 P 根振子上的电流分布可表达为

$$I_p(z) = \sum_{n=1}^{M_p} I_{p,n} S_{p,n}(z) \tag{4.34}$$

单根振子的导体表面电场的切线分量为

$$E_z^s = \frac{1}{j\omega \varepsilon_0} \left(\frac{\partial^2}{\partial z^2} + k_0^2 \right) \int_{-\frac{L}{2}}^{\frac{L}{2}} I(z') G(z, z') dz' \tag{4.35}$$

各振子上的电流在第 q 根振子表面上的散射场为

$$E_z^s = \sum_{p=1}^{N} \frac{1}{j\omega \varepsilon_0} \int \left(\frac{\partial^2}{\partial z^2} + k_0^2 \right) I_p(z') g(x_q, y_q z \mid x_p, y_p, z') dz' \tag{4.36}$$

在第 q 根振子表面满足关系：

$$E_z^s = -E_z^i \tag{4.37}$$

采用伽辽金法取检验函数 $W_{q,m}(z) = S_{q,m}(z)$，取内积得

$$\sum_{p=1}^{N} \sum_{n=1}^{M_p} I_{p,n} Z_{mn}^{pq} = V_{q,m} \tag{4.38}$$

式中，

$$Z_{mn}^{pq} = -\frac{1}{j\omega \varepsilon_0} \int_{Z_{m-1}}^{Z_{m+1}} S_{q,m}(z) E_{p,n}(x_q, y_q, z) dz \tag{4.39}$$

$$V_{q,m} \begin{cases} U_{Aq}, & \text{在点} (x_q, y_q, 0) \text{处} \\ 0, & \text{其他} \end{cases} \tag{4.40}$$

式中，U_{Aq} 为第 q 根振子的激励电压，$q = 1, 2, \cdots, N$；$m = 1, 2, \cdots, M_q$。

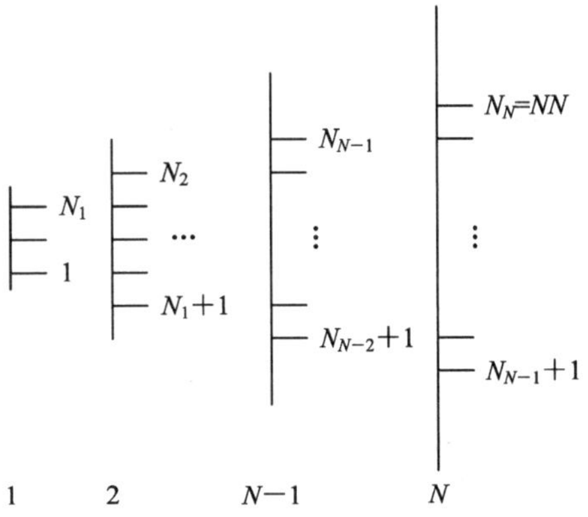

图 4.7　对数周期偶极子天线 N 个偶极分段情况示意图

设 N 个偶极子天线共分成 $NN + N$ 段，每个振子分成偶数段，分别为 $M_1 + 1$，$M_2 + 1$，$\cdots$，$M_N + 1$，其中 $M_1, M_2, \cdots, M_N$ 为奇数。对除两端点外的天线分段节点进行统一编号，如图 4.7 所示。

M_i 和 N_i 有如下关系：

$$M_1 = N_1, \quad M_i = N_i - N_{i-1}, \quad i = 2, 3, \cdots, N \tag{4.41}$$

则式（4.38）转换为

$$\boldsymbol{U}_M = \boldsymbol{Z}_M \boldsymbol{I}_M \tag{4.42}$$

式中，U_M，I_M 分别为 NN 维电压列向量和电流列向量，Z_M 为 NN 阶广义阻抗矩阵。除广义阻抗矩阵为已知外，电压和电流均为未知，为了求解式(4.42)，可采用等效电路分析法。

1. 等效电路分析法

由于对数周期偶极天线阵每个振子都是中心馈电，

$$U_M = \begin{bmatrix} 0 & \cdots & 0 & U_{A1} & 0 & \cdots & 0 & U_{AN} & 0 & \cdots & 0 \end{bmatrix}^T \tag{4.43}$$

$$I_M = \begin{bmatrix} I_{M1} & \cdots & I_{Mo_1-1} & I_{A1} & I_{Mo_1+1} & \cdots & I_{Mo_N-1} & I_{AN} & I_{Mo_N+1} & \cdots & I_{MNN} \end{bmatrix}^T \tag{4.44}$$

式中，$o_i = \left[\sum\limits_{k=1}^{i-1} M_k\right] + \left[\dfrac{M_i+1}{2}\right]$，$I_{Mo_i} = I_{Ai}$，$U_{Ai}$ 和 I_{Ai} 分别为对数周期偶极子天线第 i 根振子的输入端电压和电流，$i = 1, 2, \cdots, N$。

则定义两个矩阵：压缩矩阵 C 和扩展矩阵 S，分别为

$$C = \begin{bmatrix} 0 & \cdots & 1 & 0 & \cdots & 0 & \cdots & \cdots & 0 \\ & \cdots & & & \cdots & & & & 0 \\ 0 & \cdots & 0 & \cdots & 0 & 1 & 0 & \cdots & 0 \\ & \cdots & & & \cdots & & & & 0 \\ 0 & \cdots & 0 & \cdots & 0 & & 1 & \cdots & 0 \end{bmatrix} \tag{4.45}$$

$$S = C^T \tag{4.46}$$

式中，C 为 $N \times NN$ 矩阵，它各行均有且仅有一个非零元素 1，依次位于 $1, \cdots, N$ 列；S 为 $NN \times N$ 矩阵，它各列均有且仅有一个非零元素 1，依次位于 $1, \cdots, N$ 行。天线阵各单元电流的计算的推导过程如下。

对数周期偶极子天线满足下式：

$$U_M = SU_A, \quad I_A = CI_M \tag{4.47}$$

则

$$I_A = CI_M = CZ_M^{-1}U_M = CZ_M^{-1}SU_A \tag{4.48}$$

而

$$U_A = Z_A I_A = Z_A(Y_l Z_A + U)^{-1}I = (Y_l + Z_A^{-1})I = (Y_l + CZ_M^{-1}S)I \tag{4.49}$$

代入得

$$I_A = CZ_M^{-1}S(Y_l + CZ_M^{-1}S)I \tag{4.50}$$

其中，$I = \begin{bmatrix} I_{in} & 0 & \cdots 0 \end{bmatrix}^T$，$I_{in}$ 为馈电点的激励电流。

2. 电特性求解

求出电流分布后，就可以计算天线的电特性了，振子的电流确定以后，在三维 xyz 坐标中，远场的计算结果为：

$$E_\theta = j60 \frac{e^{-j\beta r_1}}{r_1} \sum_{n=1}^{N} \frac{I_{An}\left[\cos(\beta l_n \cos\theta) - \cos\beta l_n\right]}{\sin\theta \sin\beta l_n} e^{-j\beta r_n \sin\theta\cos\varphi} \tag{4.51}$$

式中，θ 是从 z 轴起，φ 从 x 轴起。

天线在 E 面辐射方向函数为

$$f_E(\varphi = 0, \theta) = \left| \frac{1}{\sin\theta} \sum_{n=1}^{N} \frac{I_{An}\left[\cos(\beta l_n \cos\theta) - \cos\beta l_n\right]}{\sin\beta l_n} e^{-j\beta r_n \sin\theta} \right| \tag{4.52}$$

若 $\theta = 90° - \Delta°$，则

$$f_{\mathrm{E}}(\varphi = 0, \Delta) = \left| \frac{1}{\cos\Delta} \sum_{n=1}^{N} \frac{I_{An}\left[\cos(\beta l_n \sin\Delta) - \cos\beta l_n\right]}{\sin\beta l_n} \mathrm{e}^{-\mathrm{j}\beta r_n \cos\Delta} \right| \tag{4.53}$$

天线在 H 面辐射方向函数为

$$f_{\mathrm{H}}(\theta = 90°, \varphi) = \left| \sum_{n=1}^{N} \frac{I_{An}\left[1 - \cos\beta l_n\right]}{\sin\beta l_n} \mathrm{e}^{-\mathrm{j}|x|_n \cos\varphi} \right| \tag{4.54}$$

其中，$\beta = 2\pi/\lambda$。

增益的计算按下式进行：

$$G = \frac{4\pi}{\int_0^{2\pi} \int_0^{\pi} f^2(\theta, \phi) \sin\theta \mathrm{d}\theta \mathrm{d}\phi} \tag{4.55}$$

可以简化为

$$G = \frac{4\pi r_1^2 (1/120\pi) \times |E_\theta|^2}{P_{\mathrm{in}}} = \frac{r_1^2 |E_\theta|^2}{30 P_{\mathrm{in}}} = \frac{120 f^2(\varphi, \theta)}{R_{\mathrm{in}}} \tag{4.56}$$

式中，R_{in} 为整个天线阵输入阻抗的实部，由于输入电流为 1 A，整个天线的输入阻抗在数值上应等于 U_1，即 $Z_{\mathrm{in}} = U_1 = Z_{11} I_{A1} + Z_{12} I_{A2} + \cdots + Z_{1N} I_{AN} = \sum_{i=1}^{N} Z_{1i} I_{Ai} = R_{\mathrm{in}} + \mathrm{j} X_{\mathrm{in}}$。

下面做一简单仿真，如对数周期偶极子天线的工作频段为 80～2000 MHz，输入阻抗为 50 Ω，最大振子长度为 1.96 m，最小振子长度为 0.07 m，振子数 $N = 31$，已知振子半径大小为 0.0003～0.0078 m，300 MHz、1276 MHz 天线仿真方向图如图 4.8 所示。

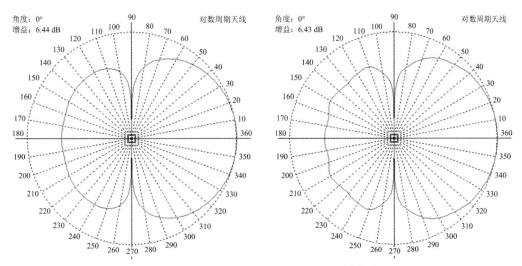

图 4.8　300 MHz(左)、1276 MHz(右)天线方向图

4.2.3　喇叭天线

喇叭天线是一种弱方向性天线，它的主要优点有结构简单、频带较宽，在方向性要求不高、但要求带宽较宽的场合下可以用喇叭天线，但主要用作复杂口面天线的馈源，或用作标准天线。根据形状的不同，喇叭天线可分为角锥形喇叭天线、圆锥形喇叭天线、H 面扇形喇叭天线、E 面扇形喇叭天线等。其中，角锥形喇叭天线结构、H 平面和 E 平面如图 4.9 所示。

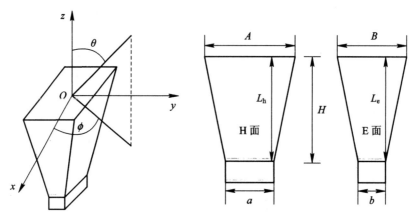

图 4.9　角锥形喇叭天线及其 H 平面和 E 平面视图

喇叭的高度(即喇叭与波导的交界平面到喇叭口面的距离)为 H。以喇叭口面中心 O 为原点,建立直角坐标系 Oxy,则喇叭口面电场近似地表示为

$$E_y(x,\ y) = \cos\frac{\pi x}{A}\mathrm{e}^{-\mathrm{j}\frac{\pi}{\lambda}\left(\frac{x^2}{L_\mathrm{h}}+\frac{y^2}{L_\mathrm{e}}\right)} \tag{4.57}$$

式中,L_h,L_e 分别为喇叭的 H 面斜高和 E 面斜高,$\lambda=299.776/F$ 为波长(单位:mm),F 为频率(GHz)。

以 O 为原点,Oz 为轴,选择球坐标系,场点的坐标可表示为 $(R,\ \theta,\ \phi)$,$\phi=0°$ 为 H 平面,$\phi=90°$ 为 E 平面。

若喇叭的尺寸已知,可用下面一些公式计算它的远区辐射特性。

1) H 面方向图

$$F_\mathrm{h}(\theta) = (1+\cos\theta)K_\mathrm{h}\left[\left(M+P\cos\frac{\pi\eta}{2\xi}-Q\sin\frac{\pi\eta}{2\xi}\right)^2+\left(N+P\cos\frac{\pi\eta}{2\xi}+Q\sin\frac{\pi\eta}{2\xi}\right)^2\right]^{\frac{2}{3}}$$
$$\tag{4.58}$$

式中,$M=C(t_1)+C(t_2)$,$N=S(t_1)+S(t_2)$,$P=C(t_3)+C(t_4)$,$N=S(t_3)+S(t_4)$,$\left.\begin{array}{c}t_1\\t_2\end{array}\right\}=$

$\sqrt{2\xi}\mp\dfrac{\eta+0.5}{\sqrt{2\xi}}$,$\left.\begin{array}{c}t_3\\t_4\end{array}\right\}=\sqrt{2\xi}\mp\dfrac{\eta-0.5}{\sqrt{2\xi}}$,$\xi=\dfrac{A_2}{4L_\mathrm{h}\lambda}$,$\eta=\dfrac{A}{\lambda}\sin\theta$,$K_\mathrm{h}$ 为归一化系数,它保证

$F_\mathrm{h}(0)=1$,$S(x)$ 和 $C(x)$ 为菲涅尔积分,$S(x)=\displaystyle\int_0^x\sin\frac{\pi t^2}{2}\mathrm{d}t$,$C(x)=\displaystyle\int_0^x\cos\frac{\pi t^2}{2}\mathrm{d}t$。

2) E 面方向图

$$F_\mathrm{e}(\theta) = (1+\cos\theta)K_\mathrm{e}\left\{\left[(C(t_1'))+C(t_2')\right]^2+\left[(S(t_1'))+S(t_2')\right]^2\right\}^{\frac{2}{3}} \tag{4.59}$$

式中,$\left.\begin{array}{c}t_1'\\t_2'\end{array}\right\}=\dfrac{B}{\sqrt{2\lambda L_\mathrm{e}}}\mp\sqrt{\dfrac{2L_\mathrm{e}}{\lambda}}\sin\theta$,$K_\mathrm{e}$ 为归一化系数,它保证 $F_\mathrm{e}(0)=1$。

3) 天线增益

$$G = 10\lg\left(\frac{8\pi L_\mathrm{h}L_\mathrm{e}}{AB}\{[C(u)-C(v)]^2+[S(u)-S(v)]^2\}\times[C^2(\omega)-S^2(\omega)]\right) \tag{4.60}$$

式中,

$$\left.\begin{matrix} u \\ v \end{matrix}\right\} = \frac{1}{\sqrt{2}}\left(\frac{\sqrt{\lambda L_e}}{A} \pm \frac{A}{\sqrt{\lambda L_h}}\right) \tag{4.61}$$

$$\omega = \frac{B}{\sqrt{2\lambda L_e}} \tag{4.62}$$

$$C(x) = \begin{cases} x\left[\frac{1}{2}C_0 + \sum_{n=1}^{14} C_n T_{2n}\left(\frac{x^2}{9}\right)\right] & |x| < 3 \\ \frac{1}{2}\mathrm{sgn}(x) + p(x)\sin\left(\frac{\pi x^2}{2}\right) - q(x)\cos\left(\frac{\pi x^2}{2}\right) & |x| \geqslant 3 \end{cases} \tag{4.63}$$

$$S(x) = \begin{cases} \frac{x^2}{9}\left[\frac{1}{2}S_0 + \sum_{n=1}^{14} s_n T_{2n}\left(\frac{x^2}{9}\right)\right] & |x| < 3 \\ \frac{1}{2}\mathrm{sgn}(x) - p(x)\cos\left(\frac{\pi x^2}{2}\right) - q(x)\sin\left(\frac{\pi x^2}{2}\right) & |x| \geqslant 3 \end{cases} \tag{4.64}$$

其中，

$$p(x) = \frac{1}{x}\left[\frac{1}{2}p_0 + \sum_{m=1}^{i} p_m T_{2m}\left(\frac{9}{x^2}\right)\right] \tag{4.65}$$

$$q(x) = \frac{9}{x^2}\left[\frac{1}{2}q_0 + \sum_{m=1}^{i} q_m T_{2m}\left(\frac{9}{x^2}\right)\right] \tag{4.66}$$

4.2.4　抛物面天线

抛物面天线是超短波及微波波段常用的一种天线，所以抛物面口面大小要比波长大得多，它是一种高增益天线。工程上计算抛物面天线方向性有两种方法：口面场法及镜面电流法，本小节采用口面场法，即由天线口面上的场计算其远区场或方向性。以抛物面焦点为原点，设立直角坐标系，如图 4.10 所示。

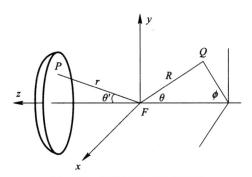

图 4.10　抛物面天线及坐标系

则抛物面的方程可表示为

$$z = F - \frac{x^2 + y^2}{4F}, \ x^2 + y^2 \leqslant \left(\frac{D}{2}\right)^2 \tag{4.67}$$

式中，D 为反射器的直径，F 为抛物面的焦距。

为描述馈源的辐射场，引入以 F 为原点，Fz 轴为极轴的球坐标系 (r, θ', ϕ')。假定馈源的功率方向图为 $G_r(\theta', \phi')$，在 F 点有稳定的相位中心，并具有理想的线极化特性（取向为 y），馈源在抛物面上点 $P(r, \theta', \phi')$ 处的投射电场为

$$\boldsymbol{E}_1(r, \theta', \phi') = \hat{\boldsymbol{e}}_1 C \sqrt{G_t(\theta', \phi')} \frac{\mathrm{e}^{-jke}}{r} \tag{4.68}$$

式中，$C = \sqrt{\sqrt{\dfrac{u}{\varepsilon}} \dfrac{p_t}{2\pi}}$，$p_t$ 为馈源的总辐射功率，$(\mu/\varepsilon)^{\frac{1}{2}}$ 为自由空间波阻抗，$k = 2\pi/\lambda$，λ 为工作波长，$\hat{\boldsymbol{e}}_1$ 是一个位于平面$(\hat{\boldsymbol{r}}, \hat{\boldsymbol{y}})$内且与 $\hat{\boldsymbol{r}}$ 正交的单位矢量，即 $\hat{\boldsymbol{e}}_1 = \dfrac{\hat{\boldsymbol{r}} \times (\hat{\boldsymbol{y}} \times \hat{\boldsymbol{r}})}{|\hat{\boldsymbol{r}} \times (\hat{\boldsymbol{y}} \times \hat{\boldsymbol{r}})|} = \dfrac{\cos\theta'\sin\phi'\hat{\boldsymbol{\theta}}' + \cos\phi'\hat{\boldsymbol{\theta}}'}{\sqrt{1 - \sin^2\theta'\sin^2\phi'}}$。

抛物面上 P 点的反射场用下述公式计算：

$$\boldsymbol{E}_r = 2(\boldsymbol{h} \times \boldsymbol{E}_1) - \boldsymbol{E}_1 \tag{4.69}$$

式中，$\boldsymbol{h}$ 为抛物面的单位法矢量，且 $\boldsymbol{h} = -\hat{\boldsymbol{r}}\cos\dfrac{\theta'}{2} + \hat{\boldsymbol{\theta}}'\sin\dfrac{\theta'}{2}$。

选择通过焦点 F 与 Fz 轴正交的平面为天线口面，口面上的电场为

$$\boldsymbol{E}_1 = \boldsymbol{E}_r \mathrm{e}^{-jkr\cos\gamma'} = \dot{\boldsymbol{e}}_\gamma C \sqrt{G_f(\theta', \phi')} \frac{\mathrm{e}^{-jk\vartheta}}{r} \tag{4.70}$$

式中，C 为常数，$\dot{\boldsymbol{e}}_\gamma$ 表示反射场极化特性的单位矢量，即 $\dot{\boldsymbol{e}}_\gamma = 2(\hat{\boldsymbol{n}} \cdot \hat{\boldsymbol{e}}_i) - \hat{\boldsymbol{e}}_i = e_{rx}\dot{\boldsymbol{x}} + e_{ry}\dot{\boldsymbol{y}}$。

这样，口面电场 $\boldsymbol{E}_1$ 的主极化分量 E_{ay} 和交叉极化分量 E_{ax} 便可分别表示为

$$E_{ay} = C \sqrt{G_f(\theta', \phi')} \frac{\mathrm{e}^{-j2kF}}{r} e_{ry} \tag{4.71}$$

$$E_{ax} = C \sqrt{G_f(\theta', \phi')} \frac{\mathrm{e}^{-j2kF}}{r} e_{rx} \tag{4.72}$$

用 (R, θ, ϕ) 表示远区观察点 Q 的坐标，这里 $R = |\overrightarrow{FQ}|$，$\theta$ 是 $\overrightarrow{FQ}$ 与 $-\hat{z}$ 的夹角，ϕ 是 $\overrightarrow{FQ}$ 在 xFy 平面上的投影与 $\hat{x}$ 的夹角，Q 点的电场正比于 $\boldsymbol{E} = E_\theta\hat{\boldsymbol{\theta}} + E_\phi\hat{\boldsymbol{\phi}}$，当 ϕ 较小时，$E_\theta = E_x\cos\phi + E_y\sin\phi$，$E_\phi = E_x\sin\phi + E_y\cos\phi$。

$$E_x = (1 + \cos\theta) \iint\limits_A \frac{\sqrt{G_f(\theta', \phi')}}{r} e_{rx}\theta^{jk\rho R} \mathrm{d}A \tag{4.73}$$

$$E_y = (1 + \cos\theta) \iint\limits_A \frac{\sqrt{G_f(\theta', \phi')}}{r} e_{ry}\theta^{jk\rho R} \mathrm{d}A \tag{4.74}$$

式中，$\boldsymbol{\rho}$ 为由原点 F 指向积分点的矢径，积分区域 A 是口面上直径为 D 的圆，$\rho \leqslant D/2$，令 $\rho = \dfrac{D}{2}s$，注意被积函数中的 r，θ'，ϕ' 是反射器上 P 点的坐标。

$$r = F\left[1 + \left(\frac{Ds}{4F}\right)^2\right], \quad \sin\theta' = \frac{2\left(\frac{Ds}{4F}\right)}{1 + \left(\frac{Ds}{4F}\right)^2}, \quad \cos\theta' = \frac{1 - \left(\frac{Ds}{4F}\right)^2}{1 + \left(\frac{Ds}{4F}\right)^2} \tag{4.75}$$

于是可得以下形式的积分：

$$E_x = (1 + \cos\theta) \int_0^{12} \int_0^x f_x(s, \phi') \mathrm{e}^{jus\cos(\phi - \phi')} s\mathrm{d}s\mathrm{d}\phi \tag{4.76}$$

$$E_y = (1 + \cos\theta) \int_0^{12} \int_0^x f_y(s, \phi') \mathrm{e}^{jus\cos(\phi - \phi')} s\mathrm{d}s\mathrm{d}\phi \tag{4.77}$$

式中，$u = \dfrac{\pi D}{\lambda} \sin\theta$。

采用 Galindo 和 Mittra 的算法，将 f_x 和 f_y 对 ϕ' 进行傅里叶展开，对 s 则按变态雅可比级数

$$F_{mn}(s) = \sqrt{2(n+2m+1)} P_w^{(n>0)}(1-2s^2)s^n \qquad (4.78)$$

展开，便得到远区场的级数表达式

$$E_x = K(1+\cos\theta) \sum_{m=0}^{M} \sum_{n=0}^{N} \mathrm{j}^n \sqrt{n+2m+1} \frac{J_{n+2m+1}(u)}{u} (A_{mn}\cos n\phi + B_{mn}\sin n\phi) \qquad (4.79)$$

式中，$A_{mn} = \dfrac{1+\delta_{n0}}{2\pi} \displaystyle\int_0^{12}\int_0^x f_x(s,\ \phi')F_{mn}(s)\cos n\ \phi's\mathrm{d}s\mathrm{d}\phi'$，$B_{mn} = \dfrac{1}{2\pi}\displaystyle\int_0^{12}\int_0^x f_x(s,\ \phi')F_{mn}(s)\ \cdot$

$\sin n\phi's\mathrm{d}s\mathrm{d}\phi'$，$K = (A_{00}^2 + C_{00}^2)^{-1/2}$ 是归一化系数，$J_v(u)$ 是贝塞尔函数。

4.3　自适应多波束天线建模、仿真及设计

自适应多波束天线相当于在天线系统内设置一道关卡，在干扰与信号的方向角度可分辨的情况下，让己方信号通过，将目标方的干扰信号抑制掉。一个自适应多波束天线可同时抑制来自不同方向的多个目标方的干扰，使信号干扰比提高几十分贝。自适应多波束天线抗干扰的有效性不亚于一部抗干扰电台。自适应多波束天线在快速定位、快速跟踪、瞬时测频、射频监视/电子干扰、显著改善干扰环境下的通信质量、频谱管理、隐蔽性和保密性、抗毁能力等方面表现出了诸多优势。

国外自适应多波束天线主要应用在卫星通信系统及移动通信系统中。对于国外卫星通信系统来说，从使用方面可分为"抗干扰""宽带传输""动中通""中继卫星"和"商用卫星"五个类别。"抗干扰"是指受保护的卫星通信系统，其抗干扰能力强，用于传输重要的战略情报，如较早的军事星系统（MILSTAR）、现在的 AEHF 系统、侧重覆盖北半球和极地地区的 EPS 系统等；"宽带传输"是指宽带卫星通信系统，其提供更大的通信容量，用于保障大规模用户之间的宽带数据传输，如宽带全球卫星通信系统（以下简称"WGS"）；"动中通"是指窄带卫星通信系统，其用于保障移动用户通信，如早期的 UFO 卫星、现在的 MUOS 系统；"中继卫星"是指利用星间链路进行数据中继的卫星通信系统，如使用地球同步卫星的 TDRS 系统、侧重于覆盖北半球和极地地区的 SDS 系统；"商用卫星"主要包括 Starlink、铱星系统、海事卫星系统以及常见的 C 频段、Ku 频段、Ka 频段商用卫星通信系统。常见的卫星波束覆盖包括全球覆盖波束、捷变波束、时分点波束和调零点波束等。其具体天线模型包括相控阵天线、星际链路天线、高斯天线、喇叭天线、抛物面天线、机械调节面天线、螺旋天线等模型。

下面对几种卫星通信系统进行介绍。

1）AEHF 卫星通信系统

AEHF 卫星通信系统由空间段、终端段和地面控制段组成。其中，空间段包括 6 颗 GEO 卫星的星座，它使用 EHF 上行链路及 Ka 下行链路与系统用户通信，星间链路采用 V 频段，可以不使用地面站而利用整个星座实现全球通信。AEHF 卫星星地通信系统包括 13

个天线,分别为 1 个接收地球覆盖喇叭天线、1 个发射地球覆盖喇叭天线、2 个接收相控阵天线、1 个发射相控阵天线、6 个中分辨率覆盖天线(蝶形天线)、2 个自适应调零天线。

2) MUOS 卫星通信系统

MUOS 卫星系统分为空间段、地面段和用户段。其中,空间段包含包括 4 颗工作卫星和一颗在轨备份卫星;地面段包括 4 个无线接入站、2 个交换站、2 个网络管理站和 2 个卫星控制站;用户段由各种用户终端组成,包括传统 UFO 终端和新型 WCDMA 终端,具备舰载、车载、背负、手持等多种形态。空间段与地面段馈电链路采用 Ka 频段,卫星与用户终端通信使用 UHF 频段。MUOS 卫星搭载两种载荷,分别是新型 WCDMA 载荷和兼容UFO 卫星的传统载荷。WCDMA 载荷采用成熟的地面 3G 移动通信波形,卫星上配置了一副口径为 14 m 的 UHF 频段多波束天线(可产生 16 个 3 dB 主瓣宽度为 4°的点波束,共同覆盖地面可视区域,单个波束覆盖区域的直径约为 3200 km),2 副 1.17 m 的 Ka 频段天线(用于构建卫星和地面接入站之间的通信链路)。

3) WGS 卫星通信系统

美国宽带全球卫星(WGS)通信系统是军用卫星通信系统,可提供双向 X 频段(上行7.9~8.4 GHz/下行 7.25~7.75 GHz)和 Ka 频段(上行 30~31 GHz/下行 20.2~21.2 GHz)通信链路,以及向美陆海空三军和全球其他所属机构提供 Ka 频段广播服务。目前在空的有四颗 WGS 卫星,定点于赤道上空 E175°的 WGS-F1 卫星可覆盖包括我国部分地区在内的太平洋区域。每颗 WGS 卫星有 13 副天线,其中 X 频段有 3 副天线:2 副相控阵天线(收/发各 1 副),可形成 8 个可控/成形波束,1 副喇叭收/发天线,形成一个全球覆盖波束;Ka 频段有 10 副天线,可形成 10 个可控窄波束(其中 3 个波束的极化方式可做调整)。

4) INMARSAT 海事卫星通信系统

INMARSAT 第五代海事卫星通信系统由空间段、关口站、卫星终端和地面接续站组成,系统采用 Ka 频段,可为全球范围内的海事、陆地和航空用户提供超高速移动宽带通信服务。第五代海事卫星搭载了 Ka 频段军用及民用载荷,是美军 WGS 卫星星座的补充,成为目前唯一可与美军 WGS 卫星通信系统实现互操作的商用卫星通信系统,预计将成为美军军事卫星通信的重要组成部分,具有重要的军事和民用应用价值。第三代海事、第四代海事卫星均配置了全球波束、区域波束和点波束三种波束,而第五代海事通信卫星则配置了全球波束、固定点波束、高容量点波束三种类型的波束。第五代海事卫星每颗卫星包括89 个固定点波束,单个点波束的 3 dB 主瓣波束宽度在 2.02°左右,地面覆盖区域的直径约为 1300 km。固定点波束用于业务数据的传输,每颗卫星最多可支持 72 个点波束同时工作,每个活动点波束可以配置 0、1、2 个信道,实现了全球覆盖。

5) Starlink

Starlink 星座由 SpaceX 提出,计划部署 4.2 万颗卫星,由分布在 1100~1300 km 高度的 4425 颗低轨星座和分布在高度不超过 346 km 的 7518 颗甚低轨星座构成。低轨星座将结合 Ku/Ka 双波段芯片组和其他支持技术,用户链路采用 Ku 波段,馈线链路采用 Ka 波段,有利于更好地实现覆盖;另外采用 V 频段的甚低轨星座,能够使传输信号增强,从而为针对性用户提供信息服务。

Starlink 系统用户侧传输频率主要采用 Ku 频段,卫星到终端的下行链路频率范围为10.7~12.7 GHz,总可用带宽 2 GHz,单载波带宽 250 MHz;终端到卫星的上行链路频率范围为 14.0～14.5 GHz，总可用带宽 500 MHz，单载波带宽 125 MHz。系统下行带宽 2 GHz 可同时支持最少 8 个波束，在采用不同极化方式、空间复用（充分发挥 4 副星载相控阵天线优势）等情况下，又可进一步提升可用波束的个数。

2020 年 6 月 13 日，SpaceX 公司发射第 9 批共计 58 颗代号为 Starlink 8 的卫星，在轨卫星（不含早期发射的两颗测试星）共计 538 颗。其星载 4 副 Ku 频段的相控阵天线，情报估算 4 副相控阵平板天线尺寸大概为 0.7 m。

4.3.1　自适应多波束天线的基本结构及原理[19]

自适应多波束天线一般由三个部分组成：实现信号空间采样的天线阵，对各阵元输出进行加权合并的波束成形网络，更新合并权值的控制部分，其基本结构如图 4.11 所示。

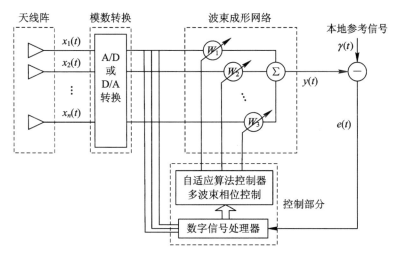

图 4.11　典型的自适应多波束天线系统结构示意图

（1）天线阵列部分：根据天线阵元之间的几何关系，阵列形状大致可划分为线阵、面阵、圆阵等，甚至还可以组成三角阵、不规则阵和随机阵。天线阵的配置方式对自适应多波束天线性能有着直接的影响。在移动通信应用中天线阵多采用均匀直线阵或均匀圆阵，因为直线阵已被证明更适用于市区移动通信环境，本小节的讨论都是以直线阵为例。天线阵元数一般取 4～16，一般天线阵元数越多，系统增益也就越高，但阵元数的增加会使射频通道相应增加，会导致基站成本上升过大，所以自适应多波束天线的天线数不能过大，阵元间距一般为半个波长。如果阵元间距过大，接收信号的彼此相关程度会降低；如果间距过小，会在天线的方向图上形成不必要的栅瓣。

（2）波束成形网络部分：主要用来完成数模转换和天线方向图的自适应调整。每个天线阵阵元上都有 A/D 和 D/A，将接收到的模拟信号转换为数字信号，将待发射的数字信号转换为模拟信号，完成模拟信号和数字信号的相互转换。所有收发数字信号都通过一组高速数字总线和基带数字信号处理器连接，天线方向图的调整是根据控制部分得到的权值调节天线输出来实现的。

（3）控制部分（即算法部分）：是自适应多波束天线系统的核心部分，其功能是依据信号环境或按某种性能度量准则和自适应算法，选择或计算权值。

自适应多波束天线系统是由上面三部分组成的一个自适应控制系统，它根据一定的自适应算法自动调整天线阵方向图，使它在干扰方向形成零陷或低陷，在信号到达方向形成主瓣，从而达到加强有用信号、抑制干扰信号的目的。

4.3.2　自适应多波束天线数字波束成形算法研究[20][21]

1. 天线组阵技术

根据天线阵列的摆放方式可以把阵列分为圆阵和线阵，下面简要介绍如下。

（1）圆阵：阵列天线各单元均匀分布在如图 4.12 所示的圆周上。

入射波的方向向量可表述为

$$\boldsymbol{\alpha}(\phi) = \boldsymbol{\alpha}(\zeta, \phi) = \left[\mathrm{e}^{\mathrm{j}\zeta\cos(\phi-\gamma_0)}, \ \mathrm{e}^{\mathrm{j}\zeta\cos(\phi-\gamma_1)}, \ \cdots, \ \mathrm{e}^{\mathrm{j}\zeta\cos(\phi-\gamma_{M-1})} \right]^{\mathrm{T}} \tag{4.80}$$

式中，ϕ 为来波方向，$\zeta = \beta r$，$\beta = \dfrac{2\pi}{\lambda}$，$\lambda$ 为波长，γ_n 为各阵元的方位角。

设有 q 个信号源从 q 个方向入射，则阵列的输出可以写为

$$\boldsymbol{X}(t) = \sum_{k=1}^{q} \boldsymbol{\alpha}(\phi_k) S_k(t) + \boldsymbol{n}(t) \tag{4.81}$$

式中，S_k 表示第 k 个入射信号，ϕ_k 表示第 k 个入射信号的入射角，$\boldsymbol{n}(t)$ 表示噪声向量。

（2）线阵：阵列天线各单元均匀分布在如图 4.13 所示的直线上。图中，黑箭头所指方向为来波方向，设来波方向与 x 轴之间的夹角为 ϕ，与 z 轴的夹角为 θ，阵元之间的间隔为 d。

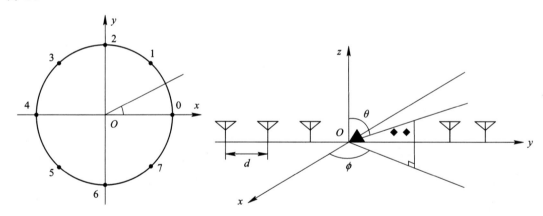

图 4.12　圆阵天线阵列结构　　　　　图 4.13　一维线阵阵列结构图

入射信号的方向向量可写为

$$\boldsymbol{\alpha}(\phi, \theta) = \left[1, \ \mathrm{e}^{\mathrm{j}\beta d \sin(\phi)}, \ \mathrm{e}^{\mathrm{j}2\beta d \sin(\phi)}, \ \cdots, \ \mathrm{e}^{\mathrm{j}(M-1)\beta d \sin(\phi)} \right]^{\mathrm{T}} \tag{4.82}$$

式中，$\beta = \dfrac{2\pi}{\lambda}$，$\lambda$ 为波长。

设有 q 个信号源从 q 个方向入射，则阵列的输出可以写为

$$\boldsymbol{X}(t) = \sum_{k=1}^{q} \boldsymbol{\alpha}(\phi_k, \theta_k) S_k(t) + \boldsymbol{n}(t) \tag{4.83}$$

式中，S_k 表示第 k 个入射信号，ϕ_k、θ_k 表示第 k 个入射信号分别与 x 轴及 z 轴之间的夹角，$\boldsymbol{n}(t)$ 表示噪声向量。

（3）二维及三维结构阵：如图 4.14 所示，阵元在平面及空间呈网格状分布。

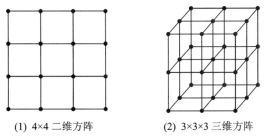

(1) 4×4 二维方阵　　　　　(2) 3×3×3 三维方阵

图 4.14　阵列的形状

阵列的空间分布类型较多，甚至可以是不规则分布，但对这些阵列进行信号处理的方法是相似的。

2. 自适应多波束天线波束成形算法

自适应多波束天线波束成形算法主要分为两类，即基于参考信号的非盲算法与非基于参考信号的盲算法，如图 4.15 所示。

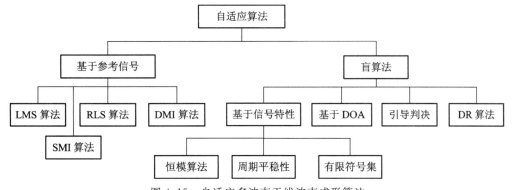

图 4.15　自适应多波束天线波束成形算法

这些自适应算法有各自的特点与不足，在实际应用中应根据具体的情况选用合适的算法，下面简单介绍几种。

1）采样矩阵求逆算法（SMI）

Reed 等人提出的著名的 SMI 算法具有快速收敛能力。SMI 算法按下式计算自适应权矢量：

$$\boldsymbol{W}(L) = \boldsymbol{M}^{-1}(L)\boldsymbol{S}_q^* \tag{4.84}$$

式中，L 为阵列快拍数，通常取 $L=2N\sim5N$。计算 $\boldsymbol{W}(L)$ 的运算量为 N^3 量级。对于 N 较大的应用场合（$N>30$），要在很短的时间内完成 $\boldsymbol{W}(L)$ 计算，采用并行处理是必要的。

下面介绍 SMI 算法最佳加权矢量计算公式的由来。

设 n 时刻 N 元阵列采样列矢量为 $\boldsymbol{X}_N(n)$，定义数据矩阵

$$\boldsymbol{X}(n) = \boldsymbol{B}(n)\begin{bmatrix} \boldsymbol{X}_N^{\mathrm{T}}(1) \\ \boldsymbol{X}_N^{\mathrm{T}}(2) \\ \vdots \\ \boldsymbol{X}_N^{\mathrm{T}}(N) \end{bmatrix} \tag{4.85}$$

式中，$\boldsymbol{B}(n)$ 为数据加权矩阵。

$$\boldsymbol{B}(n) = \mathrm{diag}\left[\lambda \quad \lambda^{\frac{n-1}{2}} \quad \lambda^{\frac{n-2}{2}} \quad \cdots \quad 1\right] \tag{4.86}$$

其中，λ 为指数衰减因子，$0 < \lambda < 1$。

定义采样协方差矩阵为

$$\boldsymbol{M}(n) = \boldsymbol{X}^{\mathrm{H}}(n)\boldsymbol{X}(n) \tag{4.87}$$

自适应波束成形归结为如下线性约束 LS 优化问题：

$$\begin{cases} \min & [\boldsymbol{W}^{\mathrm{H}}(n)\boldsymbol{M}(n)\boldsymbol{W}(n)] \\ s.t. & W^{\mathrm{T}}(n)\boldsymbol{S}_q = 1 \end{cases} \tag{4.88}$$

其中，$\boldsymbol{S}_q$ 为 N 维阵列指向矢量。最优权矢量 $\boldsymbol{W}_o(n)$ 为

$$\boldsymbol{W}_o(n) = \frac{1}{\boldsymbol{E}(n)}\boldsymbol{M}^{-1}(n)\boldsymbol{S}_q^* \tag{4.89}$$

式中，$\boldsymbol{E}(n) = \boldsymbol{S}_q^{\mathrm{T}}\boldsymbol{M}^{-1}(n)\boldsymbol{S}_q^*$。

由此，波束输出为

$$\boldsymbol{Z}_o(n) = \boldsymbol{W}(n)\boldsymbol{X}_N(n) \tag{4.90}$$

多个独立波束成形，即是对一组不同指向的静态导向矢量 $\boldsymbol{S}_q$，得到一组独立的自适应权矢量和波束成形输出。

$$\boldsymbol{W}(n) = \boldsymbol{M}^{-1}(n)\boldsymbol{S}_q^* \tag{4.91}$$

这就是著名的 SMI 算法。当然，在利用 $W(n)$ 计算波束成形输出时，还需要加入一个固定常数因子，以保证输出具有适当的恒定增益。

2）最小均方算法（LMS）

（1）均方误差（MSE）量度。

若阵元输入信号矢量为

$$\overline{\boldsymbol{X}}(t) = [x_1(t), x_2(t), \cdots, x_n(t)]^{\mathrm{T}} \tag{4.92}$$

权系数 $\overline{\boldsymbol{W}}$ 是可调整的，权矢量 $\overline{\boldsymbol{W}}$ 定义为

$$\overline{\boldsymbol{W}} = [W_1 \quad W_2 \quad \cdots \quad W_n]^{\mathrm{T}} \tag{4.93}$$

波束运算器的输出为 $\overline{\boldsymbol{X}}^{\mathrm{T}}(t) \cdot \overline{\boldsymbol{W}}$，定义误差信号 $e(t)$ 为期望输出信号与波束运算器实际输出的误差信号，$d(t)$ 是期望输出信号：

$$e(t) = d(t) - \overline{\boldsymbol{X}}^{\mathrm{T}}(t) \cdot \overline{\boldsymbol{W}} \tag{4.94}$$

通过调整权值 $\overline{\boldsymbol{W}}$ 使均方误差 $E[e^2(t)]$ 最小，其表达式为

$$\begin{aligned} E[e^2(t)] &= d^2(t) - 2d(t)\overline{\boldsymbol{X}}^{\mathrm{T}}(t) \cdot \overline{\boldsymbol{W}} + (\overline{\boldsymbol{X}}^{\mathrm{T}}(t) \cdot \overline{\boldsymbol{W}})\overline{\boldsymbol{X}}^{\mathrm{T}}(t) \cdot \overline{\boldsymbol{W}} \\ &= d^2(t) - 2d(t)\overline{\boldsymbol{X}}^{\mathrm{T}}(t) \cdot \overline{\boldsymbol{W}} + \overline{\boldsymbol{W}}^{\mathrm{T}}\overline{\boldsymbol{X}}(t)\overline{\boldsymbol{X}}^{\mathrm{T}}(t) \cdot \overline{\boldsymbol{W}} \end{aligned} \tag{4.95}$$

基准输入信号的自相关矩阵 $\boldsymbol{R}$ 定义为

$$\boldsymbol{R} = E[\overline{\boldsymbol{X}}(t)\overline{\boldsymbol{X}}^{\mathrm{T}}(t)] \tag{4.96}$$

矩阵 $\boldsymbol{R}$ 通常是对称正定的。

标量 $d(t)$ 和矢量 $\boldsymbol{X}(t)$ 的互相关矩阵 $\boldsymbol{P}$ 定义为

$$\boldsymbol{P} = E[d(t)\overline{\boldsymbol{X}}(t)] \tag{4.97}$$

将式（4.95）两边取数学期望，并把式（4.97）代入得均方误差为

$$E[e^2(t)] = E[d^2(t)] - 2E[d(t)\overline{X}^{\mathrm{T}}(t)]\overline{W} + \overline{W}^{\mathrm{T}}E[\overline{X}(t)\overline{X}^{\mathrm{T}}(t)]\overline{W}$$
$$= E[d^2(t)] - 2P\overline{W} + \overline{W}^{\mathrm{T}}R\overline{W} \tag{4.98}$$

由式(4.98)可见，均方误差是权系数的二次函数，而且是非负的，均方误差表面形似"碗"，调整权矢量使均方误差最小的方法有多种，通常采用梯度搜索法。将式(4.98)对 $\overline{W}$ 微分就得到误差函数的梯度为

$$\nabla = \frac{\partial E[e^2(t)]}{\partial \overline{W}} = -2P + 2R\overline{W} \tag{4.99}$$

令式(4.99)的梯度为零，即误差函数的工作点到达"碗底"，可得 $E[e^2(t)]$ 最小时的权矢量最佳解 $\overline{W}_o$。

$$\overline{W}_o = R^{-1}P \tag{4.100}$$

式(4.100)为维纳-霍普夫(Wiener-Hopf)方程。

(2) 最小均方算法(LMS)。

LMS 算法可以认为是从最陡下降法引入的，将 $d(t)$、$\overline{X}(t)$、$e(t)$、$\overline{W}(t)$ 在 $t = KT$ 时刻的样本记为 $d(k)$、$\overline{X}(k)$、$e(k)$、$\overline{W}(k)$，设 $\overline{W}(k)$ 偏离最佳点，则

$$\delta(k) = E[e^2(k)] \tag{4.101}$$

式(4.101)为 $\overline{W}(k)$ 的二次型函数，其最佳点为一碗形曲面碗底所对应的点，最陡下降法是对权值 $\overline{W}(k)$ 做进一步校正，校正的方法是从当时碗形曲面上的工作点，沿与梯度相反的方向移动，直至到达碗底的最佳点，其运动过程可用数学形式表述为

$$\overline{W}(k+1) = \overline{W}(k) - \mu \nabla[\delta(k)] \tag{4.102}$$

式(4.102)中，μ 是控制稳定性和收敛速率的系数，通常称为步长因子，它决定了对加权值校正时变化步长的大小。

由于梯度 $\mu \nabla[\delta(k)]$ 一般是未知的，Widrow 等人提出的 LMS 算法则是通过用其估计梯度替代真实梯度而得到的，估计梯度由式(4.103)所定义：

$$\nabla[\delta(k)] = \nabla[e^2(k)] = 2e(k) \left. \frac{\partial e(k)}{\partial W} \right|_{W=\overline{W}(k)} = -2e(k)\overline{X}(k) \tag{4.103}$$

所以，LMS 算法的表示式为

$$\overline{W}(k+1) = \overline{W}(k) + 2\mu e(k)\overline{X}(k) \tag{4.104}$$

此算法称为维佐-霍夫(Widrow-Hoff)LMS 算法，这种算法简单，易于实现。

3) 递归最小二乘算法(RLS)

RLS 算法中最优权矢量的推导是基于最小二乘准则的，即使阵列输出误差平方最小。事实上，RLS 算法与卡尔曼滤波方法有着密切的联系。在 RLS 算法中，

$$W(n) = R^{-1}(n)P(n) \tag{4.105}$$

$$R(n) = X^{\mathrm{T}}(n)\Lambda(n)X(n) = \sum_{i=1}^{n} \lambda^{n-i} x(i) x^{\mathrm{T}}(i) = \lambda R(n-1) + x(n)x^{\mathrm{T}}(n) \tag{4.106}$$

根据矩阵求逆引理可得，$R(n)$ 的逆矩阵为

$$R^{-1}(n) = \frac{1}{\lambda} \left[R^{-1}(n-1) - \frac{R^{-1}(n-1)x(n)x^{\mathrm{T}}(n)R^{-1}(n-1)}{\lambda + \mu(n)} \right] \tag{4.107}$$

式中有

$$\mu(n) = \boldsymbol{x}^{\mathrm{T}}(n)\boldsymbol{R}^{-1}(n-1)\boldsymbol{x}(n) \tag{4.108}$$

引入 $N\times N$ 维矩阵

$$\boldsymbol{C}(n) = \boldsymbol{R}^{-1}(x) \tag{4.109}$$

和 n 维向量

$$\boldsymbol{g}(n) = \frac{\boldsymbol{C}(n-1)\boldsymbol{x}(n)}{\lambda+\mu(n)} \tag{4.110}$$

则递推式可以改写为

$$\boldsymbol{C}(n) = \frac{1}{\lambda}[\boldsymbol{C}(n-1) - \boldsymbol{g}(n)\boldsymbol{x}^{\mathrm{T}}(n)\boldsymbol{C}(n-1)] \tag{4.111}$$

将 $\mu(n)$ 和 $g(n)$ 代入式(4.111)得

$$\boldsymbol{g}(n) = \boldsymbol{R}^{-1}(n)\boldsymbol{x}(n) = \boldsymbol{C}(n)\boldsymbol{x}(n) \tag{4.112}$$

另外有

$$\boldsymbol{P}(n) = \lambda\boldsymbol{P}(n-1) + d(n)\boldsymbol{x}(n) \tag{4.113}$$

则权值可以递推求解得

$$\boldsymbol{W}(n) = \boldsymbol{R}^{-1}(n)\boldsymbol{P}(n) = \boldsymbol{W}(n-1) + \boldsymbol{g}(n)[d(n) - \boldsymbol{x}^{\mathrm{T}}(n)\boldsymbol{W}(n-1)] \tag{4.114}$$

上式中，$[d(n) - \boldsymbol{x}^{\mathrm{T}}(n)\boldsymbol{W}(n-1)]$ 相当于各信道加权求和后的误差信号 $e(n)$。

RLS 算法每次迭代需要 $(3N^2 + 2N + 1)$ 次乘法，1 次除法和 $(2N^2 + 2N)$ 次加减法。与 LMS 算法相比较，RLS 算法的运算量显著增加，但是 RLS 算法的收敛性能比 LMS 算法好得多，该算法可以并行处理，在自适应处理中有广泛的应用。

4.3.3 自适应多波束天线抗干扰性能分析

在对自适应多波束天线常用算法进行分析的基础上，本小节分析自适应多波束天线的稳态响应和暂态响应，然后结合自适应多波束天线的常用算法，给出与自适应多波束天线收敛速度和调零深度等指标有关的结论。

1. 自适应多波束天线调零稳态响应

1) 自适应多波束天线调零稳态响应数学模型

假设空间有 $P+1$ 个(该数不大于阵元数)信号从 $\theta_0,\theta_1,\cdots,\theta_P$ 不同方向入射，其中第一个信号 $s(t)$ 是需要的信号，其他 P 个是干扰信号，此时阵列接收信号为

$$\boldsymbol{X}(t) = \boldsymbol{a}_s \cdot s(t) + \sum_{i=1}^{P}\boldsymbol{a}_i J_i(t) + \boldsymbol{n}(t) \tag{4.115}$$

式中，$\boldsymbol{a}_i$ 为干扰到达方向向量；$J_i(t)$ 为第 i 个干扰信号；$\boldsymbol{n}(t)$ 为噪声的阵列响应。其阵列输出为

$$Y(t) = \boldsymbol{W}_{opt}^{\mathrm{H}}\boldsymbol{X}(t) \tag{4.116}$$

又

$$\boldsymbol{R} = \sigma_s^2\boldsymbol{a}_s\boldsymbol{a}_s^{\mathrm{H}} + \sum_{i,j=1}^{P}\boldsymbol{R}_{Jij} + \boldsymbol{R}_n + 2\mathrm{Re}\left[\boldsymbol{a}_s^{\mathrm{H}}\sum_{i=1}^{P}\boldsymbol{R}_{Jsi}\right] \tag{4.117}$$

其中，$\boldsymbol{R}_{Jij} \stackrel{\mathrm{def}}{=} E\{\boldsymbol{a}_i\boldsymbol{a}_j^{\mathrm{H}}J_i(t)J_j^*(t)\}$ 为干扰自(或互)相关矩阵；$\boldsymbol{R}_n$ 为噪声自相关矩阵；$\boldsymbol{R}_{Jsi} \stackrel{\mathrm{def}}{=} E\{s^*(t) \cdot \boldsymbol{a}_i J_i(t)\}$ 为干扰与信号的互相关向量。

由矩阵求逆 Woodbury 恒等式可得：

$$\boldsymbol{R}^{-1} = \left[\sum_{i,\,j=1}^{P} \boldsymbol{R}_{J\,ij} + \boldsymbol{R}_n + 2\mathrm{Re}\left[\boldsymbol{a}_s^{\mathrm{H}} \sum_{i=1}^{P} \boldsymbol{R}_{Js\,i} \right] \right]^{-1} -$$

$$\frac{\sigma_s^2 \left[\sum_{i,\,j=1}^{P} \boldsymbol{R}_{J\,ij} + \boldsymbol{R}_n + 2\mathrm{Re}\left[\boldsymbol{a}_s^{\mathrm{H}} \sum_{i=1}^{P} \boldsymbol{R}_{Js\,i} \right] \right]^{-1} \boldsymbol{a}_s \boldsymbol{a}_s^{\mathrm{H}} \left[\sum_{i,\,j=1}^{P} \boldsymbol{R}_{J\,ij} + \boldsymbol{R}_n + 2\mathrm{Re}\left[\boldsymbol{a}_s^{\mathrm{H}} \sum_{i=1}^{P} \boldsymbol{R}_{Js\,i} \right] \right]^{-1}}{\boldsymbol{a}_s^{\mathrm{H}} \left[\sum_{i,\,j=1}^{P} \boldsymbol{R}_{J\,ij} + \boldsymbol{R}_n + 2\mathrm{Re}\left[\boldsymbol{a}_s^{\mathrm{H}} \sum_{i=1}^{P} \boldsymbol{R}_{Js\,i} \right] \right]^{-1} \boldsymbol{a}_s + 1}$$

$$(4.118)$$

进一步可以得到：

$$Y(t) = \left[\frac{\alpha \left[\sum_{i,\,j=1}^{P} \boldsymbol{R}_{J\,ij} + \boldsymbol{R}_n + 2\mathrm{Re}\left[\boldsymbol{a}_s^{\mathrm{H}} \sum_{i=1}^{P} \boldsymbol{R}_{Js\,i} \right] \right]^{-1} \cdot \boldsymbol{a}_s}{\alpha \cdot \sigma_s^2 \left[\sum_{i,\,j=1}^{P} \boldsymbol{R}_{J\,ij} + \boldsymbol{R}_n + 2\mathrm{Re}\left[\boldsymbol{a}_s^{\mathrm{H}} \sum_{i=1}^{P} \boldsymbol{R}_{Js} \right] \right]^{-1} \boldsymbol{a}_s \boldsymbol{a}_s^{\mathrm{H}} \left[\sum_{i,\,j=1}^{P} \boldsymbol{R}_{J\,ij} + \boldsymbol{R}_n + 2\mathrm{Re}\left[\boldsymbol{a}_s^{\mathrm{H}} \sum_{i=1}^{P} \boldsymbol{R}_{Js\,i} \right] \right]^{-1} \cdot \boldsymbol{a}_s}{\boldsymbol{a}_s^{\mathrm{H}} \left[\sum_{i,\,j=1}^{P} \boldsymbol{R}_{J\,ij} + \boldsymbol{R}_n + 2\mathrm{Re}\left[\boldsymbol{a}_s^{\mathrm{H}} \sum_{i=1}^{P} \boldsymbol{R}_{Js\,i} \right] \right]^{-1} \boldsymbol{a}_s + 1} \right]^{\mathrm{H}} \boldsymbol{X}(t)$$

$$(4.119)$$

式(4.119)为自适应多波束天线调零稳态响应。

2) 稳态输出信干噪比模型

输出信干噪比是衡量数字波束成形性能或抗干扰性能的最重要指标之一，它通常与输入信号的信噪比、干扰信号的干噪比、信号与干扰信号的信干比、信号与干扰间夹角、阵列参数以及采样点数有关。通过对信干噪比与采样点数关系的分析可以考察算法的收敛速度，对信干噪比与先验量误差关系的分析可以考察算法的鲁棒性(即稳健性)。

由于波束成形的加权是线性的，波束成形器的输出 $Y(t)$ 可以分解为正交的两部分 $ks(t)$ 和 $n_1(t)$，$ks(t)$ 是波束成形器对信号的响应，$n_1(t)$ 是波束成形器对干扰和噪声的响应，即

$$Y(t) = ks(t) + n_1(t) \tag{4.120}$$

根据 $s(t)$ 和 $n_1(t)$ 的正交性，可以求得：

$$k = \frac{E[Y(t)s^*(t)]}{E[\mid s(t) \mid^2]} \tag{4.121}$$

在波束成形器输出中，信号功率为 $E[\mid ks(t) \mid^2]$，噪声功率为 $E[\mid Y(t)-ks(t) \mid^2]$，因此，可以定义波束成形器输出信号-干扰-噪声比为

$$r_{\mathrm{SINR}} = \frac{E[\mid ks(t) \mid^2]}{E[\mid Y(t)-ks(t) \mid^2]} = \frac{\mid E[Y(t)s^*(t)] \mid^2}{E[\mid Y(t) \mid^2]E[\mid s(t) \mid^2] - \mid E[Y(t)s^*(t)] \mid^2} \tag{4.122}$$

由于 $Y(t)=\boldsymbol{W}^{\mathrm{H}}\boldsymbol{X}(t)$，并利用条件期望公式 $E_{w,\,x}[\,\cdot\,]=E_w\{E_{X|w}[\,\cdot\,]\}$，经推导化简可得：

$$r_{\mathrm{SINR}} = \frac{\sigma_s^2 \cdot E[\boldsymbol{W}^{\mathrm{H}}\boldsymbol{a}_s \cdot \boldsymbol{a}_s^{\mathrm{H}}\boldsymbol{W}]}{E\left[\boldsymbol{W}^{\mathrm{H}}\left(\sum_{i,\,j=1}^{P}\boldsymbol{R}_{J\,ij} + \boldsymbol{R}_n\right)\boldsymbol{W}\right]} = \sigma_s^2 \boldsymbol{a}_s^{\mathrm{H}}\left(\sum_{i,\,j=1}^{P}\boldsymbol{R}_{J\,ij} + \boldsymbol{R}_n\right)^{-1}\boldsymbol{a}_s \tag{4.123}$$

3）只有信号时的性能分析

当无干扰时，此时阵列接收信号为

$$X(t) = a_s \cdot s(t) + n(t) \tag{4.124}$$

假设噪声为高斯白噪声，则阵列接收信号的自相关矩阵为

$$R = E[X(t)X^H(t)] = \sigma_s^2 a_s a_s^H + \sigma_n^2 I \tag{4.125}$$

其权向量为

$$W_{opt} = \alpha \frac{(\sigma_s^2 \mid a_s \mid^2 + \sigma_n^2) \cdot I - \sigma_s^2 a_s a_s^H}{\sigma_s^2 \sigma_n^2 \mid a_s \mid^2 + \sigma_n^4} \cdot a_s \tag{4.126}$$

输出信噪比为

$$r_{SINR} = \frac{\sigma_s^2 \cdot E[W^H a_s \cdot a_s^H W]}{\sigma_n^2 \cdot E[W^H W]} = \frac{\sigma_s^2}{\sigma_n^2} \parallel a_s \parallel^2 \tag{4.127}$$

我们可以得到，当输入无干扰，只有一个信号和噪声，且二者不相关，噪声是高斯白噪声时，阵列输出信噪比被放大了 $\parallel a_s \parallel^2$ 倍。

4）有一个干扰时的抗干扰性能分析

除信号和噪声外，当只有一个干扰时，此时阵列接收信号为

$$X(t) = a_s s(t) + a_J J(t) + n(t) \tag{4.128}$$

假设干扰与信号不相关，则阵列接收信号的自相关矩阵为

$$R = E[X(t)X^H(t)] = \sigma_s^2 a_s a_s^H + \sigma_J^2 a_J a_J^H + \sigma_n^2 I \tag{4.129}$$

其权向量为

$$W_{opt} = \alpha (\sigma_J^2 a_J a_J^H + \sigma_n^2 I)^{-1} \cdot a_s - \frac{\alpha \sigma_s^2 (\sigma_J^2 a_J a_J^H + \sigma_n^2 I)^{-1} a_s a_s^H (\sigma_J^2 a_J a_J^H + \sigma_n^2 I)^{-1}}{\sigma_s^2 a_s^H (\sigma_J^2 a_J a_J^H + \sigma_n^2 I)^{-1} a_s + 1} \cdot a_s \tag{4.130}$$

输出信噪比为

$$r_{SINR} = \frac{\sigma_s^2 \cdot E[W^H a_s \cdot a_s^H W]}{E[W^H (R_J + R_n)W]} = \frac{\sigma_s^2}{\sigma_n^2} \parallel a_s \parallel^2 - \frac{\sigma_s^2 \sigma_J^2 a_s^H a_J a_J^H a_s}{\sigma_J^2 \sigma_n^2 \parallel a_J \parallel^2 + \sigma_n^4} \tag{4.131}$$

由上述的理论分析可知：自适应多波束天线调零的收敛过程是需要一定时间的，该过程就是自适应多波束天线调零的暂态。

定义信号和干扰的空间相关系数为

$$\gamma \stackrel{\text{def}}{=} \frac{a_s^H a_J}{\parallel a_s \parallel \cdot \parallel a_J \parallel} \tag{4.132}$$

则

$$r_{SINR} = \frac{\sigma_s^2 \parallel a_s \parallel^2}{\sigma_J^2 \parallel a_J \parallel^2 + \sigma_n^2} + \frac{\sigma_s^2 \sigma_J^2 \parallel a_s \parallel^2 \parallel a_J \parallel^2 (1 - \mid \gamma \mid^2)}{\sigma_J^2 \sigma_n^2 \parallel a_J \parallel^2 + \sigma_n^4} \tag{4.133}$$

当 $\frac{\sigma_J^2}{\sigma_n^2} \ll \frac{1}{(1 - \mid \gamma \mid^2) \cdot \parallel a_J \parallel^2}$ 时，式（4.133）可以近似写为

$$r_{SINR} = \frac{\sigma_s^2 \parallel a_s \parallel^2}{\sigma_J^2 \parallel a_J \parallel^2 + \sigma_n^2} \tag{4.134}$$

当干扰较弱时，波束成形器输出信干噪比表达式的分母部分是由噪声功率 σ_n^2 和干扰功率项 $\sigma_J^2 \mid a_J \mid^2$ 组成的。可见，波束成形器是将干扰当作噪声来处理，这对信干噪比影响不大。

当 $\dfrac{\sigma_J^2}{\sigma_n^2} \gg \dfrac{1}{(1-|\gamma|^2) \cdot \| \boldsymbol{a}_J \|^2}$ 时，式（4.133）可表示为

$$r_{\text{SINR}} = \frac{\sigma_s^2 \, \| \boldsymbol{a}_s \|^2 (1-|\gamma|^2)}{\sigma_n^2} \tag{4.135}$$

从上式中我们可以看出，当干扰较强时，波束成形器输出信干噪比表达式中不含干扰功率项。可见，干扰被较好地抑制，但其代价是噪声被放大 $\dfrac{1}{1-|\gamma|^2}$ 倍，而且，信号与干扰的空间相关系数的绝对值 $|\gamma|$ 越大，噪声被放得越大。

由上述的理论分析可得以下结论：阵列输出信干噪比可用于评估自适应多波束天线调零的抗干扰能力，空间相关系数与输出信干噪比有密切关系，空间相关系数绝对值越大，则噪声被放大得越大，输出信干噪比越小；反之，空间相关系数绝对值越小，则噪声被放大得越小，输出信干噪比越大。

干扰抑制度是衡量波束成形算法的重要稳态指标，它通常和干扰强度、干扰与信号的空间相关系数有关。定义波束成形算法的干扰抑制度为波束成形器输出的信干噪比与没有这个干扰时输出的信干噪比的比值。干扰抑制度可以反映波束成形器对干扰的抑制程度，如果干扰存在时输出的信干噪比与干扰不存在时输出信干噪比相同，说明波束成形器完全抑制了干扰。通常，干扰抑制度越大，表明波束成形器对干扰的抑制效果越好。

设有干扰时波束成形器的加权向量为 $\boldsymbol{W}_I$，没有干扰时的加权向量为 $\boldsymbol{W}_o$，干扰抑制度的表达式可以写为

$$\beta \stackrel{\text{def}}{=\!=} \frac{r_{\text{SINR}} \boldsymbol{W}_I}{r_{\text{SINR}}(\boldsymbol{W}_o)} \tag{4.136}$$

当这个干扰不存在时，波束成形器输出信干噪比可表示为

$$r_{\text{SINR}}(\boldsymbol{W}_0) = \frac{\sigma_s^2}{\delta_n^2} \, \| \boldsymbol{a}_s \|^2 \tag{4.137}$$

为方便讨论，只考虑干扰抑制度在一个干扰时的情况，当干扰弱时，即 $\dfrac{\sigma_J^2}{\sigma_n^2} \ll \dfrac{1}{(1-|\gamma|^2) \cdot \| \boldsymbol{a}_J \|^2}$，波束成形器输出信干噪比可表示为

$$r_{\text{SINR}}(\boldsymbol{W}_I) = \frac{\sigma_n^2 \, \| \boldsymbol{a}_s \|^2}{\sigma_J^2 \, \| \boldsymbol{a}_J \|^2 + \sigma_n^2} \tag{4.138}$$

则

$$\beta = \frac{1}{\dfrac{\sigma_J^2}{\sigma_n^2} \, \| \boldsymbol{a}_J \|^2 + 1} \tag{4.139}$$

从式（4.139）我们可以看出，当干扰信号远小于噪声时，干扰抑制度将接近为 1。当干扰信号强时，即 $\dfrac{\sigma_J^2}{\sigma_n^2} \gg \dfrac{1}{(1-|\gamma|^2) \cdot \| \boldsymbol{a}_J \|^2}$，波束成形器输出信干噪比可表示为

$$r_{\text{SINR}}(\boldsymbol{W}_I) = \frac{\sigma_s^2 \, \| \boldsymbol{a}_s \|^2 (1-|\gamma|^2)}{\sigma_n^2} \tag{4.140}$$

则

$$\beta = (1-|\gamma|^2) \tag{4.141}$$

从上式我们可以看出，当干扰信号强时，干扰抑制度依赖于干扰与信号的空间相关系

数 γ，$|\gamma|^2$ 越小，干扰抑制度越接近为 1，表明算法对干扰的抑制越好。

2. 自适应多波束天线调零暂态响应

自适应多波束天线调零的暂态响应是自适应多波束天线必须经历的一个状态，我们希望其响应时间越短越好。在上节中我们对自适应多波束天线调零稳态干扰模型进行了讨论，主要对其稳态权向量进行了讨论。对自适应多波束天线调零暂态干扰模型的讨论也主要表现在对其权向量的描述上。

1）自适应多波束天线暂态响应数学模型

暂态状态的权向量是指自适应多波束天线在达到稳态前一个变化的权向量。因此，它应是一个时间或迭代次数的函数。

我们以迭代算法为例，对暂态干扰模型进行讨论。

任何一种迭代算法可表示为

$$W(n) = F[W(n-1)] \tag{4.142}$$

式中，$W(0)$ 为初权；$F[\cdot]$ 为迭代函数。将迭代权向量代入自适应多波束天线阵输出方程得

$$Y(t) = W^{\mathrm{H}}(n) \cdot X(t) \tag{4.143}$$

2）自适应多波束天线暂态响应性能分析

（1）权向量分析。下面我们以最小均方误差准则下的最陡下降法为例进行讨论。

最陡下降法权向量的数学描述为

$$\frac{\partial W}{\partial t} = -\mu \nabla W(\xi) \tag{4.144}$$

其中，$\xi = |e(t)|^2 = |d(t)|^2 - W^{\mathrm{H}} R_{Xd} - W^{\mathrm{T}} R_{Xd}^* + W^{\mathrm{H}} RW$，则

$$\frac{\partial W}{\partial t} = -\mu \nabla W(\xi) = 2\mu \cdot R_{Xd} - 2\mu \cdot R \cdot W \tag{4.145}$$

引入 Q 变换，即

$$Q^* R Q^{\mathrm{T}} = \Lambda \tag{4.146}$$

其中，$\Lambda = \begin{bmatrix} \lambda_1 & & & & & 0 \\ & \lambda_2 & & & & \\ & & \vdots & & & \\ & & & \lambda_i & & \\ & & & & \vdots & \\ 0 & & & & & \lambda_N \end{bmatrix}$。则式（4.145）可化简为

$$\frac{\partial \tilde{W}}{\partial t} + 2\mu \cdot \Lambda \cdot \tilde{W} = 2\mu \cdot \tilde{R}_{Xd} \tag{4.147}$$

其中，$\tilde{W} = Q^* W$，$\tilde{R}_{Xd} = Q^* R_{Xd}$。则

$$\frac{\partial \tilde{w}_i}{\partial t} + 2\mu \cdot \lambda_i \cdot \tilde{w}_i = 2\mu \cdot (R_{Xd})_i \quad (i = 1, 2, \cdots, N) \tag{4.148}$$

解微分方程可得

$$\tilde{w}_i(t) = [\tilde{w}_i(0) - \tilde{w}_i(\infty)] \mathrm{e}^{-\tilde{w}_i t} + \tilde{w}_i(\infty) \tag{4.149}$$

则

$$\widetilde{\boldsymbol{W}} = \begin{bmatrix} [\widetilde{w}_1(0) - \widetilde{w}_1(\infty)] \mathrm{e}^{-\widetilde{\omega}_1 t} + \widetilde{w}_1(\infty) \\ \cdots \\ [\widetilde{w}_i(0) - \widetilde{w}_i(\infty)] \mathrm{e}^{-\widetilde{\omega}_i t} + \widetilde{w}_i(\infty) \\ \cdots \\ [\widetilde{w}_N(0) - \widetilde{w}_N(\infty)] \mathrm{e}^{-\widetilde{\omega}_N t} + \widetilde{w}_N(\infty) \end{bmatrix} \tag{4.150}$$

可得

$$Y(t) = \boldsymbol{W}^{\mathrm{H}} \cdot \boldsymbol{X}(t) \tag{4.151}$$

其中，有

$$\boldsymbol{W} = \boldsymbol{Q}^{*-1} \begin{bmatrix} [\widetilde{w}_1(0) - \widetilde{w}_1(\infty)] \mathrm{e}^{-\widetilde{\omega}_1 t} + \widetilde{w}_1(\infty) \\ \cdots \\ [\widetilde{w}_i(0) - \widetilde{w}_i(\infty)] \mathrm{e}^{-\widetilde{\omega}_i t} + \widetilde{w}_i(\infty) \\ \cdots \\ [\widetilde{w}_N(0) - \widetilde{w}_N(\infty)] \mathrm{e}^{-\widetilde{\omega}_N t} + \widetilde{w}_N(\infty) \end{bmatrix} \tag{4.152}$$

（2）收敛性分析。偏优向量形式（$\boldsymbol{V} = \boldsymbol{W} - \boldsymbol{W}_{\mathrm{opt}}$）如下：

$$\frac{\partial \boldsymbol{V}}{\partial t} = -\mu \cdot \nabla \boldsymbol{V}(\xi) = -2\mu \cdot \boldsymbol{R} \boldsymbol{V} \tag{4.153}$$

引入 $\boldsymbol{Q}$ 变换

$$\frac{\partial \widetilde{\boldsymbol{V}}}{\partial t} = -2\mu \cdot \boldsymbol{\Lambda} \widetilde{\boldsymbol{V}}, \quad \widetilde{\boldsymbol{V}} = \boldsymbol{Q}^* \boldsymbol{V} \tag{4.154}$$

则离散形式为

$$\widetilde{\boldsymbol{V}}(n+1) = (\boldsymbol{I} - 2\mu \cdot \boldsymbol{\Lambda}) \widetilde{\boldsymbol{V}}(n) \tag{4.155}$$

也可写成

$$\widetilde{V}_i(n+1) = (1 - 2\mu \cdot \lambda_i) \widetilde{V}_i(n) \quad (i = 1, 2, \cdots, N) \tag{4.156}$$

要想使偏优向量 $V_i(\infty) = 0$，则要求 $|1 - 2\mu \cdot \lambda_i| < 1$，即收敛条件为

$$0 < \mu < \frac{1}{\lambda_{\max}} \quad (\lambda_{\max} = \{\lambda_1, \lambda_2, \cdots, \lambda_N\}) \tag{4.157}$$

暂态收敛性能中，原则上希望收敛时间越短越好。收敛时间主要取决于自适应步进 μ，其值越大，收敛越快，但其值必须满足收敛条件。

通过上述理论分析可得以下结论：

第一，自适应多波束天线调零的收敛速度与空间相关系数密切相关。

第二，以 LMS 算法为例，其算法的自适应步进与相关矩阵的特征值成反比，而空间相关系数的绝对值与相关矩阵的特征值也成反比，则算法的自适应步进与空间相关系数的绝对值成正比。即空间相关系数的绝对值越小，自适应步进取值越小，收敛时间越长；空间相关系数的绝对值越大，自适应步进取值越大，收敛时间越短。

3. 自适应多波束天线应用示例仿真

设置一个基于 7 个馈源的调零天线，设天线口径为 48.5 倍波长，则合成波束图如图 4.16 所示。

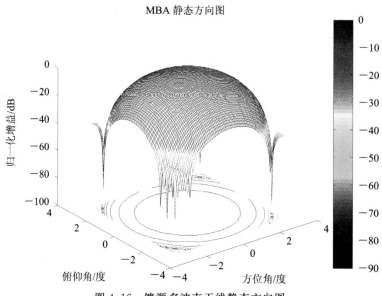

图 4.16　馈源多波束天线静态方向图

1）常用自适应调零算法仿真

该典型波束覆盖图如图 4.17 所示,在覆盖区域内一典型期望信号和干扰信号的分布如下:期望信号来向为(0.2°,0.3°),信噪比(SNR)为 4 dB,两个干扰信号的来向分别为(−1.3°,1.5°)和(−1.1°,−0.9°),干噪比(JNR)分别为 30 dB 和 20 dB,信号与干扰归一化频率参数分别为 1、1、0.985。

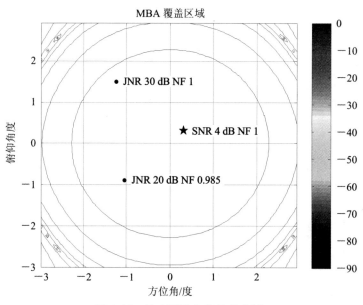

图 4.17　波束覆盖和信号分布图

在这样的信号条件下比较 LMS、SMI、RLS 三种经典方法的性能,三种经典调零算法天线方向图如图 4.18 所示,在干扰源信号方向,零陷深度较大,而在期望信号处,衰减很小,此即说明三种算法都能较好地对干扰信号进行衰减处理而保持期望信号的最佳状态。

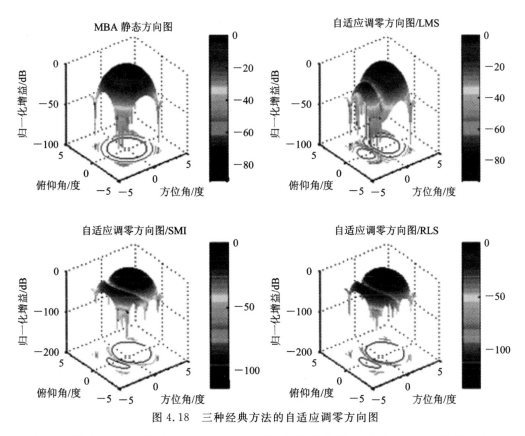

图 4.18　三种经典方法的自适应调零方向图

图 4.19 给出了三种算法在 0～10 000 快拍中的输出信干噪比(SINR)曲线，由输出信干噪比曲线可以看出：

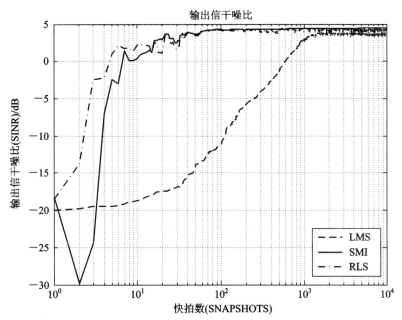

图 4.19　LMS、SMI、RLS 算法的输出信干噪比(SINR)

（1）三种算法都能较好地抑制干扰，在图 4.19 所示的蓄意强干扰中，都能够为通信链路提供较高的输出信干噪比。

（2）三种算法对期望信号的损失较小，10 000 快拍输出信干噪比都约为 4 dB，损失较小。

（3）LMS 算法实现简单，运算量较小，而 RLS、SMI 算法运算量大，实现相对复杂。但是 LMS 收敛速度和输出 SINR 均不及 RLS、SMI 算法。

2）干扰仿真

通过前文分析可知，干信比、信号与干扰的空间相关系数（或者说干扰来波方向与主信号间的角度）等因素对自适应多波束天线的调零深度和收敛时间有着明显的影响，下面从这几个方面，以 SMI 算法为例，对调零天线的性能进行分析。

（1）干信比对自适应调零算法的影响。

采用多波束天线，所得静态方向图如图 4.16 所示，在覆盖区域内有一典型期望信号，期望信号来向为（0.1°，0°），信噪比（SNR）为 4 dB，对该天线进行单干扰，干扰信号来向为（−2°，0°），分别取干噪比为 1.6 dB、20 dB、34 dB，当采用 SMI 算法时，得到 0～10 000 快拍中的输出信干噪比曲线，如图 4.20 所示。

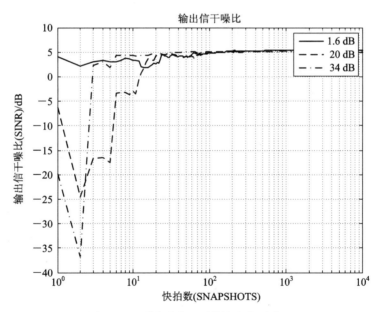

图 4.20　不同干噪比下的输出信干噪比

在图中三种干噪比条件下，调零天线的稳态输出信干噪比都约为 5 dB。当干噪比为 1.6 dB 时，干噪比小于信噪比，调零天线未能形成明显零陷；当干噪比大于干信比时，调零天线未能形成明显零陷。干噪比为 20 dB 时，初始输出信干噪比为 −25 dB，调零深度约为 30 dB，在约 11 快拍处输出信干噪比开始趋于最大值，在约 100 快拍处收敛达到稳定值；而干噪比为 34 dB 时，初始输出信干噪比为 −36 dB，调零深度约为 41 dB，在约 6 快拍处输出信干噪比开始趋于最大值，在约 100 快拍处收敛达到稳定值。

因此，通过对来自同一方向不同干噪比的干扰信号的仿真实验可知，在信号与噪声相对位置不变的情况下，干信比对自适应调零算法的输出具有一定的影响。干扰信号功率大于通信信号时，形成明显零陷，干信比越大调零产生的零陷越深。另外，从仿真结果可以看出，干扰信号的干扰功率不同，自适应多波束天线对干扰信号的调零时间也是不一样的，干扰功率越大，调零时间越短。

（2）干扰信号与期望信号的空间相关系数对自适应调零算法的影响。

采用多波束天线，所得静态方向图如图 4.16 所示，在覆盖区域内有一典型期望信号，期望信号来向为(0.1°，0°)，信噪比（SNR）为 4 dB，对该天线进行单干扰，干噪比为 20 dB，干扰信号来向分别设为(0.2°，0°)、(−2°，0°)、(2°，2.5°)，采用 SMI 算法，所得方向图如图 4.21～图 4.26 所示（图中中间垂直直线为对应干扰信号的入射角度），0～10 000 快拍的输出信干噪比曲线如图 4.27 所示。

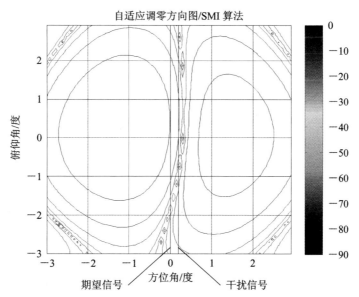

图 4.21　干扰信号与期望信号角度差为 0.1°时方向图

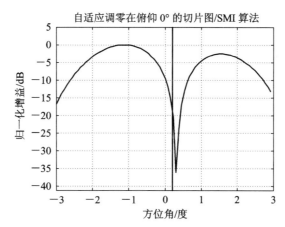

图 4.22　干扰信号与期望信号角度差为 0.1°时，自适应多波束天线调零方向图在俯仰 0°的切片图

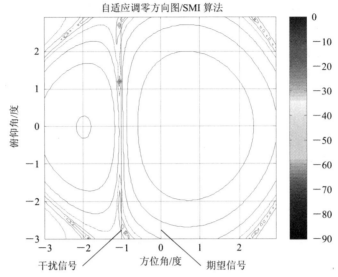

图 4.23　干扰信号与期望信号角度差为 1.1°时方向图

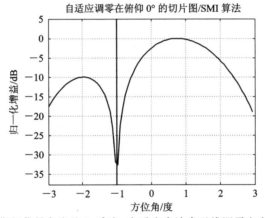

图 4.24　干扰信号与期望信号角度差 1.1°时，自适应多波束天线调零方向图在俯仰 0°的切片图

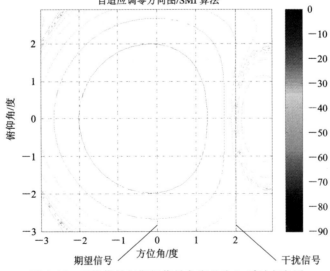

图 4.25　干扰信号与期望信号角度差为 1.9°时方向图

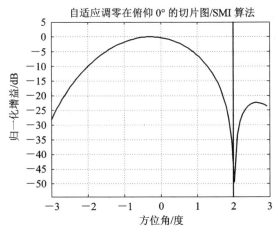

图 4.26　干扰信号与期望信号角度差 1.9°时，自适应多波束天线调零方向图在俯仰 0°的切片图

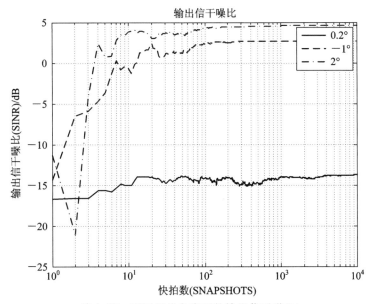

图 4.27　不同干扰角度下的输出信干噪比

　　由图 4.27 可知，干扰信号与期望信号角度差为 0.1°时，调零天线未能在干扰信号来波方向形成零陷，0~10 000 快拍输出信干噪比处于调整过程，收敛较慢，平均输出信干噪比为 −14 dB。当角度差增大到 1.1°、1.9°时，调零天线在干扰信号来波方向形成零陷，调零效果较好，角度差为 1.1°时初始输出信干噪比为 −14 dB，稳态输出信干噪比为 3 dB，调零深度约为 17 dB，平均输出信干噪比为 2.7 dB；角度差为 1.9°时初始输出信干噪比为 −21 dB，稳态输出信干噪比为 5 dB，调零深度约为 26 dB，平均输出信干噪比为 4.6 dB 且收敛速度较快。

　　因此，由以上仿真试验可知，当干扰信号功率不变，干扰来波方向变化时，干扰信号与期望信号角度差越大，也即空间相关系数越大，调零效果越好，并且随角度增长调零深度变大，收敛变快。

4. 自适应多波束天线仿真平台基础架构

自适应多波束天线仿真平台由阵列天线、波束成形器和自适应处理器三部分组成。其中阵列天线作为自适应系统的传感器，用于接收信号，天线阵元的个数决定波束成形中可产生最多零陷的个数，即系统可抗干扰的个数。波束成形器从阵列天线接收到信号流，再与各自权矢量相乘后叠加，形成波束输出。自适应处理器由自适应算法和多波束相位控制两部分组成，可实现抗干扰功能与多波束扫描功能的切换，当要实现抗干扰功能时，系统根据参考信号计算各阵元的权矢，采用自适应波束成形算法进行优化，将得到的最优权矢传送给波束成形器，从而形成干扰方向具有零陷的波束方向图，实现抑制干扰目的；当要实现多波束扫描功能时，根据阵列本身特性，对不同单元相位进行计算，得到规定方向的波束指向，通过不断改变馈电相位实现多波束扫描特性。

自适应多波束天线仿真平台设计包含阵列天线的设计、自适应处理器算法设计及硬件电路的设计。

1）阵列天线设计

阵列天线作为多波束天线平台的传感器，其形式可分为直线阵、圆环阵、平面阵等。但直线阵在实际应用中不够紧凑，而圆环阵列既能产生全向的方向图，也能产生单波束方向图，与直线阵相比，其扫描范围更广。通过控制圆环阵列各单元激励的幅、相，可实现一定范围内的波束扫描，实现天线多波束特性，且零陷可控。因此，自适应抗干扰系统中，通常也以圆环阵列天线为接收天线。

2）自适应处理器算法设计

自适应多波束天线仿真平台可实现多波束扫描与抗干扰两大功能的切换，不同功能的实现在自适应处理器中的处理方式不同。

（1）多波束扫描功能的实现主要依赖于阵列本身的排布方式，根据阵列形式计算得到各阵元的馈电相位。当采用圆环阵列排布方式时，依据圆环阵列相关理论，实现多波束仿真平台的多波束扫描，如图 4.28 所示。

图 4.28 为 M 元均匀圆环阵，阵列半径为 R，在参考平面内，θ 为参考点与信源的连线和 zOy 面的夹角，φ 为参考点与信源连线在 xOy 面的投影与 x 轴的夹角。若一发射信号的角频率为 ω，幅度为 $S(t)$，则参考点接收信号为

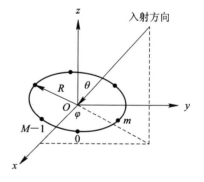

图 4.28　均匀圆环阵

$$x_0(t) = S(t)\mathrm{e}^{j\omega t} \qquad (4.158)$$

由空间位置关系可知，第 m 个阵列单元的空间坐标为

$$P_m = \left[R\cos\left(\frac{2\pi m}{M}\right),\ R\sin\left(\frac{2\pi m}{M}\right),\ 0 \right] \qquad (4.159)$$

那么，第 m 个单元的接收信号为

$$x_m(t) = S[t - \tau_m(\theta,\varphi)]\mathrm{e}^{j\omega[t-\tau_m(\theta,\varphi)]} \qquad (4.160)$$

同理，由于发射信号为窄带信号，所以其接收信号的幅度近似不变。而其中，有

$$\tau_m(\theta, \varphi) = \frac{1}{c}\left(R\cos\frac{2\pi m}{M}\sin\theta\cos\varphi + R\sin\frac{2\pi m}{M}\sin\theta\cos\varphi\right) \tag{4.161}$$

将式(4.161)可化简为

$$\tau_m(\theta, \varphi) = \frac{R}{c}\sin\theta\cos\left(\varphi - \frac{2\pi m}{M}\right) \tag{4.162}$$

则第 m 个单元相对于参考点的相位延迟为

$$\phi_m(\theta, \varphi) = \frac{2\pi}{\lambda}R\sin\theta\cos\left(\varphi - \frac{2\pi m}{M}\right), \quad m = 0, 1, \cdots, M-1 \tag{4.163}$$

圆环阵列的导向矢量为

$$\boldsymbol{A} = \left[e^{-j\phi_0(\theta, \varphi)}, e^{-j\phi_1(\theta, \varphi)}, \cdots, e^{-j\phi_{M-1}(\theta, \varphi)}\right]^T \tag{4.164}$$

设位于 $\varphi = \varphi_m$ 处的单元电流为

$$\boldsymbol{I}_m = I_m e^{j\alpha_m} \tag{4.165}$$

式中，I_m 是第 m 个单元的激励电流幅度，α_m 是这一单元以阵列中心为参考的激励相位。

利用叠加定理，得圆环阵的远场方向图函数为

$$\boldsymbol{S}(\theta, \varphi) = \sum_{m=0}^{M} I_m e^{jkR\sin\theta\cos(\varphi-\varphi_m)+j\alpha_m} \tag{4.166}$$

式中，k 为波数，R 为阵列半径。若其主瓣最大指向为 (θ_0, φ_0)，那么第 m 个单元的激励相位是

$$\alpha_m = -kR\sin\theta_0\cos(\varphi_0 - \varphi_m) \tag{4.167}$$

定义变量 ρ 和 ξ，表达式分别为

$$\rho = R\left[(\sin\theta\cos\varphi - \sin\theta_0\cos\varphi_0)^2 - (\sin\theta\sin\varphi - \sin\theta_0\sin\varphi_0)^2\right]^{\frac{1}{2}} \tag{4.168}$$

$$\xi = \arctan\left(\frac{\sin\theta\sin\varphi - \sin\theta_0\sin\varphi_0}{\sin\theta\cos\varphi - \sin\theta_0\cos\varphi_0}\right) \tag{4.169}$$

则式(4.166)可变换为

$$\boldsymbol{S}(\theta, \varphi) = \sum_{m=0}^{M} I_m e^{jk\rho\cos(\varphi_m-\xi)} \tag{4.170}$$

由上述可知，只要给定圆环阵列的单元个数、阵列半径，确定波束指向，通过式(4.167)便能得到阵列各单元激励相位，将该相位反馈到天线输入端，就能实现天线的多波束扫描特性。

(2) 自适应抗干扰的自适应处理器相对多波束的相位控制器的实现较为复杂，自适应抗干扰的算法处理器需要结合自适应调零算法对阵列各单元的权值进行优化，得到最佳输出才能达到抗干扰目的。

自适应波束成形采用某种波束成形算法，根据干扰信号的方向对天线方向图进行调整，使得对准干扰方向的方向图形成零陷。因此，自适应波束成形算法的性能在抗干扰系统中至关重要，而这些算法都是基于某种最优化准则的。针对不同的应用环境采用不同的最优化准则，更能快速精确地实现干扰抑制。

以理想点源为模型，设圆环阵列半径为 0.3λ，设存在一个干扰信号，其载波频率为 1.7 GHz，信噪比 SNR 为 10 dB，干噪比 JNR 为 20 dB，在方位面内，干扰来向为 270° 时，期望信号方向为 90°，基于 SMI 算法的自适应抗干扰结果如图 4.29 所示。

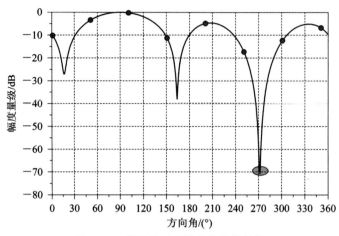

图 4.29　单干扰时自适应抗干扰结果

当存在两个干扰，干扰来向为 150°、270°时，抗干扰结果如图 4.30 所示。

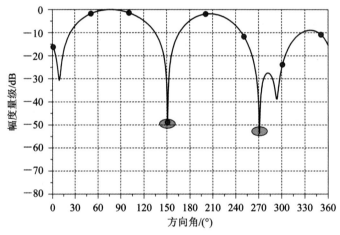

图 4.30　双干扰时自适应抗干扰结果

当存在三个干扰，干扰来向为 30°、150°、270°时，抗干扰结果如图 4.31 所示。

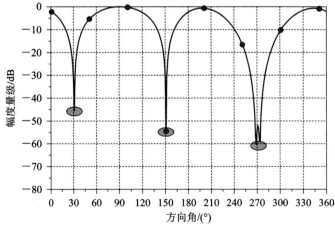

图 4.31　三干扰时自适应抗干扰结果

由上述仿真图可见，无论单个干扰还是多个干扰，基于 SMI 算法的抗干扰结果都比较准确，但是随着干扰个数的增多，零陷深度变浅，但也均能达到 45 dB 以上。

3）自适应处理器硬件电路设计

整个多波束天线仿真平台由射频前端模块（包含阵列天线、放大器、混频器、滤波器等）、ADC 模块、DAC 模块、FPGA 模块、DSP 模块、时钟模块以及系统电源模块组成，平台结构示意图如图 4.32 所示。

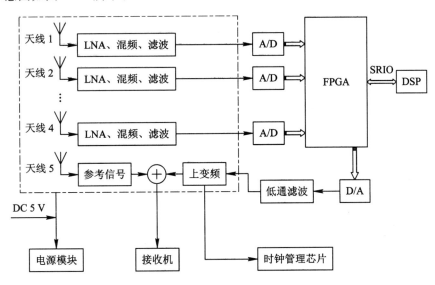

图 4.32　多波束天线仿真平台结构示意图

图 4.32 中，射频前端的 4 路接收天线接收到的信号经过放大、混频、滤波后变成中频信号，中频信号经过 A/D 电路采样后得到数字模块的输入信号。若要实现抗干扰功能，需要 FPGA 与 DSP 协同完成，在 FPGA 中进行基础计算及控制，在 DSP 中完成计算量较大的矩阵求逆运算，再由 D/A 芯片输出干扰抑制后的信号传至射频前端，射频前端完成对输出信号上变频后与接收到的参考信号合路输出至标准接收机。若要单独实现多波束功能，只需在 FPGA 中计算各阵元馈电相位，进行加权输出至 D/A 转换芯片再进行后续操作。时钟模块用于综合系统所需要的时钟。电源模块需要将外部提供的 DC 电源转换至电路板上芯片所需要的电源电压。FPGA 与 DSP 之间通信采用 SRIO 接口，该接口为串行 RAPIDIO 传输接口，传输速率高。

4.4 天线辐射特性测量方法[22]

4.4.1　天线测试场区及测试条件

天线场区边界划分示意图如图 4.33 所示。图中（a）为大电尺寸天线的场区，（b）为小电尺寸天线的场区。

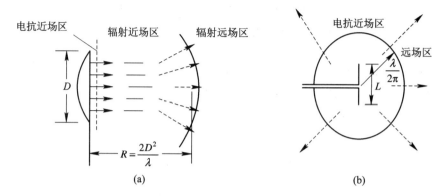

图 4.33　大电尺寸和小电尺寸天线的场区示意图

1. 电抗场近区

在紧邻天线的空间，除辐射场外，还有一个非辐射场，该场同距离的高次幂成反比，随离开天线的距离的增加而迅速减小，在此区域，电抗占优势，称为天线电抗近场区（近区），它的外界按下式计算，

$$r_{mf} = \frac{\lambda}{2\pi} \tag{4.171}$$

式中，r_{mf} 为小尺度待测天线至电抗近场外边界的距离，单位为 m；λ 为波长，单位为 m。

2. 辐射近场区（又称菲涅尔区）

在辐射近场区，场的角分布与距离有关，天线各单元对观察点的贡献，其相对相位和相对幅度是离开天线的距离的函数。从源天线按球面波前到达待测天线之边缘与待测天线之中心的相位差为 $\pi/8(22.5°)$，相当于 $\lambda/16$ 的波程差。r_{ff} 即菲涅尔区和弗朗荷费区边界的瑞利距离：

$$r_{ff} = \frac{2D^2}{\lambda} \tag{4.172}$$

式中，r_{ff} 为待测天线至远场区之内边界的距离，单位为 m；λ 为波长，单位为 m；D 为天线物理口径的最大尺寸，单位为 m。辐射近场区的范围在 $\frac{\lambda}{2\pi} \leqslant r \leqslant \frac{2D^2}{\lambda}$。

3. 辐射远场区（又称弗朗荷费区）

在该区场的角分布与距离无关，一般把从 $\frac{2D^2}{\lambda}$ 至无穷远的区域，称为天线的远区。

1）最小测试距离

收发天线间的最小测试距离 R 为：

当 $d \leqslant 0.41D$ 时，

$$R \geqslant \frac{2D^2}{\lambda} \tag{4.173}$$

当 $d > 0.41D$ 时，

$$R \geqslant \frac{(d+D)^2}{\lambda} \tag{4.174}$$

式中，d 为辅助天线口径的最大线尺寸；D 为待测天线口径的最大线尺寸；λ 为工作波长。

2）天线测试场地

（1）高架天线测试场。

为了避免地面反射波的影响，把收发天线架设在水泥塔上或相邻高大建筑物的顶部，并采取如下措施：① 垂直平面方向图第一个零点指向待测天线塔底部的高架测试场；② 垂直平面方向图第一个零点指向地面反射点的高架测试场；③ 设置金属反射屏的高架测试场。

（2）斜天线测试场。

斜天线测试场是两个天线架设高度悬殊的测试场。通常把待测天线高架，作为接收天线，辅助发射天线则靠近地面架设。适当调整发射天线高度，使其自由空间方向图的主瓣指向待测天线口面中心，零值方向对准地面，这样就能有效抑制地面反射。图 4.34 为一实用斜天线测试场。

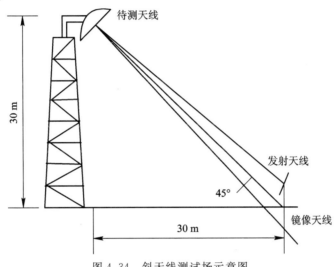

图 4.34　斜天线测试场示意图

（3）地面反射测试场。

如果在发射天线垂直面方向图比较宽，用上述方法不易消除地面反射的情况下，可采用地面反射测试场，方法是把收发天线低架在光滑平坦的地面上，用直射波和地面反射波产生的干涉方向图第一波瓣的最大值方向对准待测天线的口面中心，在口面上得到近似同相等幅的入射场。地面反射测试场如图 4.35 所示。

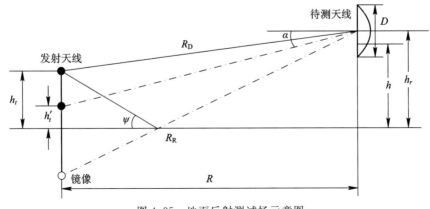

图 4.35　地面反射测试场示意图

（4）微波暗室。

微波暗室是以吸波材料作为衬里的房间，它能吸收投射到六面壁上的大部分电磁能量，因而能较好地模拟自由空间条件。

4.4.2 天线增益测量方法

增益测量分为相对增益测量和绝对增益测量，它们都以自由空间功率传输公式为基础，即

$$P_r = \left(\frac{\lambda}{4\pi r}\right)^2 P_{in} G_t G_r \tag{4.175}$$

式中，P_r 为接收天线的最大接收功率，P_{in} 为发射天线的输入功率，$G_t G_r$ 分别为发射天线与接收天线的增益。

式（4.175）是在两天线极化匹配，无失配损耗时得出的。增益测量的具体方法很多，下面介绍三种方法。用什么方法确定天线增益在很大程度上取决于天线的工作频率，对于工作在 1 GHz 以上频段的天线，常用近似自由空间测试场地（高架天线测试场、斜天线测试场、微波暗室），把喇叭作为标准增益天线，用比较法测量天线增益。对工作在 0.1～1 GHz 频段上的天线，由于很难或无法模拟自由空间测试条件，常用地面反射测试场确定天线增益。对飞行器（飞机、导弹、卫星等）等天线，由于飞行器往往是天线辐射体的一部分，在此种情况下多采用模型天线理论进行增益测量。

1. 比较法

用一个增益已知的天线作为标准天线，通过与标准天线的比较来测量天线的增益，根据互易原理，可以把被测天线用作发射天线，也可作为接收天线。具体测试连接示意图如图 4.36 所示。

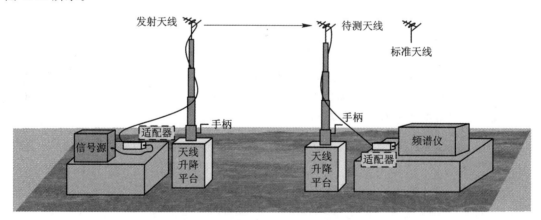

图 4.36 比较法天线增益测试示意图

已知信号源选择的发射功率为 P_t（dBm），发射天线增益为 G_t（dB），收发天线馈线损耗为 l_{rf}（dB）、l_{tf}（dB），收发之间传播损耗为 L_c（dB），标准天线增益为 G_s（dB），被测天线与标准天线对应的接收功率分别为 P_r（dBm）、P_s（dBm），增益设为 G_i（dB）。

当用被测天线接收时：

$$P_t + G_t - l_{tf} - L_c + G_i - l_{rf} = P_r \tag{4.176}$$

更换为标准天线接收时：

$$P_t + G_t - l_{tf} - L_c + G_s - l_{rf} = P_s \quad\quad (4.177)$$

由式(4.176)~(4.177)可得被测天线增益为

$$G_i = G_s + (P_r - P_s) \quad\quad (4.178)$$

2. 相同天线法

假设 A、B 两相同天线的增益为 G、收发相距 r，根据功率传输公式可得

$$G = \frac{4\pi r}{\lambda}\sqrt{\frac{P_r}{P_t}} \quad\quad (4.179)$$

只要测出功率比 $\frac{P_r}{P_t}$、距离 r 和波长 λ，就能计算出被测天线的增益。具体测试方法如图 4.37 所示。

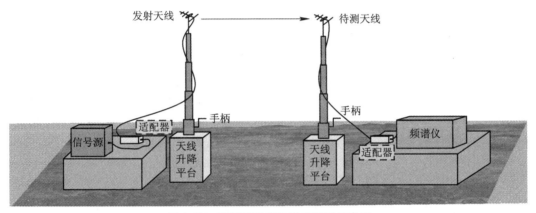

图 4.37　两相同天线法增益测试示意图

(1) 按图 4.37 接好收发设备，并将收发天线最大辐射方向相互对准；

(2) 调整匹配，使收发两端均很好地匹配；

(3) 测试并记录发射天线的输入功率及接收天线的功率；

(4) 计算求得天线增益；

(5) 为了消除测量误差，通常把收发天线互换，另测一遍，取平均值。

已知信号源选择的发射功率为 P_t(dBm)，收发天线馈线损耗分别为 l_{rf}(dB)、l_{tf}(dB)，收发之间传播损耗为 L_c(dB)，被测天线与标准天线对应的接收功率分别为 P_r(dBm)、P_s(dBm)，收发天线益设为 G_i(dB)。则天线增益处理过程如下：

$$P_t + G_i - L_{tf} - L_c + G_i - L_{rf} = P_r \quad\quad (4.180)$$

移项得

$$G_i = \frac{P_r - P_t + L_{tf} + L_{rf} + L_c}{2} \quad\quad (4.181)$$

4.4.3　基于无人机的天线测量系统

采用基于无人机的天线测量系统主要是为了解决低频段天线不能适应暗室测量的问题。无人机测量系统一般由地面测试分系统、无人机测量系统和差分导航参考站三个分系统组成，如图 4.38 所示。

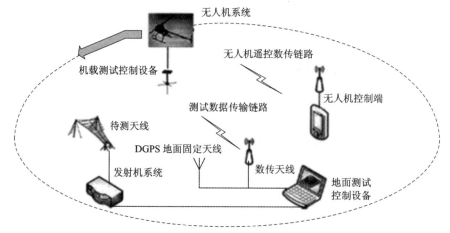

图 4.38 基于无人机的天线测量系统的基础组成

1. 地面测量分系统

地面测量分系统主要用来对空中平台进行控制与测量，其功能组成如图 4.39 所示。图中，显示控制单元完成人机接口、测量进程控制和信号后处理工作；飞控地面站根据测试进程要求，通过无线数据链与升空平台（如多旋翼无人机）通信，在线控制平台的航迹；主控单元完成对测试过程的实时控制，其时间触发来自动态实时差分导航定位单元的导航定时信号，测试时主控单元控制无线信号源和实时记录设备进行同步接收和采集工作。

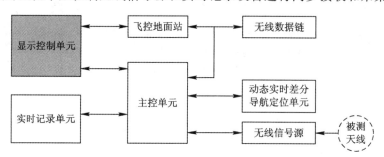

图 4.39 地面测量分系统的基础组成

2. 无人机测量分系统

无人机测量分系统是空中测量部分，其功能组成如图 4.40 所示。图中，多旋翼无人机和自适应增稳云台配合，保证测试过程中空中姿态、位置的稳定；主控单元是测量过程的中枢，完成对测试过程的实时控制，与地面测量分系统的同步命令则通过无线数据链与地

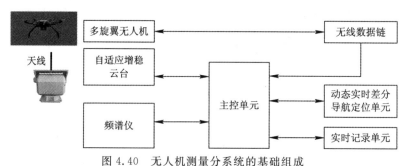

图 4.40 无人机测量分系统的基础组成

面交互；主控单元的时间触发和空中位置、姿态信息来自于动态实时差分导航定位单元的导航定时信号；测试开始后主控单元控制无线信号源输出要求的测试信号，由被测天线向无人机载全向接收天线发射信号，同时主控单元控制频谱仪进行同步信息和参数的采集记录工作。

3. 差分导航参考站

差分导航参考站设置于坐标已知点，测定具有空间相关性的导航误差和测量定位结果误差，来校正其他分系统内导航定位终端的定位误差，提高导航位置精度。

4.4.4　天线增益主要误差因素修正方法

1. 比较法/相同天线法中天线增益测量修正方法

比较法中的主要误差因素是标准天线不标准的问题，相同天线法中最主要的误差因素是假定两天线增益相同，本小节主要就这两类误差因素进行理论修正。具体如下：

（1）相同天线法的两副天线（天线增益为 G_1、G_2），一副作为被测天线，另一副作为标准天线，利用比较法得

$$G_1 - G_2 = P_r - P_s \tag{4.182}$$

（2）两副天线（天线增益为 G_1、G_2），一副作为发射天线，另一副作为接收天线，利用相同天线法得

$$G_1 + G_2 = P_2 - P_1 + L_{1f} + L_c + L_{2f} \tag{4.183}$$

（3）联合求解，得到两副天线增益分别为

$$G_1 = \frac{P_r - P_s + P_2 - P_1 + L_{1f} + L_c + L_{2f}}{2} \tag{4.184}$$

$$G_2 = \frac{P_2 - P_1 + L_{1f} + L_c + L_{2f} - P_r + P_s}{2} \tag{4.185}$$

此种方法不仅修正了天线增益相同的假定，而且也消除了标准天线不标准的问题。

2. 基于多径干涉的天线测量误差消除技术

地面反射测试场是在光滑平坦地面进行的，地面影响多为二径干涉，二径干涉的存在影响了相同天线法天线增益测量的精度。一般情况下，人们习惯采用自由空间来计算收发间电路的传输损耗，本书采用 GB/T 14617.2 - 2012《陆地移动业务和固定业务传播特性　第 2 部分 100~1000 MHz 固定业务传播特性》的二径干涉模型，在自由空间传输损耗的基础上，增加由于地面引起的干涉衰减，力图减小链路传输损耗误差。

（1）二径干涉引起的误差量为

$$L_F = -10\lg[1 + |R_F'|^2 + 2|R_F'|\cos(\Delta\varphi)] \tag{4.186}$$

式中，R_F' 为地面反射系数，$\Delta\varphi$ 为相位差。

（2）两相同天线法的修正方法如下：

$$G_c = \frac{P_r - P_t + L_1 + L_f + L_F + L_2}{2} \tag{4.187}$$

（3）比较法的修正公式如下：

$$G_c = G_s + (P_r - P_s) - L_F \tag{4.188}$$

第5章 无线信道仿真平台模拟关键技术

传播效应的回放模拟是需要一个物理平台来支撑的，以实现对真实信号在相应模拟场景下传播效应的逼真复现。本章主要对其传播效应实现的关键理论技术进行了介绍，而对具体硬件细节不做具体介绍，对两类典型的平坦衰落信道和频率选择性衰落信道进行了仿真实现，对其相应的无线信道多径、时延、多普勒、相位偏移等特性进行了模拟，对于平衡及非平稳信道提出了改进方法。为了能够进行比较及满足建模复现的需要，本章还介绍了基于实测数据 Quadriga 信道数学仿真的软回放方法。

5.1 平坦衰落信道

根据多径信号中有无直达径可将平坦衰落信道分为瑞利衰落信道和莱斯衰落信道，其中无直达径的称为瑞利衰落信道，有直达径的称为莱斯衰落信道。

5.1.1 瑞利衰落信道

Clarke 提出的经典的 Clarke 模型是对平坦衰落信道进行建模时最常用的一种小尺度衰落模型。它是一种基于散射的信道模型，这与城市中无线通信非视距路径的特点很符合，因此得到了广泛的应用。Clarke 统计模型是针对物理信道建立的一种数学信道模型，其重点在于建立的模型仿真的统计特性与实际物理模型一致。

假设发射机采用垂直极化天线，到达接收机的信号是离散均匀分布的 N 条电磁波时，接收信号可以表述为

$$X(t) = \sqrt{2} \sum_{n=1}^{N} C_n \cos(2\pi f_c t + \omega_d \cos\alpha_n + \varphi_n) \tag{5.1}$$

可以看出，平坦衰落信道输出信号 $X(t)$ 取决于 N 组相互独立的变量 $(C_n, \alpha_n, \varphi_n)$，因此，信道建模的过程，就是如何寻找合适变量组 $(C_n, \alpha_n, \varphi_n)$ 的过程。

假设接收电磁波有 N 个入射角且在 $[0, 2\pi]$ 内均匀分布，则 C_n 和 α_n 可计算如下：

$$\alpha_n = \frac{2\pi}{N}n, \ n = 1, 2, \cdots, N \tag{5.2}$$

$$C_n^2 = P(\alpha_n) \times \frac{2\pi}{N} = \frac{1}{2\pi} \times \frac{2\pi}{N} = \frac{1}{N}, \ n = 1, 2, \cdots, N \tag{5.3}$$

将式(5.2)和式(5.3)带入式(5.1)得

$$X(t) = X_c(t)\cos(2\pi f_c t) + X_s(t)\sin(2\pi f_c t) \tag{5.4}$$

式中，

$$X_c(t) = \frac{2}{\sqrt{N}} \sum_{n=1}^{N} \cos\left(t\cos\frac{2\pi}{N}n + \varphi_n\right) \tag{5.5}$$

$$X_s(t) = \frac{2}{\sqrt{N}} \sum_{n=1}^{N} \sin\left(t\cos\frac{2\pi}{N}n + \varphi_n\right) \tag{5.6}$$

由于使用 Clarke 模型进行仿真时，正弦波数过多使得仿真极为不便，因此为了解决 Clarke 参考模型正弦波数过多这一问题，Jakes 提出了正弦波到达角是对称的假设，即多普勒频移是对称的，利用对称性减少正弦波的数目，从而使得仿真模型的计算复杂度大大降低，Jakes 进一步设定

$$N = 4M + 2 \tag{5.7}$$

这样，不同的多普勒频移的个数从 N 降到 $M+1$，仿真器的输出信号可表示为正交形式：

$$X_c(t) = \frac{2}{\sqrt{N}} \sum_{n=1}^{M+1} a_n \cos(\omega_n t) \tag{5.8}$$

$$X_s(t) = \frac{2}{\sqrt{N}} \sum_{n=1}^{M+1} b_n \cos(\omega_n t) \tag{5.9}$$

式中，

$$a_n = \begin{cases} 2\cos\beta_n, & n = 1, 2, \cdots, M \\ \sqrt{2}\cos\beta_n, & n = M+1 \end{cases} \tag{5.10}$$

$$b_n = \begin{cases} 2\sin\beta_n, & n = 1, 2, \cdots, M \\ \sqrt{2}\sin\beta_n, & n = M+1 \end{cases} \tag{5.11}$$

其中，

$$\beta_n = \begin{cases} \dfrac{\pi n}{M}, & n = 1, 2, \cdots, M \\ \dfrac{\pi}{4}, & n = M+1 \end{cases} \tag{5.12}$$

$$\omega_n = \begin{cases} \omega_d \cos\dfrac{2\pi n}{M}, & n = 1, 2, \cdots, M \\ \omega_d, & n = M+1 \end{cases} \tag{5.13}$$

Jakes 模型的缺陷是所仿真出信道的高阶统计特性与 Clarke 统计模型有很大的差异，是一个非广义平稳过程。其根本原因是初始相移之间具有相关性，在正弦波中插入随机相移可以消除这个相关性，即在式(5.8)与式(5.9)中加入随机初始相移。

$$X_c(t) = \frac{2}{\sqrt{N}} \sum_{n=1}^{M+1} a_n \cos(\omega_n t + \phi_n) \tag{5.14}$$

$$X_s(t) = \frac{2}{\sqrt{N}} \sum_{n=1}^{M+1} b_n \cos(\omega_n t + \phi_n) \tag{5.15}$$

式中 ϕ_n，$n = 1, \cdots, M+1$ 是在 $[-\pi, \pi]$ 之间独立均匀分布的随机数。加入了随机初始相移后，解决了 Jakes 仿真模型的广义平稳问题，但仍不满足 Clarke 参考模型中关于自相关与互相关的二阶统计特性。针对此情形，进一步的改进是在考虑多普勒频移对称性的同时考虑所有对应的随机初始相移，改进的仿真模型如下：

$$X_c(t) = \frac{2}{\sqrt{M}} \sum_{n=1}^{M} \cos(\omega_d t \cos\alpha_n + \varphi_n) \tag{5.16}$$

$$X_s(t) = \frac{2}{\sqrt{M}} \sum_{n=1}^{M} \cos(\omega_d t \sin\alpha_n + \phi_n) \tag{5.17}$$

其中，$\alpha_n = \frac{2\pi n - \pi + \theta_n}{4M}(n-1, 2, \cdots, M)$，$\varphi_n$、$\phi_n$、$\theta_n(n=1, 2, \cdots, M)$是在$[-\pi, \pi]$内独立均匀分布的随机变量。

上述处理方法使得改进模型变为一种广义平稳非相关模型，可以直接用于频率选择性信道的仿真。由于此模型使用有限个正弦波，其输出信号的各项统计特性与 Clarke 参考模型一致。

依托 Jakes 模型，我们可以用 N_0 个多普勒频移 ω_i 和一个最大多普勒频偏 ω_m 来模拟瑞利衰落，图 5.1 给出了由 N_0+1 个低频振荡器组成的 Jakes 模型仿真框图。

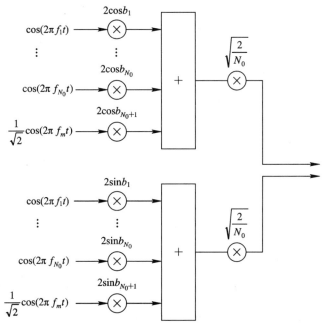

图 5.1　Jakes 模型仿真框图

平坦衰落信道的仿真方法分为正弦波叠加法和成形滤波器法。正弦波叠加法是将一定数量的正弦波叠加，产生衰落因子，由中心极限定理知，独立同分布的噪声叠加，其实部和虚部均服从高斯分布，从而包络的统计特性满足瑞利分布。正弦波叠加法的优点是容易实现，缺点是衰落因子实部和虚部的自相关和互相关性能不太理想。从 Clarke 模型中我们可以看出，描述平坦衰落的随机信号 $R(t)$ 其实可以用 N 组变量表示，即多普勒系数、离散多普勒频移、多普勒相移。在仿真建立的初始阶段，必须确定参数组的值，而且在整个仿真阶段保持不变。确定参数值的方法有很多，比如等距离法、等面积法、Monte Carlo 法、最小均方误差法、精确多普勒扩展法和 Jakes 仿真法。其中，Jakes 仿真法应用最广泛。

成形滤波器法是直接从频域进行信道仿真，将一个复高斯白噪声通过成形滤波器，再进行快速傅里叶逆变换，就可以得到时域衰落因子。由于成形滤波器法是直接从频域进行信道仿真，所以可以很方便地反映多普勒扩展谱的形状和最大多普勒频移。成形滤波器法的缺点是复杂度高，因为成形滤波器的关键是它在给定的采样率下的功率谱为多普勒扩展谱。由于采样率一般比较高，多普勒扩展谱较窄，所以设计这样一个窄带滤波器的复杂度就很高。

为更好地描述不同多普勒扩展谱型，本书选用成形滤波器法介绍平坦瑞利衰落信道的仿真。

任何平稳随机信号都可以看成是由一白噪声 $w(n)$ 激励一理想滤波器而成的。一般用复高斯白噪声通过一个频谱如式(5.18)所示的时域滤波器(后面也称其为成形滤波器)，即可得到符合设计要求的随机过程，对该随机过程采样即可得到时变衰落系数，其中，复高斯白噪声保证了通过滤波器后仍为复高斯白噪声，幅度服从瑞利分布，相位服从均匀分布。

$$H(f) = \sqrt{S_T(f)} = \sqrt{\left[\pi^2(f_d^2 - f^2)\right]^{-\frac{1}{2}}} \tag{5.18}$$

用两个独立的复高斯噪声来产生同相分量和正交分量，每个复高斯过程可以表示为两个独立的实高斯随机变量之和，先在频域对随机信号进行整形，再在仿真器最后一级用快速傅里叶逆变换产生出多普勒衰落准确的时域波形，仿真框图如图 5.2 所示。

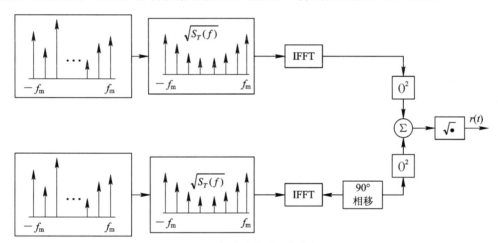

图 5.2　成形滤波器法仿真框图

具体步骤如下：

第一步，确定代表 $\sqrt{S_T(f)}$ 的频域点的数目 N 及最大多普勒频移 f_m，N 一般取 2 的幂，用 $\Delta f = 2f_m/(N-1)$ 算出相邻谱线的频率间隔，由此可得衰落波形的时间周期 $T = 1/\Delta f$；

第二步，产生噪声源 $N/2$ 的正频率分量对应的复数高斯随机变量；

第三步，将正频率值取共轭并赋给相应的负频率，以得到噪声源的负频率分量；

第四步，将同相和正交噪声源与衰落频谱 $\sqrt{S_T(f)}$ 相乘；

第五步，在同相分量和正交分量两条通路上，对所有频域信号进行快速傅里叶逆变换，得到两个长度均为 N 点的时间序列；

第六步，将同相分量和正交分量进行组合就可以得到具有功率谱密度 $\sqrt{S_T(f)}$ 的复随机变量。

实现瑞利衰落的主要模块分为三个部分：复高斯白噪声发生器模块，成形滤波器模块和插值滤波器模块，具体的实现步骤如图 5.3 所示。

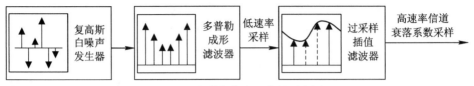

图 5.3　瑞利衰落实现步骤示意图

1) 复高斯白噪声发生器

这一模块将决定整个信道参数的随机性和精度，该模块将分别独立产生的两路高斯白噪声作为复高斯白噪声的同相分量和正交分量，只需要确定出产生一路高斯白噪声的算法即可。

在仿真中，产生高斯随机变量的方法分为模拟方法和数字方法。模拟方法虽然可以产生真实的随机序列，但是该方法对环境因素高度敏感，产生序列的效率较低；数字方法则由于其健壮性、灵活性以及实现速度较快而得到广泛应用。其中，数字方法产生高斯白噪声分为两步：先产生均匀分布的白噪声，然后通过公式法或者映射法将其转化为高斯白噪声。比较常见的转化算法有 Ziggurat 算法，Wallace 算法和 Box-Muller 算法，其中又以 Box-Muller 算法性能为最佳，实现也较为简便。

可以利用式(5.19)，得到符合高斯分布 $N(0,1)$ 的 x_0 和 x_1 两个独立采样序列，分别作为复高斯噪声的同相分量和正交分量。

$$x_0 = \sqrt{-2\ln(u_0)} \times \cos(2\pi u_1)$$
$$x_1 = \sqrt{-2\ln(u_0)} \times \sin(2\pi u_1) \tag{5.19}$$

式中，u_0 和 u_1 分别是两个相互独立的在$[0,1]$上均匀分布的随机变量。

生成高斯噪声的关键在于产生均匀分布随机变量 u_0 和 u_1。产生均匀分布随机数的方法常见的有 Fibonacci 法，线性同余法，进位加和借位减方法，线性反馈移位寄存器法等。

2) 成形滤波器

可以先对连续谱做傅里叶逆变换，得到连续时域波形，再按照与待衰落信号相同的采样率对该连续时域脉冲响应波形进行采样，即可得到符合要求的成形滤波器，相应的成形滤波器的脉冲可描述为

$$h(t) = F^{-1}\left[\sqrt{S(f)}\right] = F^{-1}\left[H(f)\right]^{-\frac{1}{2}} = \frac{f_d}{\sqrt{2}\pi}\Gamma\left(\frac{3}{4}\right)\left|\frac{t}{\pi f_d}\right|^{-\frac{1}{4}}J_{\frac{1}{4}}(2\pi f_d \mid t \mid) \tag{5.20}$$

式中，$\Gamma(z)$ 为伽马函数，$\Gamma(z) = \dfrac{1}{z}\prod\limits_{k=1}^{\infty}\dfrac{\left(1+\dfrac{1}{k}\right)^z}{1+\dfrac{z}{k}}$；$J_{\frac{1}{4}}(z)$ 为第一类 $\dfrac{1}{4}$ 阶贝塞尔函数，

$J_{\frac{1}{4}}(z) = \sum\limits_{k=0}^{\infty}\dfrac{(-1)^k}{k!\Gamma\left(\dfrac{1}{4}+k+1\right)}\left(\dfrac{z}{2}\right)^{\frac{1}{4}+2k}$。

离散系统的衰落系数的选取可通过对连续时间系统输出的信道衰落系数进行采样的方式得到，但是实际系统中不可能去处理连续信号，所以采用用 FIR 滤波器来逼近的方法，即对连续的脉冲响应波形进行采样，以获得离散时间的成形滤波器。

对时域滤波器连续波形采样的频率应与待检测信号的采样率相同，一般通信系统的基

带带宽很宽,所以发射机输出信号的基带信号采样频率一般也处在相同的数量级。基带信号采样频率与多普勒带宽的差异太大将直接导致 FIR 滤波器长度过长,运算复杂度急剧增加,为了避免这种情况的出现,有效地降低复杂度,在实现中可选用先采样再插值的办法。

信道衰落系数的多普勒谱带宽为 f_d,采样频率应取 $\tilde{f}_s \geqslant 2f_d$。考虑到在 $f = f_d$ 为脉冲,而滤波器一般需要在 $\pi/2$ 加零点保护以保证稳定性,这样会使得频谱波形失真,所以大部分情况下选取的采样率为 $\tilde{f}_s = 4f_d$,代入公式可得

$$h[n] = h\left[\frac{n}{\tilde{f}_s}\right] = h\left(\frac{n}{4f_d}\right) = \frac{f_d}{\sqrt{2}\pi}\Gamma\left(\frac{3}{4}\right)\left|\frac{n}{4\pi f_d^2}\right|^{-\frac{1}{4}}J_{\frac{1}{4}}\left(\frac{\pi}{2}n\right), \ |n| \leqslant N \quad (5.21)$$

在仿真中为了获得足够的频域精度(根据频域采样定律),根据经验在频域 $[-\pi, \pi]$ 间均匀采 1024 点,相应的时域滤波器也为 $N = 1024$ 点。

成形滤波是实现衰落的关键,成形滤波器的频谱特性决定了衰落信号的频谱特性。在信道模型中一般采用不同谱型的成形滤波器来模拟不同的信道环境。在基于大量测试和分析的基础上,目前在信道模拟中主要使用的成形滤波器分别是:Jakes、Gaussian、Flat 和 Rounded。

(1) Jakes 谱。Jakes 谱又被称作经典谱,其功率谱密度可以表示为

$$S(f) = \frac{\sigma^2}{\pi f_m}\left[\frac{1}{1-(f/f_m)^2}\right]^{\frac{1}{2}} \qquad |f| < f_m \quad (5.22)$$

式中,f_m 为最大多普勒频移,σ^2 为方差。

仿真时,设置 FFT 长度为 2048,滤波器点数为 100,最大多普勒频移 f_m 为 5 kHz。根据式(5.22)构建成形滤波器,其幅度响应如图 5.4 所示,衰落信号的频谱如图 5.5 所示。

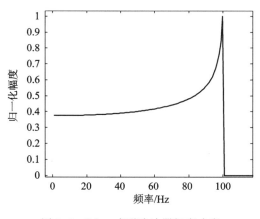

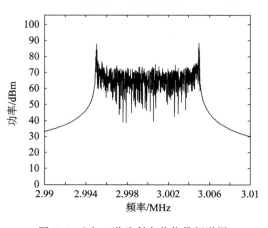

图 5.4　Jakes 成形滤波器幅度响应　　　　图 5.5　Jakes 谱瑞利衰落信号频谱图

(2) Gaussian 谱。Gaussian 谱经常用于航空移动信道的模拟,其功率谱密度可以表示为

$$S(f) = \frac{1}{\sqrt{2\pi\sigma^2}}e^{\left(\frac{f^2}{2\sigma^2}\right)} \quad (5.23)$$

取 $\sigma = f_m/\sqrt{2}$,设置 FFT 长度为 2048,滤波器点数为 100,最大多普勒频移 f_m 为 5 kHz。根据式(5.23)构建成形滤波器,其幅度响应如图 5.6 所示,衰落信号的频谱如图

5.7 所示。

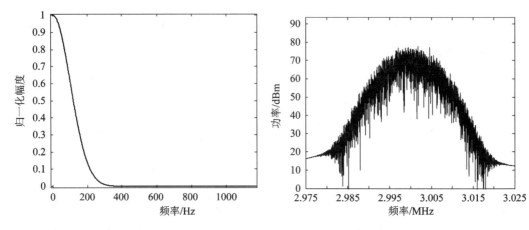

图 5.6　Gaussian 成形滤波器幅度响应　　　图 5.7　Gaussian 谱瑞利衰落信号频谱图

（3）Flat 谱。Flat 功率谱密度可以表示为

$$S(f) = \begin{cases} 1 & |f| \leqslant f_{\mathrm{m}} \\ 0 & |f| > f_{\mathrm{m}} \end{cases} \tag{5.24}$$

设置 FFT 长度为 2048，滤波器点数为 100，最大多普勒频移 f_{m} 为 5 kHz。根据式（5.24）构建成形滤波器，其幅度响应如图 5.8 所示，衰落信号的频谱如图 5.9 所示。

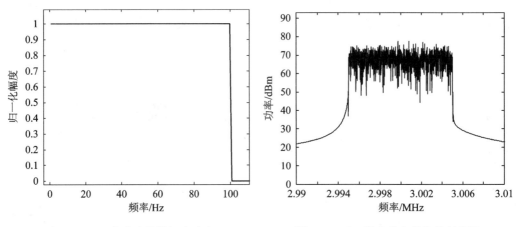

图 5.8　Flat 成形滤波器幅度响应　　　图 5.9　Flat 谱瑞利衰落信号频谱图

（4）Rounded 谱。Rounded 功率谱密度可以表示为

$$S(f) = \begin{cases} 1 - 1.72\left(\dfrac{f}{f_{\mathrm{m}}}\right)^2 + 0.785\left(\dfrac{f}{f_{\mathrm{m}}}\right)^4 & |f| \leqslant f_{\mathrm{m}} \\ 0 & |f| > f_{\mathrm{m}} \end{cases} \tag{5.25}$$

设置 FFT 长度为 2048，滤波器点数为 100，最大多普勒频移 f_{m} 为 5 kHz。根据式（5.25）构建成形滤波器，其幅度响应如图 5.10 所示，衰落信号的频谱如图 5.11 所示。

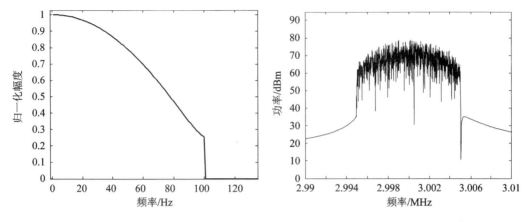

图 5.10　Rounded 成形滤波器幅度响应　　　图 5.11　Rounded 谱 Rayleigh 衰落信号频谱图

3）插值滤波器

即通过理想内插实现过采样，将采样率提高到 f_s，利用式（5.26）确定内插因子，即每两个点之间插入的样本点数＋1。

$$N_{in} = \frac{f_s}{\tilde{f}_s} \tag{5.26}$$

为验证成形滤波器法对瑞利信道的仿真效果，在 Matlab 环境下对成形滤波器法进行了仿真。以单频正弦信号为输入信号，载波频率为 $f_c = 2560$ Hz，最大多普勒频移为 $f_d = 256$ Hz，首先在多普勒谱型为 Jakes 谱条件下进行了仿真，输入信号、输出信号、Jakes 谱频率响应以及输出信号包络与标准瑞利分布包络对比仿真结果图分别如图 5.12～图 5.15 所示。

在图 5.15 中，实线为标准瑞利分布概率密度函数曲线，虚线为采用成形滤波器法仿真的瑞利信道输出信号包络的概率密度函数。从仿真结果可以看出，成形滤波器法很好地仿真了瑞利衰落信道的包络特性，验证了该方法的有效性。

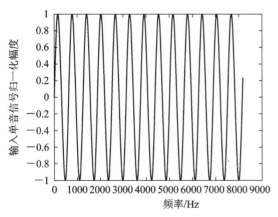

图 5.12　输入信号时域图

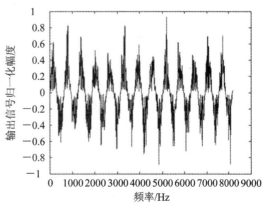

图 5.13　输出信号时域图

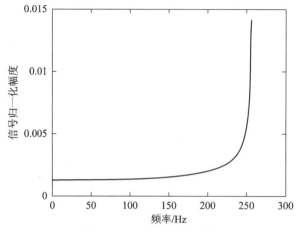

图 5.14　Jakes 谱频率响应

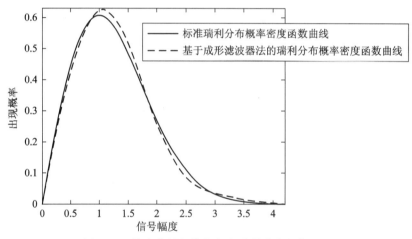

图 5.15　输出信号包络与标准瑞利分布包络对比

通过 Modelsim 软件对平坦瑞利衰落模块进行仿真，仿真时序图如图 5.16 所示。图中上方的波形为 30 MHz 的中频输入信号，下方的波形为经过衰落处理之后的信号。

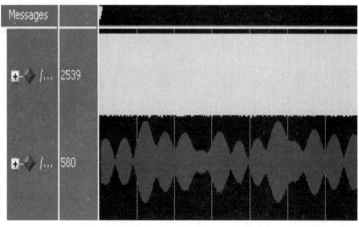

图 5.16　Rayleigh 衰落模块仿真时序图

设计实现之后，通过 ChipScope 软件来观察基带信号的波形。衰落信号如图 5.17 所示。

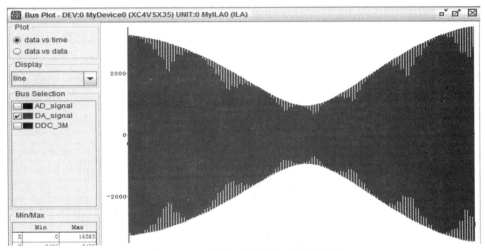

图 5.17　瑞利衰落信号实现的波形图

将衰落后的信号的幅度包络做成统计分布直方图，如图 5.18 所示，可以清楚地看到，衰落后的信号包络服从瑞利分布。

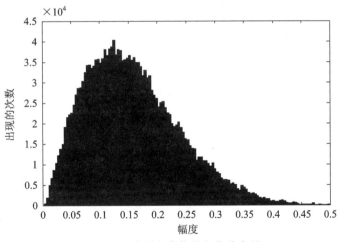

图 5.18　瑞利衰落信号包络分布图

通过这种软硬件相结合的方式来实现衰落模拟有两大优势。首先，通过 Matlab 来实现成形滤波可以大大降低 FPGA 芯片资源的损耗，因为成形滤波所使用的低通滤波器阶数非常高，可以达到数千阶，FPGA 芯片难以负担。其次，将线性差值放到 FPGA 芯片内部来实现就可以实时控制最大多普勒频移的变化，以便模拟相对速度不断改变的信道。目前主流的信道模拟器，EB 公司 Prosim C8 信道模拟器正是通过这种方法来实现衰落模拟的。但是，这种实现方式也存在一个劣势，那就是衰落因子是非实时生成的，系统只能循环调用有限长度的衰落因子。衰落因子的长度越长，则重复周期越长，衰落的统计效果就越好，所以衰落因子的长度应该尽可能地长，但不能超过 ROM 存储空间的上限。如果要显著增加重复周期，就必须使用大容量的外部存储器来存放衰落因子。Prosim C8 信道模拟器正是通过外部存储来增加衰落因子的重复周期的。

5.1.2　莱斯衰落信道

莱斯衰落是通过瑞利衰落径叠加一条直射径的方式来实现的，一条直射径为一条纯多普勒频移径。当信道中存在一个直射径，其他都是散射径的时候，就构成了莱斯衰落信道。

通过 Matlab 软件进行仿真，设置直射径的多普勒频移为 3 kHz，反射径的多普勒频率扩展为 5 kHz，采用 Jakes 成形滤波器。信号在衰落前后的时域波形如图 5.19 所示。图中上方为 30 MHz 中频输入信号，下方为衰落之后的信号。

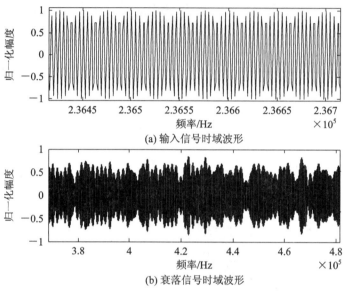

图 5.19　莱斯衰落时域波形软件仿真图

通过 Modelsim 软件对莱斯衰落模块进行仿真，仿真时序图如图 5.20 所示。图中上方的波形为 30 MHz 的中频输入信号，下方的波形为经过衰落处理之后的信号。

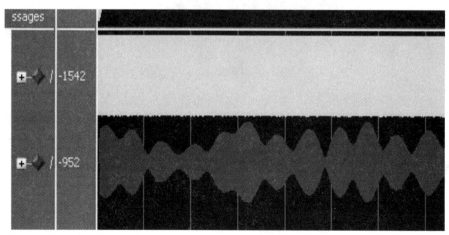

图 5.20　莱斯衰落模块仿真时序图

设计实现之后，通过 ChipScope 软件来观察基带信号的波形。衰落信号如图 5.21 所示。

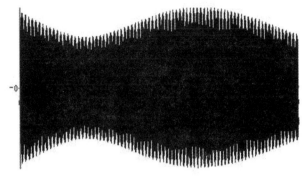

图 5.21　莱斯衰落信号实现波形图

将图 5.21 中衰落后信号的幅度包络做成统计分布直方图，如图 5.22 所示。可以清楚地看到，衰落后信号包络服从莱斯分布。

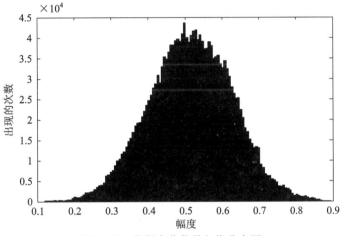

图 5.22　莱斯衰落信号包络分布图

莱斯衰落信号的频谱如图 5.23 所示。从图中可以看出，直射径的多普勒频移为 3 kHz，反射径的多普勒频移扩展为 5 kHz。

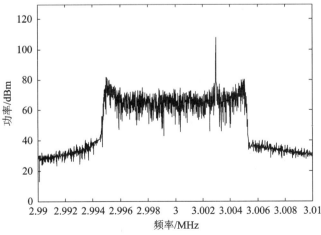

图 5.23　莱斯衰落信号频谱图

5.1.3　频率选择性衰落信道

频率选择性衰落从时域上来看，信道的时延扩展大于符号周期，并且有多个可分辨的路径。从频域上来看，不同的频率受到信道的影响是不同的，频率选择性衰落的每一径都相当于一个平坦衰落信道，因此可以看作是多个平坦衰落信道的叠加。下面介绍频率选择性衰落的广义平稳非相关散射（Wide-Sense Stationary-Uncorrelated Scattering，WSSUS）模型。

时变的频率选择性衰落信道可以用横向滤波器来表示，它具有时变的系数，图 5.24 是它的抽头延迟框图。图中，a_i 表示第 i 条径的增益，单位为倍数，τ_i 表示第 i 条径的延迟，单位为 ns。

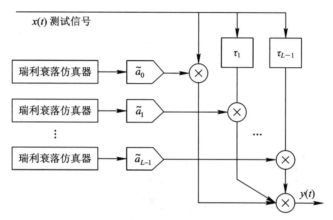

图 5.24　频率选择性衰落信道抽头延迟线实现框图

在平坦瑞利衰落中，会产生频率选择性衰落。此时信道冲激响应可以用 $h(\tau, t)$ 描述：

$$h(\tau, t) = \sum_{n=1}^{L} h_n(t) \cdot \delta(\tau - \tau_n) \tag{5.27}$$

式中，每个 $h_n(t)$ 是独立复高斯随机过程，并具有平坦衰落信道冲激响应的特性。即

$$h_n(t) = h_{In}(t) + j \cdot h_{Qn}(t) \tag{5.28}$$

根据以上分析，频率选择性衰落可以通过将多个不同时延的平坦衰落叠加来实现，其实现框图如图 5.25 所示。

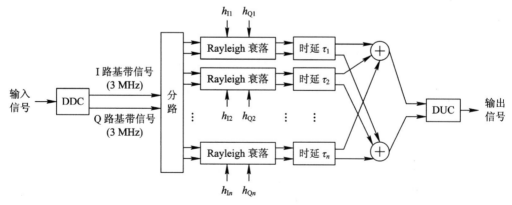

图 5.25　频率选择性衰落实现框图

使用 Matlab 软件仿真一个具有五条路径的频率选择性衰落信号，路径时延分别为 8 ns、16 ns、24 ns、32 ns、40 ns。信号在衰落前后的时域波形如图 5.26 所示，图中(a)为 30 MHz 中频输入信号，(b)为衰落之后的信号。

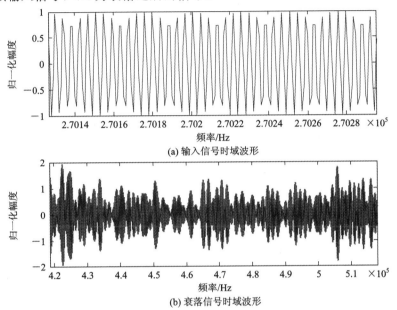

图 5.26　频率选择性衰落时域波形软件仿真图

衰落信号的频谱如图 5.27 所示。

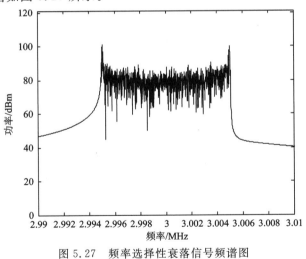

图 5.27　频率选择性衰落信号频谱图

5.2　无线信道参数仿真

5.2.1　时延参数仿真

对于信道模拟器来说，时延的模拟分传播时延和多径时延。

传播时延表示为

$$\tau = \frac{d}{v} \tag{5.29}$$

式中，d 表示传播距离，v 表示信号在传播介质中的传播速度。

多径时延为

$$\Delta\tau = \frac{\Delta}{v} \tag{5.30}$$

式中，Δ 为不同传播路径的路程差，v 表示信号在传播介质中的传播速度。

由上面对时延种类的分析可知，传播时延可以通过在单条传输路径上叠加一个延时得到，处理多径时延时可以首先选定路程最短的路径为基准径，其他路径根据与基准径的不同路程差叠加不同的延时，最后再进行路径合成，完成对多径时延的模拟。因此无论是传播时延还是多径时延，本质上都是要实现对单径的时延叠加。下面主要讨论单径时延的实现思路。

时延的模拟可以通过对数字信号的暂存、延时读取来实现。当时延小于一个采样周期时，可以首先通过 FPGA 等信号处理芯片在内部倍频来获得高倍的操作时钟，然后将数据在移位寄存器内缓存得到所需时延。而通常情况下时延要远大于一个采样周期，因此可以考虑用双口 RAM 对数字信号数据进行缓存。这里需要考虑双口 RAM 的存储容量以及读写速度是否能满足延时要求，特别是当延时较高达到毫秒级时，必须采用高速大容量的双口 RAM。

双口 RAM 是在 1 个 SRAM 存储器上具有两套完全独立的数据线、地址线和读写控制线，并允许两个独立的系统同时对其进行随机性访问的存储器，即共享式多端口存储器，双口 RAM 最大的特点是存储数据共享。1 个存储器配备两套独立的地址线、数据线和控制线，允许两个独立的 CPU 或控制器同时异步地访问存储单元。

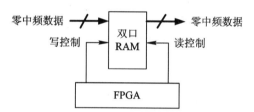

图 5.28　基于双口 RAM 芯片的时延模拟实现原理框图

基于双口 RAM 芯片的时延模拟实现原理如图 5.28 所示。

时延模拟是通过对数字信号的暂存与延时读取来实现的，其电路由双端口 RAM 芯片及 FPGA 芯片实现的控制电路组成，时延量通过双端口 RAM 输出端延时读取来控制。双端口 RAM 的读出数据与写入数据的时间差即为延迟时间。

设 AD 变换采样率 f_s，采样位宽为 B，采样周期为 $T = 1/f_s$，双口 RAM 存储容量为 L，则模拟实现的最大时延 τ 可用下式计算。

$$\tau = \frac{L}{f_s \cdot B} \tag{5.31}$$

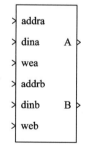

图 5.29　Dual Port RAM 模块

根据上式，以处理 5 MHz 带宽的信号为例，设 AD 变换采样率 $f_s = 30.72$ MHz，采样宽度为 8 位，则要实现 $\tau = 0.1$ ms 的信号时延所需要的双口 RAM 芯片存储容量至少为 $L = 24.576 \times 8$ kbit。

基于 Xilinx FPGA 芯片，时延功能可以利用 System Generator 工具在 Simulink 开发环境下用 Dual Port RAM 模块构造双口 RAM 来实现，如图 5.29 所示。

利用此模块可以构成一个可以任意访问的存储器，其双端口的特性使得可以使用两套独立的控制器系统进行访问。Dual Port RAM 模块参数对话框如图 5.30 和图 5.31 所示。

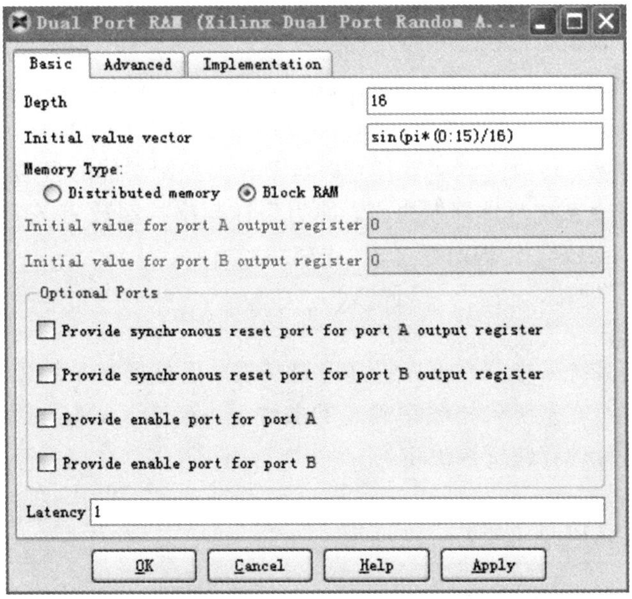

图 5.30　Dual Port RAM 模块参数配置对话框 1

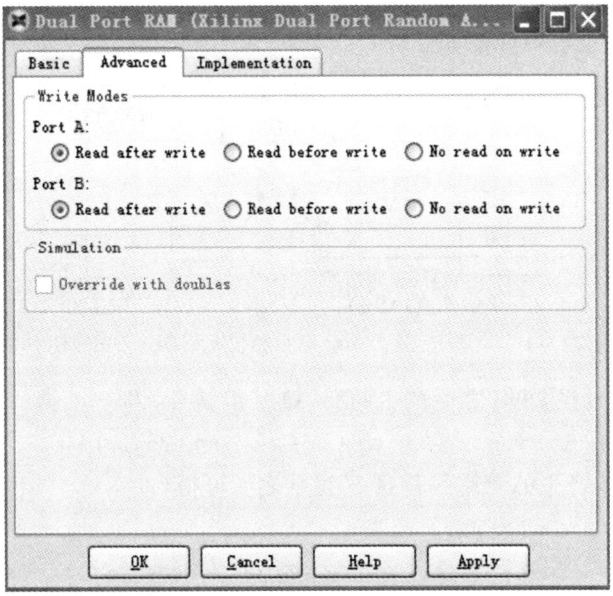

图 5.31　Dual Port RAM 模块参数配置对话框 2

Dual Port RAM 模块主要有以下几种参数：

Depth：设定 A 端口对应的存储器的数据位宽，其数值必须为正整数；B 端口对应的存储器位宽由从 dinb 端口写入数据的位宽决定。

Initial value vector：设定 A 端口对应的存储器中数据的初始值。

Memory Type：选择以 Distributed memory 或 Block RAM 方式实现双端口存储器。如果选择 Distributed memory，则应同时设定 A 端口为读优先模式，B 端口为只读模式。

Initial value for port A output register：设定当模块处于复位状态时 A 端口的输出寄存器上的数据。

Initial value for port B output register：设定当模块处于复位状态时 B 端口的输出寄存器上的数据。

Write Modes(Port A/B)：设定存储器数据写入模式，有写优先(Read after write)、读优先(Read before write)和写禁止(No read on write)三种模式可选。

通过设置以上参数，可以达到实现任意时延及相关控制功能的目的。

时延的最小步进由系统时钟周期决定，即为采样频率的倒数 $1/f_s$，双口 RAM 的缓存深度 N 由时延控制字决定，传输时延 Δt 如式(5.32)所示：

$$\Delta t = \frac{1}{f_s} \times N = (N \times 8)\text{ns} \tag{5.32}$$

由此可见，提高系统采样频率可以提高时延精度，但是提高系统采样频率同时会增加系统的数据处理负担。在系统采样频率确定的条件下，双口 RAM 的最大缓存深度决定了最大时延，这是由芯片的存储资源决定的。

5.2.2 多普勒参数仿真

当信号发射端和接收端之间存在相对运动时，接收端接收到的信号频率会发生偏移，这种现象被称作多普勒频移。

多普勒频移的实现框图如图 5.32 所示。

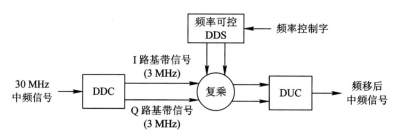

图 5.32　多普勒频移实现框图

30 MHz 中频信号经 DDC 之后产生两路 IQ 基带信号，即

$$s_0 = s_I + s_Q = \cos(2\pi f_0 t) - \sin(2\pi f_0 t) \cdot \text{j} \tag{5.33}$$

与频率可控 DDS 产生的频率偏移量 F 复乘之后可得：

$$
\begin{aligned}
s_0' &= s_0 \cdot F \\
&= [\cos(2\pi f_0 t) - \sin(2\pi f_0 t) \cdot \text{j}] \cdot [\cos(2\pi f_\Delta t) + \sin(2\pi f_\Delta t) \cdot \text{j}] \\
&= \text{e}^{(-1) \cdot (2\pi f_0 t) \cdot \text{j}} \cdot \text{e}^{\text{j}2\pi f_\Delta t} = \text{e}^{(-1) \cdot 2\pi (f_0 - f_\Delta) t \cdot \text{j}} \\
&= \cos(2\pi (f_0 - f_\Delta) t) - \sin(2\pi (f_0 - f_\Delta) t) \cdot \text{j} \\
&= \text{Re}\{s_0'\} + \text{Im}\{s_0'\} \cdot \text{j}
\end{aligned} \tag{5.34}
$$

经过数字上变频(DUC)之后可得

$$
\begin{aligned}
s_{IF}' &= \text{Re}\{s_0'\} \cdot s_{LI} + \text{Im}\{s_0'\} \cdot s_{LQ} \\
&= \cos(2\pi (f_0 - f_\Delta) t) \cdot \cos(2\pi f_L t) - \sin(2\pi (f_0 - f_\Delta) t) \cdot \sin(2\pi f_L t) \\
&= \cos(2\pi (f_0 + f_L - f_\Delta) t) = \cos(2\pi (f_{IF} - f_\Delta) t)
\end{aligned} \tag{5.35}
$$

频率控制字也就是频率偏移量 f_Δ，由系统控制软件输入，可由以下公式计算得到：

$$f_\Delta = \frac{v \cdot \cos\theta}{c} \cdot f_0 \tag{5.36}$$

式中 v 是收发端的相对移动速度，c 是光速，θ 是运动角度，f_0 是中心频率。

多普勒频移的精度由 DDS 的频谱分辨率来决定。目前一般的 FPGA 芯片上的 DDS IP Core 的频谱分辨率都可以达到 0.1 Hz 甚至 0.01 Hz，完全能够满足实际需求。

设计完成之后使用 ISE 软件自动生成 RTL 原理图。

为了更好地观察频移模块的性能，这里对基带信号分别做 -0.5 MHz、-1 MHz、-1.5 MHz、-2 MHz 的频移。通过 Modelsim 软件对频移模块进行仿真，观察频移前后的信号如图 5.33 所示。图中上方的波形为频移之前的 3 MHz 基带信号，下方的 4 组波形分别为频移之后的信号。

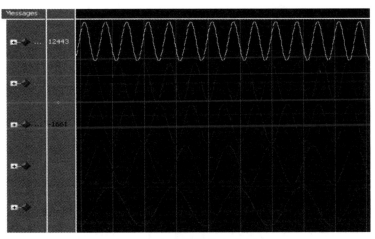

图 5.33　频移模块仿真时序图

设计实现之后，通过 ChipScope 软件来观察基带信号的波形。频移模块的实现波形图如图 5.34 所示。图(a)为 3 MHz 信号，图(b)为 2.5 MHz 信号，图(c)为 2 MHz 信号，图(d)为 1.5 MHz 信号，图(e)为 1 MHz 信号。

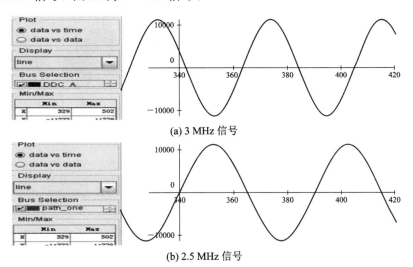

(a) 3 MHz 信号

(b) 2.5 MHz 信号

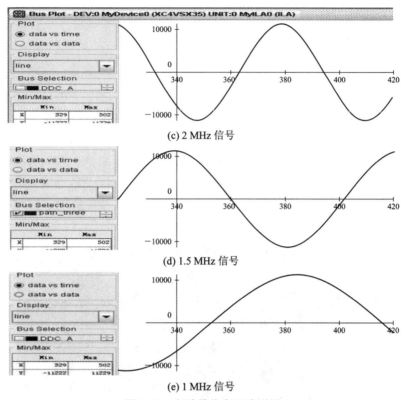

(c) 2 MHz 信号

(d) 1.5 MHz 信号

(e) 1 MHz 信号

图 5.34　频移模块实现波形图

ChipScope 软件可以很方便地将基带信号以数据文件的形式导出，再通过 Matlab 软件进一步分析其频谱特性，如图 5.35 所示。图中可以清楚地看到频移之后的中频信号分别为 29.5 MHz、29 MHz、28.5 MHz 和 28 MHz。

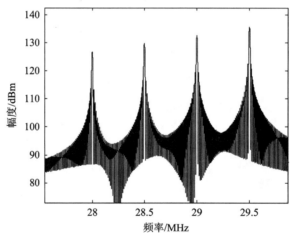

图 5.35　频移前后的信号频谱分析图

5.2.3　相位偏移参数仿真

为了提高相位偏移的精度，这里采用一种正交调制的方法来实现相位偏移控制，其原理类似于多普勒频移。

相位偏移的实现框图如图 5.36 所示。

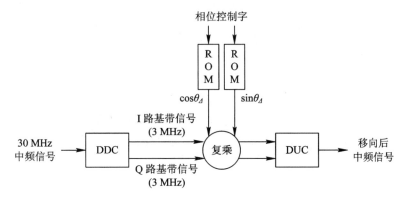

图 5.36　相位偏移实现框图

30 MHz 中频信号经 DDC 之后产生两路 IQ 基带信号，即

$$s_0 = s_I + s_Q = \cos(2\pi f_0 t) - \sin(2\pi f_0 t) \cdot j \tag{5.37}$$

与相位偏移量 P 复乘之后可得

$$
\begin{aligned}
s'_0 &= s_0 \cdot P \\
&= [\cos(2\pi f_0 t) - \sin(2\pi f_0 t) \cdot j] \cdot [\cos\theta_\Delta + \sin\theta_\Delta \cdot j] \\
&= e^{(-1) \cdot (2\pi f_0 t) \cdot j} \cdot e^{j\theta_\Delta} \\
&= e^{(-1) \cdot (2\pi f_0 t - \theta_\Delta) \cdot j} \\
&= \cos(2\pi f_0 t - \theta_\Delta) - \sin(2\pi f_0 t - \theta_\Delta) \cdot j \\
&= \mathrm{Re}\{s'_0\} + \mathrm{Im}\{s'_0\} \cdot j
\end{aligned} \tag{5.38}
$$

经过数字上变频（DUC）之后可得

$$
\begin{aligned}
s'_{IF} &= \mathrm{Re}\{s'_0\} \cdot s_{LI} + \mathrm{Im}\{s'_0\} \cdot s_{LQ} \\
&= \cos(2\pi f_0 t - \theta_\Delta) \cdot \cos(2\pi f_L t) - \sin(2\pi f_0 t - \theta_\Delta) \cdot \sin(2\pi f_L t) \\
&= \cos(2\pi(f_0 + f_L)t - \theta_\Delta) \\
&= \cos(2\pi(f_{IF} - f_L + f_L)t - \theta_\Delta) \\
&= \cos(2\pi f_{IF} t - \theta_\Delta)
\end{aligned} \tag{5.39}
$$

由此可知频率偏移了 θ_Δ。

ROM 中存储的是一个周期（$-180° \sim 180°$）的正弦/余弦值，相位控制字根据系统输入的相位偏移量来读取不同存储地址下的正弦/余弦值。其中，相位偏移的精度由存储的步进决定。可见，提高相位偏移精度的代价就是耗费更多的存储空间，如果以 1° 的步进进行存储，就需要 360 个存储空间，如果以 0.1° 的步进进行存储，就需要 3600 个存储空间。另外需要考虑的是，只有在系统处理数据达到一定位宽的条件下，正弦/余弦值的变化量才能够体现，提高相位精度才是有意义的。

设计完成之后使用 ISE 软件自动生成 RTL 原理图。

通过 Modelsim 软件对相位偏移模块进行仿真，设定相位偏移值 θ_Δ 为 45°，仿真时序图如图 5.37 所示。图中上方的波形为相位偏移之前的信号，下方的波形为相位偏移之后的信号。

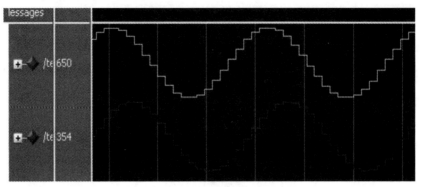

图 5.37 相位偏移模块仿真时序图

设计实现之后，通过 ChipScope 软件来观察基带信号的波形。相位偏移模块的实现波形图如图 5.38 所示。图（a）为偏移 30°，图（b）为偏移 60°，图（c）为偏移 90°，图（d）为偏移 135°。

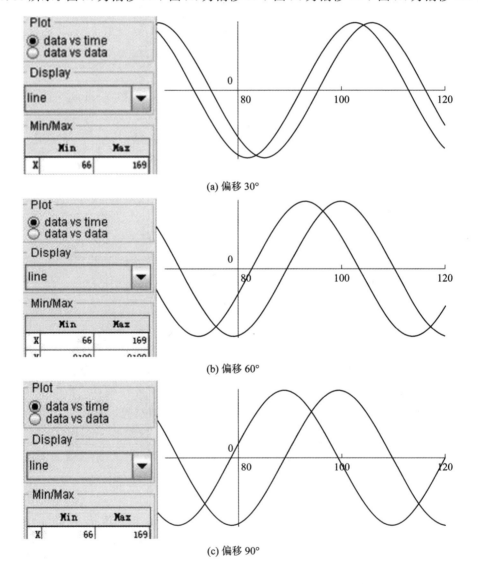

(a) 偏移 30°

(b) 偏移 60°

(c) 偏移 90°

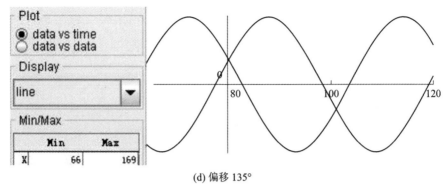

(d) 偏移 135°

图 5.38　相位偏移模块实现波形图

5.3　平稳信道模拟方法及改进

目前平坦衰落信道模拟方法常见的四种模型分别为滤波法、Markov 模型、AR 模型和谐波叠加（Sum-of-Sinusoids，SoS）模型。复谐波叠加（Sum-of-Cisoids，SoC）可将 SoS 模型推广至非均匀传播环境。对于真实场景非各向同性散射条件下移动无线信道的建模和仿真而言，SoC 模型比 SoS 模型更加具有适用性。

5.3.1　SoC 仿真模型

平坦衰落信道条件下一簇多径衰落的散射分量可表述为

$$\hat{\upsilon}(t) = \sum_{m=1}^{M} c_m e^{j(2\pi f_m t + \theta_m)} \tag{5.40}$$

式中，$\hat{\upsilon}(t)$ 是复数值正弦曲线求和，M 可看作一个散射体的多个散射点，每一个散射点引入一个增益 c_m 和一个相位偏移 θ_m，接收端的运动导致一簇中第 m 个被接收平面波的一个多普勒频移 f_m。

对于 $f_m \neq 0$，SoC 模型输出衰落均值为 0，方差为 $\sum \dfrac{c_m^2}{2}$，包络 $\hat{\xi}(t) = |\hat{\upsilon}(t)|$ 和相位 $\hat{\vartheta}(t) = \arg\{\hat{\upsilon}(t)\}$ 的概率密度函数表示分别为

$$p_{\hat{\xi}}(z) = z(2\pi)^2 \int_0^\infty \left[\prod_{m=1}^{M} J_0(2\pi |c_m| v) \right] J_0(2\pi z v) v \, dv, \quad z \geqslant 0 \tag{5.41}$$

当 $M \to \infty$ 时，根据中心极限定理，公式逼近瑞利衰落。

$\hat{\xi}(t)$ 在硬件或者软件平台上采用 SoC 瑞利衰落信道仿真器来实现，其结构如图 5.39 所示。

对于一个确定的仿真模型，在具有固定增益、固定频率和随机相位的条件下，SoC 模型输出信道衰落的自相关函数、功率谱密度和互相关函数分别为

$$\hat{r}_{\upsilon\upsilon}(\tau) = \sum_{m=1}^{M} c_m^2 \exp\{j 2\pi f_m \tau\} \tag{5.42}$$

$$\hat{S}_{\upsilon\upsilon}(f) = \sum_{m=1}^{M} c_m^2 \delta(f - f_m) \tag{5.43}$$

$$\hat{r}_{v_k v_l}(\tau) = \sum_{m_1=1}^{M_1} \sum_{m_2=1}^{M_2} \{\delta(f_{k,m_1} - f_{l,m_2}) \exp(-\mathrm{j}2\pi f_{l,m}\tau) \exp[-\mathrm{j}(\theta_{k,m_1} - \theta_{l,m_2})]\} \tag{5.46}$$

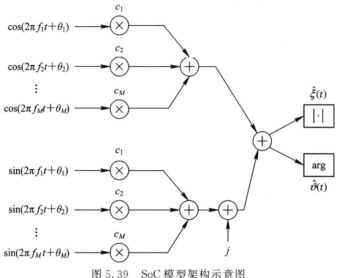

图 5.39　SoC 模型架构示意图

实现 SoC 模型的关键是对于给定一定数量 M 的条件下，如何选取每一条散射分量的路径增益、离散多普勒频率和相位，使得 SoC 模型的统计特性足够接近理论值。致力于信道建模和仿真的科研工作者们对 SoC 模型输出性能准确性的问题上进行了深入研究，提出了 SoC 模型参数的几种确定算法，包括准确多普勒频率扩展（Extentded Method of Exact Doppler Spread，EMEDS）、Lp 范数方法（Lp-Norm Method，LPNM），广义等面积算法（Generalized Method of Equal Areas，GMEA）和黎曼和法（Riemann Sum Method，RSM）。

5.3.2　结合随机游走的 SoC 改进模型

在实际传播场景中，即使在较短的时间间隔内，散射路径的增益和多普勒频移不可能是一个确定值，为复现更加符合真实场景下的信道衰落随机过程，可利用基于 MEDS 的随机游走的参数取值方法，记为 MEDS-RW。此方法可以解决 SoC 不能适应实时仿真的问题。

（1）基于 MEDS 方法计算参数初始值，即

$$\alpha_m(0) = G^{-1}\left(\frac{2m-1}{2M}\right) \tag{5.44}$$

式中，$M(m=1,2,\cdots,M)$ 为有限数量的散射路径数；$G^{-1}(\bullet)$ 为 PAS 的累积概率分布函数 $G_\alpha(\bullet)$ 的逆函数，有 $G_\alpha(\alpha) = \int_{-\infty}^{\alpha} p_\alpha(x)\mathrm{d}x$。

（2）利用如下公式迭代获得当前参数值，

$$\alpha_m(kT_s) = \alpha_m(kT_s - T_s) + \varepsilon(kT_s) \tag{5.45}$$

式中，T_s 为参数更新周期；k 为离散时刻；$\varepsilon(kT_s)$ 表示时变随机偏移量。

随机游走过程是布朗运动的理想数学状态，布朗运动是苏格兰植物学家布朗于 1827 年在显微镜下观察到的花粉粒的不规则运动，布朗运动在统计学上是特殊的马尔科夫过程，其特殊性在于时间和空间上不间断。用离散随机游走逼近，则每隔 T_s 时间，粒子等概率地向左或向右移动 Δx，当粒子在零时刻位于原点时称其为标准布朗运动，当在 t 时刻位

置为 $B(t)$ 时，则有 $B(t) = T_s(B_1 + B_2 + \cdots + B_{[t/T_s]})$，$B_i$ 是粒子第 i 步的运动情况。由中心极限定理可得布朗过程 $B(t)$ 服从均值为 0，方差为 $\Delta x^2 [t/T_s]$ 的正态分布，当 $\Delta x^2 = T_s$ 时有 $B(t, t \geqslant 0) \sim N(0, t)$，布朗运动离散化仿真模型可表示为

$$B(kT_s) = B((k-1)T_s) + \sqrt{T_s} N_k(0,1) = \sqrt{T_s} \sum_{kk=1}^{k-1} N_{kk}(0,1) \tag{5.46}$$

随机游走过程可保证相邻入射角之间的偏移很小，即 $t + \Delta t$ 时刻入射角是 t 时刻的入射角加上微小的随机游走的偏移量，因此 $\varepsilon(kT_s)$ 应该具有高度的相关性，故将其建模为布朗随机过程，即

$$\varepsilon(kT_s) = \sum_{m=1}^{k} \sqrt{\delta T_s} N_m(0,1) \tag{5.47}$$

式中，δ 为布朗运动扩散因子，$N_m(0,1)$ 为服从正态高斯分布的随机变量。

5.4　非平稳 MIMO 信道模型及模拟方法

在时变散射环境或收发信通信设备处于高速移动的情况下，MIMO 信道输出统计特性不再具有平稳性，SoC 模型不再具有适用性，为准确地模拟非平稳 MIMO 信道，可利用基于 SoLFM 的方法解决。

5.4.1　非平稳 MIMO 信道模型

一个典型的非平稳 MIMO 通信系统如图 5.40 所示，实线和虚线的位置表示发射天线和接收天线在不同时刻的位置，时变的散射环境或收发端的移动导致 MIMO 信道特性随时间变化。

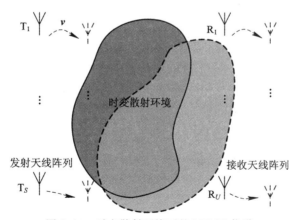

图 5.40　时变散射环境下的 MIMO 信道

假设一个非平稳 MIMO 信道系统有 S 个发射阵列天线阵元和 U 个接收阵列天线阵元，MIMO 信道矩阵为

$$\tilde{\boldsymbol{H}}(t) = [\tilde{h}_{u,s}(t)]_{U \times S} \tag{5.48}$$

式中，$\tilde{h}_{u,s}(t)$ 为第 $u(u = 1, 2, \cdots, U)$ 个接收天线和第 $s(s = 1, 2, \cdots, S)$ 个接收天线之间的非平稳子信道，有

$$\widetilde{h}_{u,s}(t,\tau) = \sqrt{\frac{1}{N(t)}} \sum_{n=1}^{N(t)} L_{u,s,n}(t) \cdot \widetilde{\gamma}_{u,s,n}(t) \cdot \delta(t - \tau_{u,s,n}(t)) \tag{5.49}$$

式中，$N(t)$ 和 $\tau_{u,s,n}(t)$ 分别为时变多簇数目和不同簇的时变时延，$L_{u,s,n}(t)$ 是综合考虑大尺度衰落、阴影衰落等影响的时变路径增益，$\widetilde{\gamma}_{u,s,n}(t)$ 是具有时变统计特性的功率归一化的小尺度衰落，$\widetilde{\gamma}_{u,s,n}(t)$ 是具有时变性的角度功率谱分布，角度功率谱和多普勒功率谱之间存在确定的关系。

各个子信道之间的时变互相关矩阵为

$$\widetilde{R}_{\mathrm{H}}(t) = \boldsymbol{\rho}\{\mathrm{vec}(\widetilde{H})\mathrm{vec}(\widetilde{H})^{\mathrm{H}}\} \tag{5.50}$$

5.4.2   基于 SoLFM 的高效模拟方法

考虑 MIMO 系统中子信道衰落包络服从 Rayleigh 分布，相位服从 $U\sim(0, 2\pi)$ 分布。SoC 模型可以有效地复现复高斯随机过程的统计特性，但是在非平稳随机过程中，SoC 模型将导致信道状态参数突变和信号相位不连续性等问题，这与实际信道状态的连续特性不符。因此，可以利用 SoLFM（多支路线性调频信号叠加的非平稳衰落信道的模拟方法）模型解决，在非平稳散射环境下有

$$\widetilde{\upsilon}_{n,s,n}(t) = \sum_{m=1}^{M} c_{n,m}\exp\left\{\mathrm{j}\left(2\pi\int_{0}^{t} f_{n,m}(t)\mathrm{d}t + \theta_{n,m}\right)\right\} \tag{5.51}$$

式中，$c_{n,m}$、$\theta_{n,m}$ 和 $f_{n,m}$ 分别为散射路径的增益、初始相位和多普勒频率；在非平稳信道下，多普勒功率谱随时间变化，因此离散多普勒频率 $f_{n,m}(t)$ 也随时间变化，在某一确定的时刻 t_0，$f_{n,m}(t_0)$ 为一确定值。当 $f_{n,m}(t)$ 为恒定常数时，SoLFM 模型退化为 SoC 模型。图 5.41 给出了 SoLFM 模拟器的实现方式，SoLFM 模型中的每一径信号可以看作一个线性调频信号。

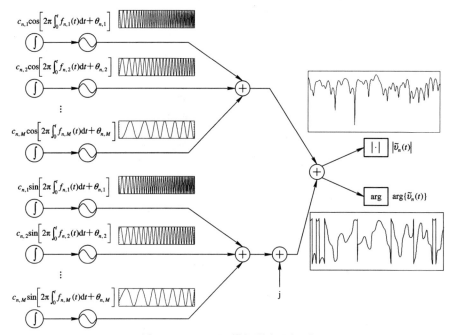

图 5.41   SoLFM 模拟器实现框图

为了保证输出多普勒功率谱随时间变化而变化（非平稳特性），需要各支路的离散多普

勒频率参数动态更新。多普勒频率更改方式可采用 ARMA 模型或者布朗运动等随机模型，但随机变化的取值方式计算复杂且不利于硬件实现。为简化实时计算的复杂度，令多普勒频率呈线性变化，参数更新算法如图 5.42 所示。

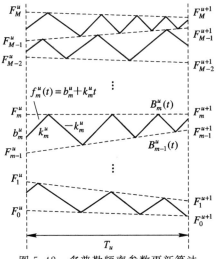

图 5.42　多普勒频率参数更新算法

首先，以时间间隔 T_u 对连续的 DPSD 进行采样，第 t_0+uT_u 时刻的瞬时 DPSD 记为 $\tilde{S}^u_{vv}(f)$，利用 MEA 方法计算获得对应的子区间频率参数 $\{F^u_m\}$。

然后，令第 m 散射支路的更新算法为

$$f^u_m(t) = b^u_m + k^u_m t$$
$$t \in [(u-1)T_u, uT_u], \ m=1,2,\cdots,M, \ u=1,2,\cdots \quad (5.52)$$

式中，b^u_m 和 k^u_m 分别为初始值和斜率。为了保证各支路多普勒频移在各子区间内游动，令 F^u_m 和 F^{u+1}_m 的连线为上边界 $B^u_m(t)$，F^u_{m-1} 和 F^{u+1}_{m-1} 的连线为下边界 $B^u_{m-1}(t)$，二者均可表示为

$$B^u_m(t) = \frac{F^{u+1}_m - F^u_m}{T_u}(t-uT_u)+F^u_m \quad (5.53)$$

此时，b^u_m 和 k^u_m 分别利用式(5.54)和式(5.55)计算。

$$b^u_m = \begin{cases} U[F^u_{m-1}, \ F^u_m] & u=1 \\ f^u_m((u-1)T_u) & u=2,3,\cdots,U \end{cases} \quad (5.54)$$

$$k^u_m = \pm N_{sf}\frac{(F^u_m - F^u_{m-1})+(F^{u+1}_m - F^{u+1}_{m-1})}{2T_u} \quad (5.55)$$

其中，N_{sf} 为斜率控制变量，可以改变信道状态内线性调频波的变化周期，初始值 b^u_m 在 $u=1$ 的取值方式可以保证不同支路输出信道衰落的随机性和独立性，在 $f^u_m(t)$ 的变化过程中，当 k^u_m 为正，$f^u_m(t)$ 朝上边界 $B^u_m(t)$ 线性递增，当 $f^u_m(t)$ 大于等于上边界 $B^u_m(t)$ 时，k^u_m 取负，即朝下边界 $B^u_{m-1}(t)$ 线性递减，当 $f^u_m(t)$ 小于等于下边界 $B^u_{m-1}(T)$ 时，k^u_m 取正，$f^u_m(t)$ 再朝上边界 $B^u_m(t)$ 线性递增，如此往返。

5.5　基于 Quadriga 的信道特性模拟

基于 Quadriga 的信道特性模拟，一是用于实测信道的建模，如图 5.43(a)所示。根据

信道测量数据，利用信道估计算法提取大尺度衰落参数（LSP）；结合 Quadriga 建模方法对 LSP 进行拟合，计算 LSP 参数的统计特性和相关矩阵，完成信道模型建立；通过仿真平台得出信道冲激响应数据，对模型进行验证和优化，最终得到符合要求的信道参数。二是利用仿真平台，结合已有信道模型，计算信道冲激响应数据，如图 5.43(b)所示。对于典型场景，不同的网络布局，可利用成熟的 3GPP-3D 和 WINNER＋模型，或者图 5.43(a)中实际测得的信道模型，计算信道冲激响应数据，为仿真任务参数的设定提供参考。

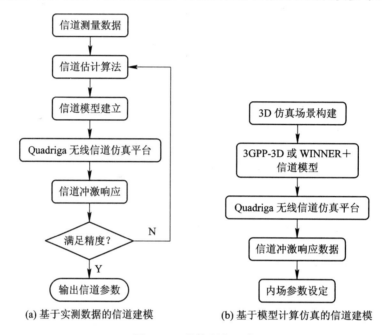

(a) 基于实测数据的信道建模　　　　(b) 基于模型计算仿真的信道建模

图 5.43　整体研究思路

5.5.1　基于 Quadriga 无线信道仿真平台

　　Quadriga 信道模型遵循 GSCM 建模方法，允许创建任意的双向无线信道，模型与天线无关，可以接入不同的天线阵列。GSCM 建模方法的发展如图 5.44 所示。

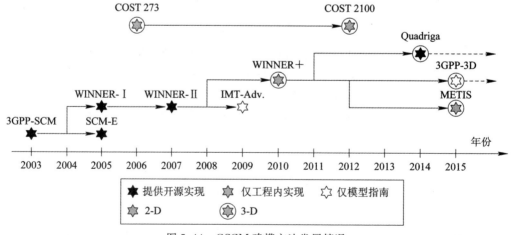

图 5.44　GSCM 建模方法发展情况

　　Quadriga 以 WINNER＋为基础，可看作是 3GPP-3D 和 WINNER＋模型的具体实现，它同时极大地扩展了这两种模型，支持时间演进、场景切换和终端的变速运动。

　　Quadriga 方法可以被理解为"统计性射线追踪模型"，射线追踪模型是用精确的几何环境来表示的，Quadriga 则是由随机分布散射簇的位置导出每条路径的功率、时延、角度等信息，其建模流程如图 5.45 所示。

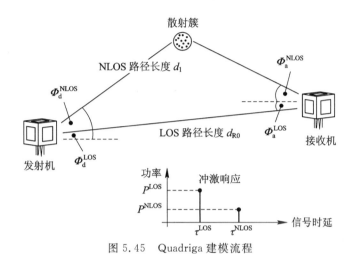

图 5.45　Quadriga 建模流程

　　Quadriga 内置了 7 个主要的类，每个类包含相应的属性和方法，用来完成信道仿真的整个流程。该项目主要对其每个类的功能进行分析，确定合适的输入输出接口，以方便用户输入参数和观察仿真结果。仿真平台整体框图如图 5.46 所示，其中输入层为用户提供输入接口，可配置收发端轨迹、网络布局、信道模型和天线参数；仿真层调用 Quadriga 库函数进行仿真运算；运算结果经过图形化处理，输出接收功率、时延谱、多普勒谱、角度谱和天线方向图等信息。

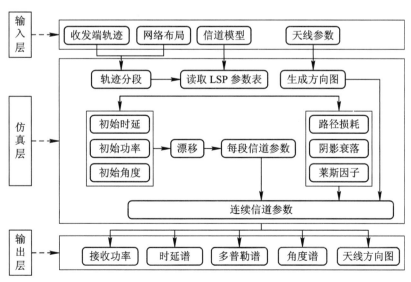

图 5.46　仿真平台整体框图

5.5.2 无线信道估计算法

常用的信道估计算法有最小二乘(LS)算法、最小均方误差(MMSE)算法和空间交替广义期望(SAGE)算法。

LS 信道估计算法的优点在于简单易行,对接收导频信号进行简单处理即可,不需要复杂的先验信息,能适当降低多天线 MIMO 系统的计算复杂度;但其缺点也比较明显,该算法估计精度较低,估计性能受导频污染的影响较大。因此,LS 算法适用于系统噪声影响不大的场景。

MMSE 信道估计算法能够较好地利用不同信道的相关性,在一定程度上能抵抗系统中导频污染的影响,同时对噪声有一定的抑制作用。研究证明,MMSE 算法在高斯信道环境下的估计效果最优。MMSE 的缺点在于算法的复杂度较高,当天线数量大的时候,需要采用简化措施。

SAGE 属于高精度信道估计算法,该算法的精度不受天线阵列尺寸的影响,仅受限于建模的误差和噪声。同样,随着精度的提高,其复杂度也会提高。不足之处是 SAGE 算法在迭代过程中可能会收敛到本地最优值,而不是全局最优值。

5.5.3 仿真平台无线信道典型参数模拟

Quadriga 信道模型属于通用模型,不同场景的建模方法相同,使用 55 个参数表征信道模型。其中主要参数如下。

(1)路径损耗(PL)。采用对数-距离模型,如式(5.56)所示。式中 A、B 和 C 需要根据实测数据得出。

$$L_P = A \cdot \lg d + B + C \cdot \lg f \tag{5.56}$$

(2)阴影衰落(SF)。当发射和接收之间存在障碍物时,会产生阴影衰落,在 Quadriga 中,SF 假设为对数正态分布,通过标准差 σ_{SF} 和去相关距离 λ_{SF} 表征。

(3)时延扩展(DS)。均方根(RMS)时延扩展,是时延谱的二阶中心矩,如式(5.57)所示。在 Quadriga 中,DS 假设为对数正态分布,通过中值 μ_{DS} 和标准差 σ_{DS} 表征。

$$S_D = \sqrt{\frac{1}{P_i}\sum_{l=1}^{L} P_l \cdot (\tau_l)^2 - \left(\frac{1}{P_i} \cdot \sum_{l=1}^{L} P_l \cdot \tau_l\right)^2} \tag{5.57}$$

(4)莱斯 K 因子(KF)。KF 定义为直射径(LOS)和所有非直射径(NLOS)的功率之比,在 Quadriga 中,KF 假设为对数正态分布,通过中值 μ_{KF} 和标准差 σ_{KF} 表征。

(5)角度扩展。角度扩展包括:水平发射角(AOD)、水平到达角(AOA)、垂直发射角(EOD)和垂直到达角(EOA)四个量。对应的角度扩展量为:ASD、ASA、ESD 和 ESA,每个量都假设为对数正态分布,用相应的中值 μ、标准差 σ 和去相关距离 λ 表征。

(6)交叉极化率(XPR)。XPR 表征了多径分量在传播过程中极化方式的改变。对于 NLOS 路径,受到反射、绕射、散射的影响,多径极化方式会发生改变。XPR 假设为对数正态分布,用中值 μ 和标准差 σ 表征。

(7)LSP 相关矩阵。相关矩阵描述了 LSP 的 8 个主要参数[DS, KF, SF, ASD, ASA, ESD, ESA, XPR]之间的相关性。例如 3GPP-3D 模型中,城市宏小区 LOS 场景下的相关

矩阵为

$$
R =
\begin{array}{c}
\begin{array}{cccccccc}
\text{DS} & \text{KF} & \text{SF} & \text{ASD} & \text{ASA} & \text{ESD} & \text{ESA} & \text{XPR}
\end{array} \\
\begin{bmatrix}
1 & -0.4 & -0.4 & 0.4 & 0.8 & -0.2 & 0 & 0 \\
-0.4 & 1 & 0 & 0 & -0.2 & 0 & 0 & 0 \\
-0.4 & 0 & 1 & -0.5 & -0.5 & 0 & -0.8 & 0 \\
0.4 & 0 & -0.5 & 1 & 0 & 0.5 & 0 & 0 \\
0.8 & -0.2 & -0.5 & 0 & 1 & -0.3 & 0.4 & 0 \\
-0.2 & 0 & 0 & 0.5 & -0.3 & 1 & 0 & 0 \\
0 & 0 & -0.8 & 0 & 0.4 & 0 & 1 & 0 \\
0 & 0 & 0 & 0 & 0 & 0 & 0 & 1
\end{bmatrix}
\end{array}
\begin{array}{l}
\text{DS} \\ \text{KF} \\ \text{SF} \\ \text{ASD} \\ \text{ASA} \\ \text{ESD} \\ \text{ESD} \\ \text{XPR}
\end{array}
$$

以上参数可通过对 LSP 数据拟合得到，常用的拟合方法有 KS(Kolmogorov-Smirnov)检验和 AIC(赤池信息量准则)检验。

5.6　动态复杂场景信道建模及平台实现架构

5.6.1　动态复杂场景信道建模方法研究

在收发端移动的快速时变战场通信场景下，引起无线信号传输失真的因素错综复杂，必须综合不同具体场景特性合理地将其影响参数化和模型化。目前信道建模方法主要分为确定性建模方法和统计性建模方法，而实际中影响信道特性的因素是确定性成分和随机性成分的结合，单一方式无法满足具体几何地理环境下不同移动通信节点之间无线信道高效精确的建模需求。鉴于此，信道模型参数化为确定性簇参数和随机性簇内参数，可表示为

$$
h(t, \tau, \alpha, \beta) = \sum_{l=0}^{L(t)} P_l(t) e^{\frac{2\pi}{\lambda_0}\int_0^t (v^{tx}(t))^T r_l^{rx}(t)dt+\psi_l} \cdot \delta(t - \tau_l(t))\delta(\alpha^{tx}_- \alpha_l^{tx}(t)) \cdot
$$
$$
(\beta^{tx} - \beta_l^{tx}(t))\delta(\alpha^{rx} - \alpha_l^{rx}(t)) \cdot \delta(\beta^{rx} - \beta_l^{rx}(t)) \tag{5.58}
$$

式中，$L(t)$ 为有效射线数目，$P_l(t)$ 和 $\tau_l(t)$ 分别为射线传播功率和时延，$\alpha_l(t)$ 和 $\beta_l(t)$ 分别为方位角和俯仰角，ψ_l 为初始随机相位。

上式中的功率、时延和角度等参数均由确定性均值参数和随机性统计参数叠加而成，其与实际真实传播场景及参数化信道模型的对应关系如图 5.47 所示。

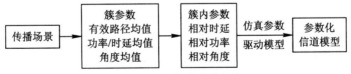

图 5.47　混合式建模架构

1. 时变几何参数

由于双移动通信节点沿三维任意轨迹运动，因此收发端的时变位置矢量可以表示为

$$
L_{tx/rx}(t) = L_{tx/rx}(t_0) + \int_{t_0}^{t} v_{tx/rx}(t)dt \tag{5.59}
$$

式中，$L_{tx/rx}(t_0)$ 为双移动通信节点当 $t=t_0$ 时的初始位置向量。因此，双移动通信节点之间的距离矢量 $D_{LOS}(t)$ 或在双移动通信节点和第 j 个散射体之间的距离矢量 $D_{tx/rx,j}(t)$ 可以被表示为

$$\begin{aligned}D_{tx,rx,LOS}(t) &= L_{tx/rx}(t) - L_{rx/tx}(t)\\ &= D_{tx,rx,LOS}(t_0)r_{tx/rx}^{LOS}(t) + \int_{t_0}^t v_{tx,rx}(t)dt\end{aligned}\tag{5.60}$$

$$\begin{aligned}D_{tx,rx,j}(t) &= L_{tx/rx}(t) - L_j(t)\\ &= D_{tx,rx,j}(t_0)r_{tx/rx}^j(t) + \int_{t_0}^t v_{tx/rx}(t)dt\end{aligned}\tag{5.61}$$

式中 $v_{tx,rx}(t)$ 为双移动通信节点之间的相对速度，$r_{tx/rx}^j(t)$ 是每个 NLOS 路径的球面单位向量，可以用平均角度参数 $\bar{\alpha}_{tx/rx}^j$ 和 $\bar{\beta}_{tx/rx}^j$ 表示如下：

$$r_{tx/rx,m}^j(t) = \begin{bmatrix}\cos\beta_{tx/rx,m}^j(t)\cos\alpha_{tx/rx,m}^j(t)\\ \cos\beta_{tx/rx,m}^j(t)\sin\alpha_{tx/rx,m}^j(t)\\ \sin\beta_{tx/rx,m}^j(t)\end{bmatrix}\tag{5.62}$$

因此，可以计算 LOS 场景中双移动通信节点之间的距离以及双移动通信节点与第 j 个散射体之间的距离

$$D_{LOS}(t) = \sqrt{\begin{aligned}&\left[\begin{aligned}&D_{tx/rx,LOS}(t_0)\cos(\alpha_{tx/rx}^{LOS}(t_0))\cos(\beta_{tx/rx}^{LOS}(t_0))\\ &+\int_{t_0}^t (v_{tx,rx}(t))\cdot\cos(\alpha_{tx,rx}^v(t))\cdot\cos(\beta_{tx,rx}^v(t))dt\end{aligned}\right]^2\\ &+\left[\begin{aligned}&D_{tx/rx,LOS}(t_0)\cos(\beta_{tx/rx}^{LOS}(t_0))\sin(\alpha_{tx/rx}^{LOS}(t_0))\\ &+\int_{t_0}^t (v_{tx,rx}(t))\cdot\sin(\alpha_{tx,rx}^v(t))\cos(\beta_{tx,rx}^v(t))dt\end{aligned}\right]^2\\ &+\left[\begin{aligned}&D_{tx/rx,LOS}(t_0)\sin(\beta_{tx/rx}^{LOS}(t_0))\\ &+\int_{t_0}^t (v_{tx,rx}(t))\cdot\sin(\beta_{tx,rx}^v(t))dt\end{aligned}\right]^2\end{aligned}}\tag{5.63}$$

$$D_{tx/rx,j}(t) = \sqrt{\begin{aligned}&\left[\begin{aligned}&D_{tx/rx,j}(t_0)\cos(\bar{\alpha}_{tx/rx}^j(t_0))\cos(\bar{\beta}_{tx/rx}^j(t_0))\\ &-\int_{t_0}^t (v_{tx/rx}(t))\cos(\alpha_{tx/rx}^v(t))\cos(\beta_{tx/rx}^v(t))dt\end{aligned}\right]^2\\ &+\left[\begin{aligned}&D_{tx/rx,j}(t_0)\cos(\bar{\beta}_{tx/rx}^j(t_0))\sin(\bar{\alpha}_{tx/rx}^j(t_0))\\ &-\int_{t_0}^t (v_{tx/rx}(t))\sin(\alpha_{tx/rx}^v(t))\cos(\beta_{tx/rx}^v(t))dt\end{aligned}\right]^2\\ &+\left[\begin{aligned}&D_{tx/rx,j}(t_0)\sin(\bar{\beta}_{tx/rx}^j(t_0))\\ &-\int_{t_0}^t (v_{tx/rx}(t))\sin(\beta_{tx/rx}^v(t))dt\end{aligned}\right]^2\end{aligned}}\tag{5.64}$$

式中，$\alpha_{tx,rx}^v(t)$ 和 $\beta_{tx,rx}^v(t)$ 分别为双移动通信节点在方位角平面和仰角平面上的相对运动方向。

2. 时变角度参数

根据几何关系，动态 U2V 场景下 LOS 路径的时变角（EAOD、AAOD、EAOA、

AAOA)可分别表示为

$$\alpha_{\text{tx/rx}}^{\text{LOS}}(t) = \begin{cases} \arccos\left(\dfrac{\parallel \boldsymbol{D}_{\text{tx/rx, LOS}}^{x}(t) \parallel}{D_{\text{LOS}}(t)}\right), & \boldsymbol{D}_{\text{tx/rx, LOS}}^{x}(t) \geqslant 0 \\ \pi - \arccos\left(\dfrac{\parallel \boldsymbol{D}_{\text{tx/rx, LOS}}^{x}(t) \parallel}{D_{\text{LOS}}(t)}\right), & \boldsymbol{D}_{\text{tx/rx, LOS}}^{x}(t) < 0 \end{cases} \tag{5.65}$$

$$\beta_{\text{tx/rx}}^{\text{LOS}}(t) = \arcsin\left(\dfrac{\parallel \boldsymbol{D}_{\text{tx/rx, LOS}}^{z}(t) \parallel}{\boldsymbol{D}_{\text{LOS}}(t)}\right) \tag{5.66}$$

式中，$\boldsymbol{D}_{\text{tx/rx, LOS}}^{x}(t)$ 表示为 $\boldsymbol{D}_{\text{tx/rx, LOS}}(t)$ 的 x 分量。同样，可分别计算 NLOS 路径的时变 EAOD、AAOD 或 EAOA、AAOA 的平均角，如下

$$\bar{\alpha}_{\text{tx/rx}}^{j}(t) = \begin{cases} \arccos\left(\dfrac{\parallel \boldsymbol{D}_{\text{tx/rx, }j}^{x}(t) \parallel}{D_{\text{tx/rx, }j}(t)}\right), & \boldsymbol{D}_{\text{tx/rx, }j}^{x}(t) \geqslant 0 \\ \pi - \arccos\left(\dfrac{\parallel \boldsymbol{D}_{\text{tx, rx, }j}^{x}(t) \parallel}{D_{\text{tx/rx, }j}(t)}\right), & \boldsymbol{D}_{\text{tx/rx, }j}^{x}(t) < 0 \end{cases} \tag{5.67}$$

$$\bar{\beta}_{\text{tx/rx}}^{j}(t) = \arcsin\left(\dfrac{\parallel \boldsymbol{D}_{\text{tx/rx, }j}^{z}(t) \parallel}{D_{\text{tx/rx, }j}(t)}\right) \tag{5.68}$$

应该提到的是，在 NLOS 路径内的每条射线的角度是随机的，不能用确定性的方式计算。在本节中，我们考虑了随机因素，将它们建模为随机偏移角和每条路径的平均角之和

$$\alpha_{\text{tx/rx, }m}^{j}(t) = \bar{\alpha}_{\text{tx/rx}}^{j}(t) + \Delta\alpha_m \tag{5.69}$$

$$\beta_{\text{tx/rx, }m}^{j}(t) = \bar{\beta}_{\text{tx/rx}}^{j}(t) + \Delta\beta_m \tag{5.70}$$

本节根据 RT 仿真结果和 3GPP 信道模型的测量结果，分别生成均值为零的正态随机变量和拉普拉斯分布随机变量来选择偏置角 $\Delta\alpha_m$，$\Delta\beta_m$。

3. 时变延迟和功率

LOS 和 NLOS 路径的时变时延与传输距离有关，它们可以分别由下面两式估计得出。

$$\tau^{\text{LOS}}(t) = \dfrac{D_{\text{LOS}}(t)}{c} \tag{5.71}$$

$$\bar{\tau}^{j}(t) = \dfrac{D_{\text{tx, }j}(t) + D_{\text{rx, }j}(t)}{c} \tag{5.72}$$

式中，c 为光速。此外，在对应的路径延迟上加上一个随机延迟偏移量 $\Delta\tau_m$，可以得到 NLOS 路径内各射线的延迟为

$$\tau_m^{j}(t) = \bar{\tau}^{j}(t) + \Delta\tau_m \tag{5.73}$$

假设随机延迟偏移量 $\Delta\tau_m$ 是服从指数分布的，每条射线对应的幂可以根据下式估计得出

$$P_m^{j}(t) = \exp\left(-\tau_m^{j}(t)\dfrac{1-r_\tau}{r_\tau\sigma_\tau}\right)10^{-\frac{Z_m}{10}} \tag{5.74}$$

式中，r_τ 和 σ_τ 分别为时延标量和时延扩展，Z_m 服从 $N(0,3)$ 的高斯分布。当 LOS 径功率归一化为 0 dB 时，射线功率归一化为

$$\widetilde{P}_m^{j}(t) = \dfrac{P_m^{j}(t)}{K(t) \cdot \displaystyle\sum_{m=1}^{M} P_m^{j}(t)} \tag{5.75}$$

而集群总功率应为 $1/(K(t)+1)$，如下式所示。

$$H(\tau, t) = \sqrt{\frac{K_R(t)}{K_R(t)+1}} H^{\text{LOS}}(\tau, t) + \sqrt{\frac{1}{K_R(t)+1}} H^{\text{NLOS}}(\tau, t) \tag{5.76}$$

5.6.2 无线信道平台实现架构及其关键技术

1. 无线信道控制单元

无线信道控制单元包括信道建模模块、信道参数估计模块和 PCIE 数据传输模块。其中，前两部分主要用于完成路径延迟、衰落类型、频谱形状等相关模拟测试参数的设置与计算；硬件 PCIE 数据传输模块将 USRP 的 MXIE 总线接口转换为计算机 PCIE 总线接口，将计算机与 USRP 进行连接，完成计算机对 USRP 的远程控制和高速数据传输，将信道参数送入信道模拟平台。下面对这三个模块分别进行介绍。

1）信道建模模块

信道建模模块主要将模拟的无线通信信道参数化，并重点实现小尺度衰落的参数化建模，主要包括信道衰落类型和多普勒功率谱型两部分的建模，如图 5.48 所示。该模块包含纯多普勒衰落、瑞利衰落、莱斯衰落和对数正态衰落等信道衰落类型的实现，同时还有 Jakes、Gaussian、Flat、Rounded、经典 6 dB 和经典 3 dB 等多普勒功率谱型的实现。

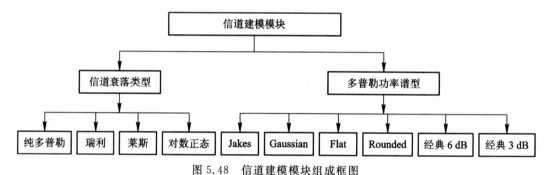

图 5.48　信道建模模块组成框图

无线传播信道建模理论模型如图 5.49 所示，发射信号经过信道随机衰落，叠加噪声和干扰后到达接收机，此时接收信号可表示为

$$y(t) = s(t) \cdot h(t) + n(t) \tag{5.77}$$

式中，$s(t)$、$y(t)$ 分别表示发送信号和接收信号的波形；$h(t)$ 表示信道时变衰落，包括传播损耗、阴影衰落和多径衰落等因素；$n(t)$ 表示等效的信道噪声和干扰。

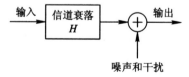

图 5.49　无线传播信道理论模型框图

发送的带通信号可表示为

$$s(t) = \text{Re}\left[\tilde{s}(t)\mathrm{e}^{\mathrm{j}2\pi f_c t}\right] \tag{5.78}$$

其中，$\tilde{s}(t)$ 为复基带信号，f_c 为载频。假设第 i 径的路径长度为 x_i，信号衰减为 α_i，接收信

号复包络是衰减、相移、时延都不同的路径成分总和

$$\widetilde{y}(t) = \sum_i \alpha_i e^{-j2\pi \cdot \frac{x_i}{\lambda}} \widetilde{s}\left(t - \frac{x_i}{c}\right) = \sum_i \alpha_i e^{-j2\pi f_c \tau_i} \widetilde{s}(t - \tau_i) \tag{5.79}$$

其中，$\tau_i = x_i/c$ 表示各径时延。不同入射多径分量将造成接收机信号的多普勒扩散，信道输出信号的复包络为

$$\begin{aligned}
\widetilde{y}(t) &= \sum_i \alpha_i e^{-j2\pi \frac{x_i + \Delta x_i}{\lambda}} \cdot \widetilde{s}\left(t - \frac{x_i + \Delta x_i}{c}\right) \\
&= \sum_i \alpha_i e^{-j2\pi f_c \tau_i} e^{j \cdot 2\pi f_d t \cos\theta_i} \widetilde{s}(t - \tau_i) \\
&= \sum_i \alpha_i e^{j \cdot 2\pi f_d t \cos\theta_i + \varphi_i} \widetilde{s}(t - \tau_i) \\
&= \widetilde{s}(t) * \widetilde{h}(t, \tau)
\end{aligned} \tag{5.80}$$

其中，$\widetilde{h}(t, \tau)$ 为信道冲激响应，v/λ 称为最大多普勒频移，记为 f_m。

当各路径信号相对时延比信号带宽 B_s 的倒数小很多时，即 $\Delta\tau \ll B_s^{-1}$（窄带信号情况），该簇多径信号称为不可分离径；反之，当信号带宽 B_s 增加到 $\Delta\tau \approx B_s^{-1}$ 时（宽带信号情况），该簇多径信号称为可分离径。同一簇路径信号到达时间差在 $1/B_c$ 秒内，则这些路径在接收机处不可分离，合成为一条时变路径增益为 α_0, β 的单独路径。各簇信号径之间的时延和增益均不同，式（5.80）可改写为

$$\widetilde{y}(t) = \sum_{l=1}^{L} \left\{ \widetilde{s}(t - \tau_l) \alpha_l \sum_{n=1}^{N} e^{j \cdot 2\pi f_d t \cos\theta_n + \varphi_n} \right\} = \sum_{l=1}^{L} \left\{ \widetilde{s}(t - \tau_l) \alpha_l \beta_l \right\} \tag{5.81}$$

其中，L 是可分离径的数目，N 是各径的散射支路数目，对应时变多径等效基带信道的冲激响应为

$$\widetilde{h}(t, \tau) = \sum_{l=1}^{L} a_l \beta_l \delta(\tau - \tau_l) \tag{5.82}$$

其中，a_l 表示路径损耗，β_l 表示信道衰落。

无线信号传播过程中，大尺度衰落描述了长距离内接收信号强度的缓慢变化。这些变化是由发射天线和接收天线之间传播路径上的山坡或湖泊及建筑物等障碍物造成的。一般来说大尺度衰落与发送天线和接收天线之间的距离成反比，且在不同的地区有不同的衰减因子。自由空间传播是一种最简单的形式，此时只存在由电磁波能量扩散而引起的传播损耗。

（1）信道衰落类型。信道衰落类型主要用来体现多径效应和阴影效应等对信道衰落波形幅度所产生影响的统计特性。由于无线电波传播的多径效应，到达接收天线的信号不是单一路径来的，而是许多路径来的众多反射波的合成。电波通过各个路径的距离不同，因而各路径来的反射波到达时间不同，相位也就不同。不同相位的多个信号在接收端叠加，有时同相叠加而加强，有时反向叠加而减弱，这将导致接收信号电平呈现快速随机变化（几个波长距离），称为多径衰落（快衰落）。此外，由于起伏的建筑物和地形对无线电波有阻挡、屏蔽等影响，接收信号的平均功率随时间作慢变化。这种相对缓慢的强度变化称为地形或阴影衰落。大量实测数据表明，无论是由哪种原因引起的阴影衰落，其接收信号电平

的概率密度函数一般均服从对数正态分布。信道衰落类型主要有以下几种可供用户选择。

纯多普勒(Pure Doppler)

$$\beta(t) = e^{j2\pi f_d t} \tag{5.83}$$

瑞利(Rayleigh)

$$p_\beta(r) = \frac{r}{\sigma_0^2} \exp\left(-\frac{r^2}{2\sigma_0^2}\right) \quad r \geqslant 0 \tag{5.84}$$

其中，$p_\beta(\cdot)$表示概率密度函数(Probability Density Function，PDF)。

莱斯(Rician)

$$p_\beta(r) = \frac{r}{\sigma_0^2} \exp\left(-\frac{r^2 + A^2}{2\sigma_0^2}\right) I_0\left(\frac{rA}{\sigma_0^2}\right) \quad r \geqslant 0, A \geqslant 0 \tag{5.85}$$

其中，A为视距传播分量的振幅，I_0为零阶修正贝塞尔函数。

对数正态(Lognormal)

$$p_\beta(r) = \frac{1}{\sqrt{2\pi}\sigma_\beta r} e^{\frac{-(\ln r - m_\beta)^2}{2\sigma_\beta^2}} \quad r \geqslant 0 \tag{5.86}$$

其中，σ_β，m_β分别对应阴影衰落的标准偏差和区域均值，标准偏差的范围为0～12 dB。

(2) 多普勒功率谱型。多普勒功率谱型主要用来体现收发端相对运动导致的多径分量频率偏移。不同的入射角将产生不同的多普勒频移，因此所有的散射(反射)分量的叠加就形成了多普勒功率谱，主要有如下多普勒功率谱型可供选择。

经典 6 dB(Classic 6 dB)

$$S_{cl6}(f) = \begin{cases} \dfrac{\sigma_0^2}{\pi\Delta f \sqrt{1 - \left(\dfrac{f - f_0}{\Delta f}\right)^2}} & |f - f_0| < \Delta f \\ 0 & \text{其他} \end{cases} \tag{5.87}$$

经典 3 dB(Classic 3 dB)

$$S_{cl3}(f) = \begin{cases} \sqrt{\dfrac{\sigma_0^2}{\Delta\pi f \sqrt{1 - \left(\dfrac{f - f_0}{\Delta f}\right)^2}}} & |f - f_0| < \Delta f \\ 0 & \text{其他} \end{cases} \tag{5.88}$$

平坦(Flat)

$$S_{flat}(f) = \begin{cases} \dfrac{\sigma_0^2}{2\Delta f} & |f - f_0| \leqslant \Delta f \\ 0 & \text{其他} \end{cases} \tag{5.89}$$

圆形(Rounded)

$$S_{rad}(f) = \begin{cases} C_r\left[a_0 + a_2\left(\dfrac{f}{\Delta f}\right)^2 + a_4\left(\dfrac{f}{\Delta f}\right)^4\right] & |f| \leqslant \Delta f \\ 0 & \text{其他} \end{cases} \tag{5.90}$$

其中，$C_r = \dfrac{\sigma_0^2}{2\Delta f\left(a_0 + \dfrac{a_2}{3} + \dfrac{a_4}{5}\right)}$，IEEE 802.1 6 信道模型标准中令 $a_0 = 1$，$a_2 = -1.72$，$a_4 = 0.785$。

Jakes 经典(Jakes Classical)

$$S_{\text{jcl}}(f) = \begin{cases} \dfrac{\sigma_0^2}{\pi\Delta f\sqrt{1-\left(\dfrac{f}{\Delta f}\right)^2}} & |f| < \Delta f \\ 0 & \text{其他} \end{cases} \tag{5.91}$$

高斯(Gaussian)

$$S_{\text{gau}}(f) = \frac{\sigma_0^2}{f_c}\sqrt{\frac{\ln 2}{\pi}}\exp\left[-\ln 2\left(\frac{f}{f_c}\right)^2\right] \tag{5.92}$$

其中，f_c 为 3 dB 的截止频率。

2) 信道参数估计模块

信道参数估计模块可根据用户在交互界面设置的参数进一步计算得到传入底层硬件的信道参数(如路径损耗、多普勒频移、多径时延等)。信道参数估计模块组成框图如图 5.50 所示。

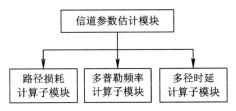

图 5.50　信道参数估计模块组成框图

(1) 路径损耗计算子模块。路径损耗计算子模块主要将用户输入的路径损耗参数转化为用于硬件实现的等效定点化参数，或根据用户输入的收发端距离参数、载波频率等参数计算得到路径损耗参数。自由空间传播即为收发天线之间的电波在没有障碍物的外层空间中传播，是一种理想传播条件，电波在传播过程中，其能量既不会因障碍物吸收而发生损耗，也不会发生反射和散射。在自由空间传播过程中，假设收发信机之间的距离为 d，接收信号平均功率 P_r 可表示为

$$P_r = \frac{P_t G_t G_r \lambda^2}{(4\pi)^2 d^2 \kappa} \tag{5.93}$$

其中，P_t 为发射信号功率；G_r、G_t 分别为收发天线增益；$\lambda = c/f$ 为波长；κ 表示与传播无关的系统损耗因子。收发天线增益 G_r、G_t 可以表示为

$$G_r = \frac{4\pi A_{\text{er}}}{\lambda^2}, \ G_t = \frac{4\pi A_{\text{et}}}{\lambda^2} \tag{5.94}$$

式中，A_{er}、A_{et} 分别表示收发天线的有效截面积。

路径损耗是指无线电波在传播过程中由于传输过程能量扩散和气候环境等因素导致的能量损耗。实际中电波传播不仅有大气自由空间路径损耗，还有附加传播路径损耗，这主要是由于无线电波传播路径上有大量散射体存在，它们会引起信号的反射和散射，还有地形轮廓和地面粗糙度的变化，将产生电波的反射、漫射、绕射、屏蔽、阻挡。

图 5.51 给出了三种不同信号频率时的损耗值，由图可知，信号频率越大损耗越大，而且相同通信频率时，损耗值随着距离增加而增大。

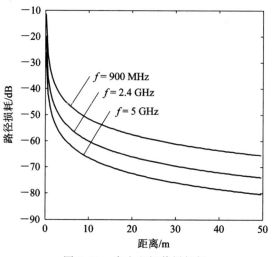

图 5.51　自由空间传播损耗

（2）多普勒频移计算子模块。多普勒频率计算子模块主要将用户输入的多普勒频移参数转化为用于硬件实现的等效定点化参数，或根据用户输入的收发端移动速度参数、载波频率等参数计算得到多普勒频移参数。

由于发射机和接收机之间存在相对运动，径向运动速度将导致接收信号频率产生偏移，即多普勒频移。各支路多普勒频移的一般定义如下：

$$f_d = f_m \cos\theta_i = \frac{v}{\lambda}\cos\theta_i = \frac{vf_c}{c}\cos\theta_i \tag{5.95}$$

其中，$f_m = v/\lambda$ 表示最大多普勒频移，ϕ_i 表示接收信号与运动方向的夹角，v 表示接收机相对运动速度，f_c 表示信号载波频率。

为产生特定的多普勒功率谱形状，初始相位 $\phi_{i,n}$ 直接取 $U[-\pi, \pi)$ 均匀分布，离散多普勒频率 $f_{i,n}$ 则采用等面积方法获得。

等面积方法的步骤如下：将多普勒功率谱密度 $S(f)$ 的面积等分为 N 份；可通过在 $f_{i,n-1} < f \leqslant f_{i,n}$ 的频率范围内多普勒功率谱密度 $S(f)$ 的面积等于 σ_0^2/N 来确定离散多普勒频移 $f_{i,n}$，即有

$$\int_{f_{i,n-1}}^{f_{i,n}} S(f)\mathrm{d}f = \frac{\sigma_0^2}{N} \tag{5.96}$$

其中，$n=1, 2, \cdots, N$；f_0 为使 $S(f)$ 有意义的最小频率。

（3）多径时延计算子模块。多径时延计算子模块主要将用户输入的多径时延参数转化为用于硬件实现的等效定点化参数，或根据用户输入的收发端距离等参数计算得到多径时延参数。根据电磁波传播理论，无线信号的路径时延与传播路径距离 d 和光速 c_0 的比值成正比，即

$$\tau = \frac{d}{c_0} \tag{5.97}$$

对于 LOS 路径，由于信号分量不经过任何散射体的折射直接到达接收端，因此其路径时延即为上式所示。对于 NLOS，由于信号经过不同散射体的折射、散射，到达接收端的路径时延应为发射端位置经过散射体位置再到达接收端位置的时间，即

$$\tau_n^{\mathrm{NLOS}} = \frac{d_n^{\mathrm{tx},\,S_n}}{c_0} + \frac{d_n^{\mathrm{rx},\,S_n}}{c_0} \tag{5.98}$$

其中，$d_n^{\mathrm{tx},\,S_n}$ 和 $d_n^{\mathrm{rx},\,S_n}$ 分别表示发射端和接收端与散射体之间的距离，S_n 为第 n 条路径的散射体，需要说明的是，式中假设了 NLOS 信号分量只经过散射体一次的散射。

3）PCIE 数据传输模块

PCIE 数据传输模块用来实现计算机 PCIE 总线和 USRP 上 MXIE 总线的接口转换，进而完成计算机对 USRP 的远程控制和高速数据传输。模块采用 PCIE-8371 高速数据转换卡，通过铜缆为 USRP 提供一条 PCIE 换卡链路，该链路由 4 路 PCIE 路由组成，是一种高速串行计算机扩展总线标准，能够实现与设备、台式电脑、工作站、服务器、嵌入式计算机和通信平台等所有周边 I/O 设备互连。MXIE 是一种高带宽、对软件应用程序和驱动程序而言透明的串行连接，借助于 PCIE-8371 转换卡，具有 4 个或更多 PCIE 插槽的设备可以使用有线 PCIE 技术对 USRP 系统进行直接控制，从而为用户提供使用高性能台式计算机、服务器或工作站来控制 USRP 系统的能力。

MXIE 是 MXI bus 的一种简称，是一种多路并行总线架构，主要用于仪器间的高速通信。通过这样一种多功能网关，可以实现 PC、工作站、独立仪器设备以及模块化仪器设备之间的通信。MXI bus 的一大应用就是连接独立仪器设备和模块化仪器设备，这可以在很大程度上扩展核心计算机所能处理的应用范围。在 NI 的产品应用中，使用 MXI 技术，可以实现对 PXI 设备和 RIO 设备的扩展应用。一般我们通过 MXI 设备连接 PXI 机箱或者 RIO 机箱，可以实现一台 PC 机或 PXI 控制器来控制多台 PXI 设备和 RIO 设备。

Windows 系统下驱动的开发工具有微软的 WDK（Windows Driver Kit）、Jungo 公司的 WinDriver 等。其中 WDK 平台基于 WDF（Windows Driver Framework）的驱动开发在跨平台、跨系统上表现非常优秀。本项目 PCIE 传输模块所使用的驱动在 WDF 框架基于一个标准的 WDM 驱动对象拓展了驱动对象、设备对象、IO 请求对象、队列对象等所需操作中的重要对象。向下层硬件传输数据时进行的 DMA 操作以及寄存器读写操作的数据都是经由 IO 请求对象来实现的。一般通过使用 WriteFile()、ReadFile()、DeviceIOControl() 等函数接口来调用驱动的读写操作，从而完成 PCIE 的数据交互。

2. 平台实现

信道模拟平台用于实现信道实时模拟及信道实时叠加等功能，是整个系统的核心部分，其组成如图 5.52 所示。其主要包括射频信号预处理模块、多径衰落模拟模块、多径时延模拟模块和信道叠加模拟模块。多径衰落模拟、多径时延模拟和信道叠加模拟三个模块通过基于 FPGA 语言的嵌入式软件编程来实现对信号的多径传播模拟及叠加，并采用模块化设计思想，支持用户的二次功能开发，硬件实现框图如图 5.53 所示。

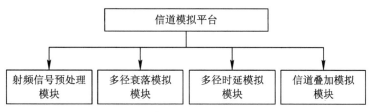

图 5.52　信道模拟平台组成框图

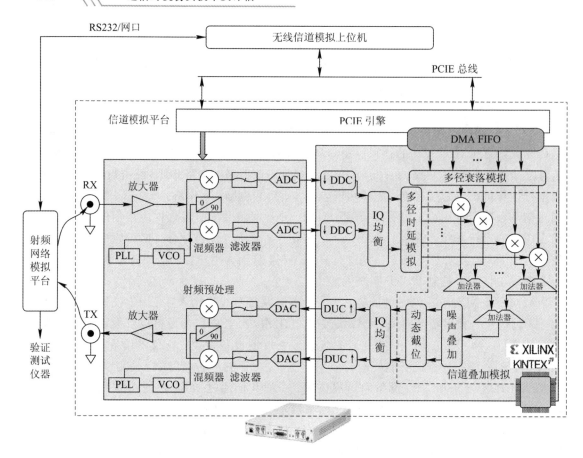

图 5.53　信道模拟平台硬件实现框图

1) 信道仿真算法设计

目前，常用信道仿真方法有滤波法模型、有限状态 Markov 模型、谐波叠加法（Sum of Sinusoids，SoS）和复谐波叠加法（Sum of Cisoids，SoC）等。其中，滤波法需要产生独立的复高斯随机过程，并进行功率谱密度整形滤波，当功率谱密度为非规则形状时，滤波器设计非常困难。Markov 模型将信道分为有限个状态，利用信道的记忆性对下一时刻的状态进行预测，当信道为快衰落时需要大量的状态和转移概率计算，使得该模型也过于复杂。Clarke 等提出的 SoS 方法由于实现简单，近年来得到了广泛应用。本项目中多径信道模拟是基于 FPGA 完成的，由于 SoC 模型运算量小且易于硬件实现，本项目拟采用 SoC 方法实现多径信道的仿真模拟。同时，项目组又对 SoC 方法进行了改进，采用了一种基于调频波叠加法（Sum of Frequency Modulation，SoFM）的时变信道实时模拟方法进行信道模拟。

根据 Jakes 提出的谐波叠加原理，可利用有限个特定频率和初始相位的加权谐波通过叠加来近似获得高斯随机过程，进而模拟满足一定特性的无线信道衰落。基于谐波叠加原理产生高斯随机变量，可表示为

$$u_i(t) = \sqrt{\frac{2}{N}} \sum_{n=1}^{N} \cos(2\pi f_{i,d} t \cos\alpha_{i,n} + \varphi_{i,n}) \tag{5.99}$$

其中，N 表示不可分辨散射支路数目；$f_{i,d}$、$\alpha_{i,n}$ 和 $\varphi_{i,n}$ 分别表示最大多普勒频移、各散射支路的入射角和初始相位。SoS 模型原理框图如图 5.54 所示。

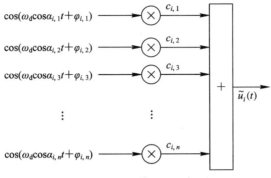

图 5.54　SoS 模型原理框图

SoS 模型是平稳衰落信道复现的常见方法，该方法只适用于均匀散射的传播信道。在基于 SoS 仿真思想及中心极限定理基础上改进的 SoC 模型，是利用多个特定频率和初始相位的加权复谐波叠加近似获得的复高斯(瑞利)随机过程。该方法将 SoS 模型扩展到非均匀传播条件的信道复现中，其模拟方法可表示为

$$\hat{u}(t) = \sum_{n=1}^{N} \hat{c}_n \exp\{\mathrm{j}(2\pi \hat{f}_n t + \hat{\theta}_n)\} \tag{5.100}$$

式中，N 表示不可分辨散射支路数目；$\hat{c}_n$ 表示路径增益；$\hat{f}_n = f_{\max}\cos(\hat{\alpha}_n)$ 表示多普勒频移，其中 $f_{\max}$ 和 $\hat{\alpha}_n$ 分别表示最大多普勒频移和各散射支路的入射角；$\hat{\theta}_n$ 表示初始相位。图 5.55 给出了 SoC 模拟方法的实现原理框图。

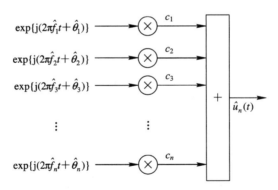

图 5.55　SoC 模型原理框图

由 SoC 模拟方法可知，第 n 支路加权谐波可表示为

$$\hat{u}_n(t) = \hat{c}_n \exp\{\mathrm{j}(2\pi \hat{f}_n t + \hat{\theta}_n)\} \tag{5.101}$$

当模型参数确定后，$\hat{c}_n$，$\hat{f}_n$ 均为非零常数，而 t 可看成服从均匀分布的随机变量。随机变量 $\hat{u}_n(t)$ 可以表示为 $\hat{u}_n(t) = \hat{u}_{1,n}(t) + \mathrm{j}\hat{u}_{2,n}(t)$，则 $\hat{u}_{1,n}(t)$、$\hat{u}_{2,n}(t)$ 服从的分布为

$$p_{\hat{u}_{i,n}}(x_i) = \begin{cases} \dfrac{1}{\pi \mid \hat{c}_n \mid \sqrt{1 - (x_i/\hat{c}_n)^2}}, & \mid x_i \mid < \hat{c}_n \\ 0, & \mid x_i \mid \geqslant \hat{c}_n \end{cases} \tag{5.102}$$

式中，$i = 1, 2$。进一步可得各支路叠加后的随机变量 $\hat{u}(t)$ 的特征函数为

$$\Psi_{\hat{u}_{i,n}\hat{u}_{2,n}}(v_1, v_2) = \prod_{n=1}^{N} \mathrm{J}_0(2\pi \mid \hat{c}_n \mid \sqrt{v_1^2 + v_2^2}) \tag{5.103}$$

式中，$\mathrm{J}_0(x)$ 为第一类零阶贝塞尔函数。利用特征函数和概率密度函数的转换关系，可获得联合分布的概率密度为

$$p_{\hat{u}_1\hat{u}_2}(x_1, x_2) = 2\pi \int_0^\infty \left[\prod_{n=1}^{N} \mathrm{J}_0(2\pi \mid \hat{c}_n \mid r) \right] \cdot \mathrm{J}_0(2\pi r\sqrt{x_1^2 + x_2^2}) r \mathrm{d}r \tag{5.104}$$

根据笛卡尔坐标与极坐标的转换关系，令 $x_1 = z\cos\theta$，$x_2 = z\sin\theta$，且 $\theta \in (-\pi, \pi)$，可获得 $\hat{u}(t)$ 包络的概率密度函数为

$$p_{|\hat{u}|}(z) = z(2\pi)^2 \int_0^\infty \left[\prod_{n=1}^{N} \mathrm{J}_0(2\pi \mid \hat{c}_n \mid x) \right] \mathrm{J}_0(2\pi z x) x \mathrm{d}x, \ z \geqslant 0 \tag{5.105}$$

当 $\hat{c}_n = \dfrac{\sigma_u}{\sqrt{N}}$，$N \to \infty$ 时，得

$$\lim_{N \to \infty} p_{|\hat{u}|}(z) = \frac{2z}{\sigma_\mu^2} \exp\left(-\frac{z^2}{\sigma_\mu^2}\right), \ z \geqslant 0 \tag{5.106}$$

可知，SoC 模拟方法包络的概率密度函数仅与路径增益 $\hat{c}_n$ 和支路数 N 有关，而与 $\hat{f}_n$，$\hat{a}_n$，$\hat{\theta}_n$ 无关，此时，SoC 模拟方法输出 $\hat{u}(t)$ 的瞬时幅值服从瑞利分布。

利用 SoC 模拟方法进行多径信道衰落模拟的关键是计算出模拟参数 $\hat{c}_n$、$\hat{\theta}_n$ 和 $\hat{f}_n$，$\hat{\theta}_n$ 通常取服从 $U(-\pi, \pi]$ 的均匀分布。考虑到计算的复杂性，令各支路的路径增益相同，并对总功率进行归一化，可得

$$\hat{c}_n = \sqrt{\frac{1}{N}} \tag{5.107}$$

各支路多普勒频移 $\hat{f}_n$ 有多种计算方法，分为确定性方法和随机性方法。确定性方法是指为所有主要的模型参数计算常数值，包括等距离方法、等面积方法和精确多普勒扩展法等。而随机性方法是指假设信道增益和离散多普勒频移是随机变量，包括蒙特卡洛方法、调和分解技术等。在精确多普勒扩展法的基础上，将采用一种适用于任意 DPSD 的参数计算优化方法。对于确定信号 $\hat{u}(t)$，其 ACF 和 DPSD 分别表示为

$$r_{\hat{u}\hat{u}}(\tau) = E\{\hat{u}^*(t)\hat{u}(t+\tau)\} = \sum_{n=1}^{N} \hat{c}_n^2 \exp(\mathrm{j}2\pi \hat{f}_n \tau) \tag{5.108}$$

$$S_{\hat{u}\hat{u}}(f) = \int_{-\infty}^{\infty} r_{\hat{u}\hat{u}}(\tau) \mathrm{e}^{-\mathrm{j}2\pi f \tau} \mathrm{d}\tau = \sum_{n=1}^{N} \hat{c}_n^2 \delta(f - \hat{f}_n) \tag{5.109}$$

参数计算方法将多普勒功率谱 $S(f)$ 的面积等分为 N 份，通过在 $\hat{f}_{n-1} < f \leqslant \hat{f}_n$ 的频率范围内 $S(f)$ 的面积等于 σ_0^2/N 来确定多普勒频移 $\hat{f}_n$，可表示为

$$\int_{\hat{f}_{n-1}}^{\hat{f}_n} S(f) \mathrm{d}f = \frac{\sigma_0^2}{N} \tag{5.110}$$

式中，$n = 1, 2, \cdots, N$。可以看出，输出信号的多普勒功率谱分布在离散的频点 $f = \pm \hat{f}_n$ 上，因此，实际中可利用已知的 ACF 或 DPSD 来计算离散多普勒频移，代入 SoC 模型以产生信道衰落。DPSD 是由收发端的相对运动引起的，其会导致每个多径分量的频率发生一

定的偏移，从而产生频率色散，同时导致信道具有时间选择性衰落。不同的入射角将产生不同的多普勒频移，因此所有的散射（反射）分量的叠加就形成了多普勒功率谱。

前期项目组已利用 SoC 方法对几种典型的信道衰落进行了仿真实现，衰落仿真波形及统计分布如图 5.56 所示，多普勒功率谱如图 5.57 所示。由图可见，该方法能够实现瑞利衰落、莱斯衰落、阴影衰落等典型的衰落，且仿真值跟理论值吻合。

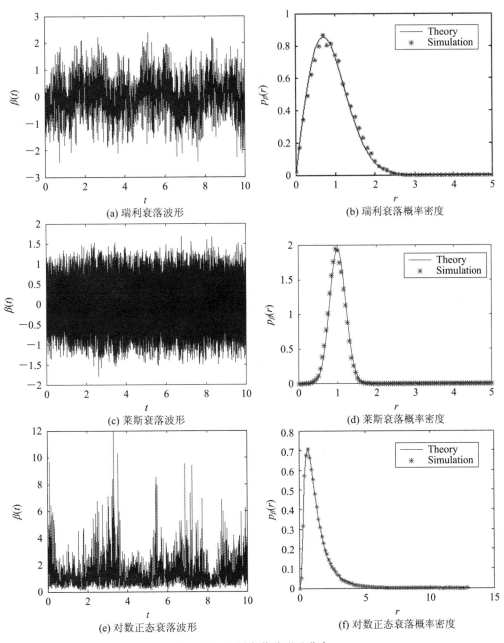

图 5.56 不同衰落波形及分布

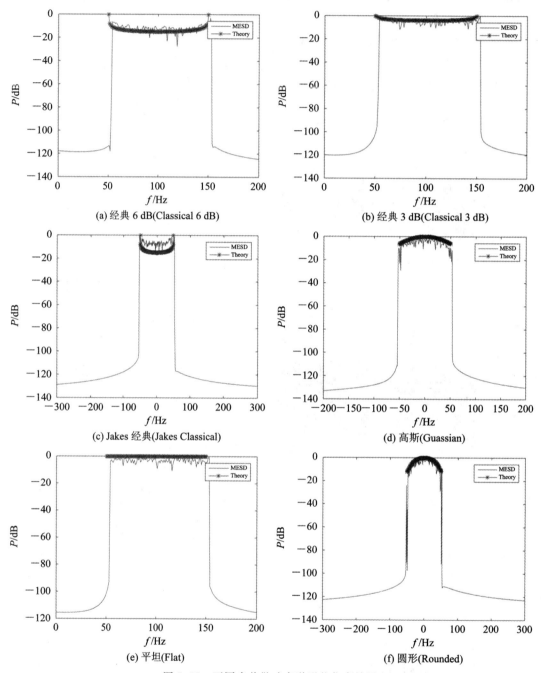

图 5.57　不同多普勒功率谱形状仿真结果

若通信收发端处于移动状态，加上变化的传播环境，时延、最大多普勒频移和路径损耗等信道参数具有随机性。同时，信道场景的连续变化也造成时延、最大多普勒频移和路径损耗有规律地连续变化。此时，可将信道推广为一个时变的信道，t 时刻下，信道冲激响应的理论模型可表示为

$$\tilde{h}(t,\tau) = \sum_{l=1}^{L} a_l(t)\beta_l(t)\delta(\tau - \tau_l(t)) \tag{5.111}$$

其中，t 表示时间；$a_l(t)$，$\beta_l(t)$，$\tau_l(t)$ 表示时变的路径损耗、多径衰落及多径时延参数。针对时变信道，SoC 模拟方法输出的信道衰落会存在相位突变的情况，这将导致输出信道衰落相位不连续，而频率是相位随时间变化的导数，因此该方法输出信道衰落的多普勒频率与理论值不符。为了解决这个问题，项目组提出了一种基于改进的 SoC 的时变信道实时模拟方法，采用 SoFM，将 $2\pi\int_0^t f_a(\tau)\mathrm{d}\tau$ 代替 $2\pi f_a(t)t$，算法模型原理框图如图 5.58 所示，可表示为

$$\tilde{\mu}(t) = \sum_{n=1}^{N} \frac{1}{\sqrt{N}}\exp\left\{\mathrm{j}\left(2\pi\int_0^t f_n(\tau)\mathrm{d}\tau + \theta_n\right)\right\} \tag{5.112}$$

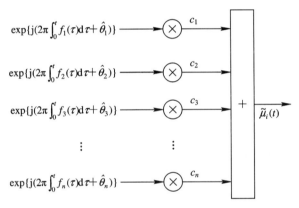

图 5.58　SoFM 模型原理框图

为了进一步便于硬件实现，假设信道衰落的采样率为 f_s，对应的时间离散化模型可表示为

$$\hat{\mu}[k] = \sum_{n=1}^{N} \frac{1}{\sqrt{N}}\exp\left\{\mathrm{j}\left(2\pi\sum_{m=0}^{k}\frac{f_n[m]}{f_s} + \theta_n\right)\right\} \tag{5.113}$$

其中，k 表示离散时刻序号；$f_n[k]$ 表示第 k 时刻第 n 条仿真支路的多普勒频移。

考虑到实际传播环境下，多普勒频移虽然连续变化，但相对于采样速率而言，变化得非常缓慢。为了降低硬件实现复杂度，可以每隔 T_u 时间间隔（$T_u \gg 1/f_s$）计算一次。需要指出的是，T_u 通常也称为平稳间隔，它表示使信道统计特性基本维持不变的最大时间间隔，通常为几至几十毫秒。另外，为了保证 T_u 时间间隔内多普勒频移仍然持续变化，可以合理假设其呈线性变化。因此，多普勒频移参数可以表示为

$$f_n[k + pT_u] = \frac{f_n^{p+1} - f_n^p}{T_u}\frac{k}{f_s} + f_n^p \tag{5.114}$$

其中，f_n^p 表示 p 个平稳间隔的多普勒频移；f_n^{p+1} 表示 $p+1$ 个平稳间隔的多普勒频移；$k = 0, 1, 2, \cdots, T_u \cdot f_s - 1$ 表示平稳间隔中离散时刻的序号。令 $\Delta\hat{f}_n^p = \dfrac{(f_n^{p+1} - f_n^p)/(T_u f_s)}{f_s}$，

$\Theta\hat{f}_n^p = f_n^p/f_s$，可得

$$\hat{\mu}[k+pT_u] = \sum_{n=1}^{N} \frac{1}{\sqrt{N}} \exp\{j(\pi\Delta\hat{f}_n^p (k+pT_u)^2 + 2\pi\Theta\hat{f}_n^p(k+pT_u) + \theta_n)\} \quad (5.115)$$

由上式可以看出，该产生方法中各支路信号具有调频信号的形式，即利用有限个线性调频信号叠加产生时变的衰落信道。

SoFM 方法的实现框图如图 5.59 所示，首先，参数 RAM 模块存储多普勒频移和初始相位等信道参数，然后通过减法器、乘法器、累加器和加法器完成信道参数的线性内插和积分运算，从而实现信道参数的更新，并产生查找表地址；然后根据输入的地址映射输出相应的正弦波数据，并通过串行加法器完成谐波的叠加；最后，内插模块将谐波叠加输出的衰落数据内插至系统处理速率。

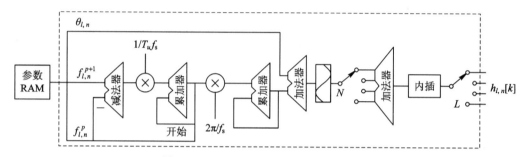

图 5.59 基于 FPGA 的 SoFM 实现框图

为评估该模拟方法的性能，以调频谐波数目为 32 为例，图 5.60 给出了 SoC 与 SoFM 两种模拟方法输出的信道衰落幅值以及相位的对比，可以看出 SoC 方法输出信道衰落的相位存在不连续的情况，而 SoFM 仿真方法通过引入积分运算，不仅对衰落相位进行了平滑处理，同时也消除了相位突变的情况。需要指出的是，由于二者输出相位的不一致，最终导致输出信道衰落的幅值也不同。图 5.61 所示为 SoFM 模拟方法的最终硬件仿真输出结果，从图中能够看出不同频率的调频谐波叠加最终产生包络起伏变化的随机衰落。

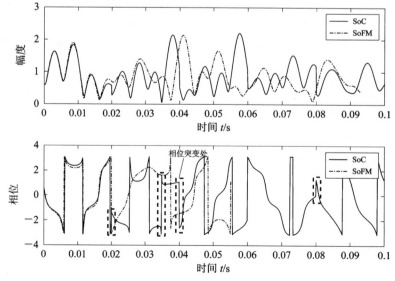

图 5.60 SoFM 方法信道衰落幅值及相位仿真结果

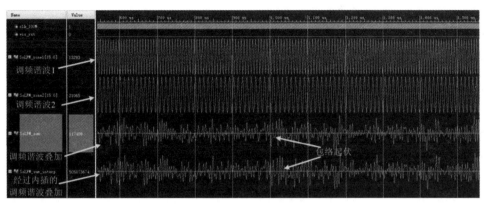

图 5.61　SoFM 方法硬件仿真输出结果

2) 射频信号预处理模块

射频信号预处理模块用于完成射频信号的上/下变频、模数转换、滤波和放大等信号调理功能。射频信号预处理模块拥有一种常见的软件定义无线电架构，如图 5.62 所示。接收器链从高度敏感、可接受微小信号的模拟前端开始，然后使用直接下变频将这些信号数字化为同相（I）和正交（Q）基带信号。下变频后有高速模数转换器和一个 DDC，用来降低采样率，并将 I 和 Q 打包传输到 FPGA 中进行基带信号处理。发射器链从 FPGA 开始，生成 I 和 Q 基带信号并通过 DUC 为 DAC 准备信号，然后 I、Q 进行混合，直接上变频信号来产生一个 RF 频率信号，然后进行信号放大与传输。

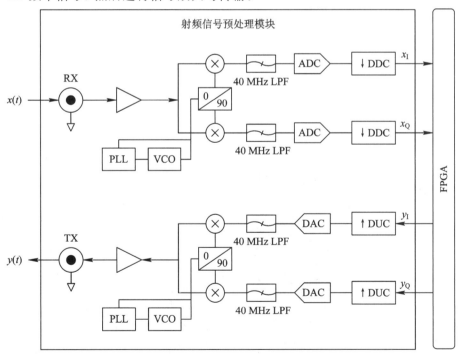

图 5.62　射频信号预处理模块软件无线电架构图

3) 多径衰落模拟模块

多径衰落模拟模块主要实现大尺度衰落和小尺度衰落的模拟。其中，小尺度衰落模拟主要包括瑞利衰落和莱斯衰落两种衰落的模拟，大尺度衰落模拟主要是阴影衰落模拟。大量实测证明，阴影衰落一般服从对数正态分布。

在 NLOS 情况下，小尺度衰落一般服从瑞利分布；在 LOS 情况下，小尺度衰落则可以使用莱斯分布模型进行描述。小尺度衰落 FPGA 实现框图如图 5.63 所示，首先从 RAM 读取 $M+1$ 频率和相位值，分别进行累加和相加运算，并据此作为正/余弦查找表的地址，通过查找表映射方法产生多路正/余弦波。图中，前 M 路正弦波和余弦波分别用于产生非视距路径的同相分量和正交分量，第 $M+1$ 路则产生视距路径的同相分量和正交分量，最后加权后累加获得小尺度信道衰落。图 5.64 所示为谐波数目为 64 时的硬件仿真结果，从图中能够看出不同频率的谐波叠加后最终产生了包络起伏变化的随机衰落，小尺度衰落波形包络统计结果如图 5.65 所示。

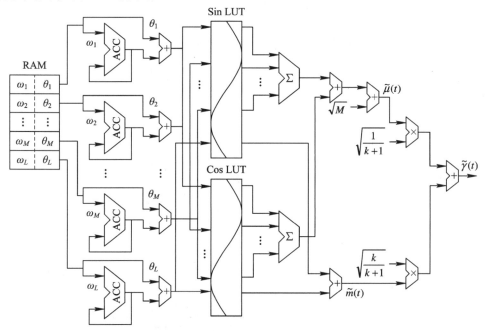

图 5.63　小尺度衰落实现框图

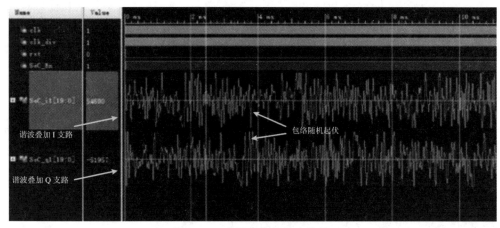

图 5.64　小尺度衰落仿真结果

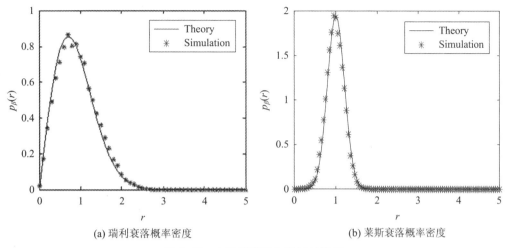

(a) 瑞利衰落概率密度　　　　　　　(b) 莱斯衰落概率密度

图 5.65　小尺度衰落包络统计结果

　　大尺度衰落与信号收发两端之间的地形起伏、植被覆盖和建筑物分布等信道传播环境有关，主要分为路径损耗和阴影衰落。大尺度信道衰落的硬件实现框图如图 5.66 所示，首先利用与小尺度衰落模拟类似的方法产生高斯随机变量，并据此叠加阴影衰落的标准偏差和衰落均值因子，然后进行开平方根运算，最后与路径损耗因子相乘得到大尺度信道衰落。图 5.67 所示为当均值为 0，方差为 32 时大尺度衰落的硬件仿真结果，大尺度衰落包络统计结果如图 5.68 所示。

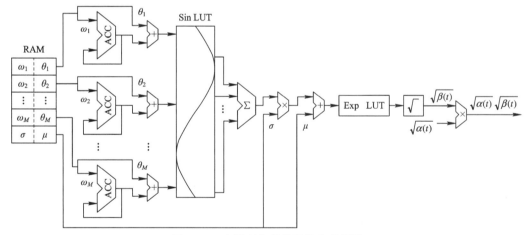

图 5.66　大尺度衰落的硬件实现框图

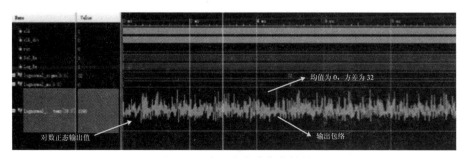

图 5.67　大尺度衰落仿真结果

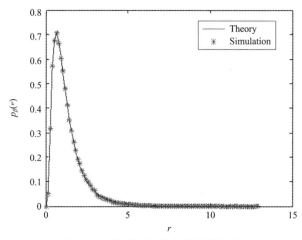

图 5.68　大尺度衰落包络统计结果

4）多径时延模拟模块

信道的多径效应体现在各传播路径的传播时延不同，在 FPGA 中的处理可采用高精度时延模块来区分各径信号。当要求信道的时延仿真分辨率足够高时，如果只采用 RAM 进行简单的缓存输出，将无法完全满足高时延精度要求，因此可在 RAM 粗时延的基础上采用多相结构实现高精度时延算法。图 5.69 所示为高精度时延模块的多相结构原理实现框图，多相结构采用多相滤波思想实现高精度时延，在不改变信号采样率的前提下，相应地提高时延分辨率。

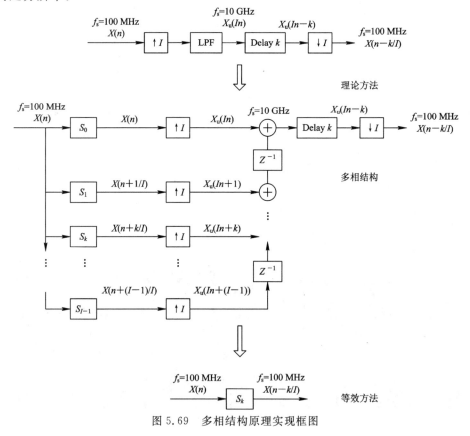

图 5.69　多相结构原理实现框图

图 5.70 所示为单路高精度时延模块的实现框图，输入信号首先送入 RAM 进行缓存实现长时延，然后 RAM 出来的信号与滤波器的系数相乘，最后叠加成一路输出。其中，RAM 的深度根据长时延的范围来设置，假设系统时钟为 100 MHz，RAM 深度为 M，则可实现的最大时延为 $10 \times M$ ns，通常经过 RAM 的最大时延可达到毫秒级别，若还需要秒级别的时延，则可以外接 SDRAM 来实现。图 5.71 给出了高精度时延模块的硬件仿真结果，从图中可以看出，高精度时延后信号的第 N 位数据大小介于 RAM 时延后信号第 N 位数据与 RAM 时延后信号第 $N+1$ 位数据大小之间，即验证了时延精度在 10 ns 之内。

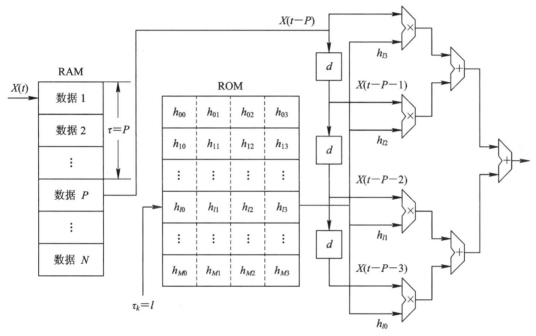

图 5.70　高精度时延模块实现框图

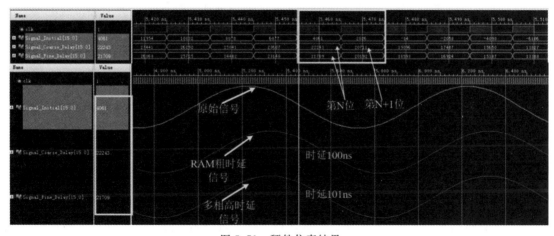

图 5.71　硬件仿真结果

图 5.72 给出了时延模拟硬件实测结果，可以看出，各径的相对时延分别为 0 ns，101 ns，201 ns，301 ns。

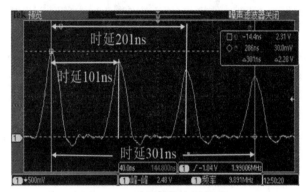

图 5.72　时延硬件实测结果

5) 信道叠加模拟模块

信道叠加模拟模块主要由信号卷积单元、动态截位单元和自动增益控制单元组成。信号卷积单元实现的功能就是将延时后的信号与产生的衰落信道进行卷积，得到经过衰落后的输出信号。动态截位单元的目的是实现对信道叠加后数据位宽的合理截取，从而保证 DA 输出最佳有效位。自动增益控制模块有效地解决了当输入信号幅值时大时小而导致输出波形变化过大的问题，信道叠加模拟模块的实现框图如图 5.73 所示，该模块完全通过 LabView 对 FPGA 编程实现。

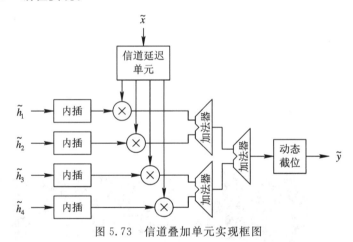

图 5.73　信道叠加单元实现框图

3. 关键技术及解决途径

1) 连续相位时变衰落模拟

当信号不满足广义平稳（Wide Sense Stationary，WSS）条件时，信道随机衰落成为非平稳随机过程，时变非平稳信道的模拟是无线信道硬件模拟的难点之一，本项目采用 SoFM 来模拟时变非平稳信道的随机衰落，它能很好地解决 SoC 在模拟时变非平稳信道中产生的衰落相位突变等问题。

传统的随机衰落硬件模拟方法，比如 SoC 方法，是将无线信号传播过程中的直射、散射、反射和折射等影响分解为有限条不同时延和功率的谐波叠加进行模拟，如下所示。

$$\tilde{h}(t) = \sum_{n=1}^{N} \sqrt{\frac{1}{N}} e^{j(2\pi f_n t + \theta_n)} \tag{5.116}$$

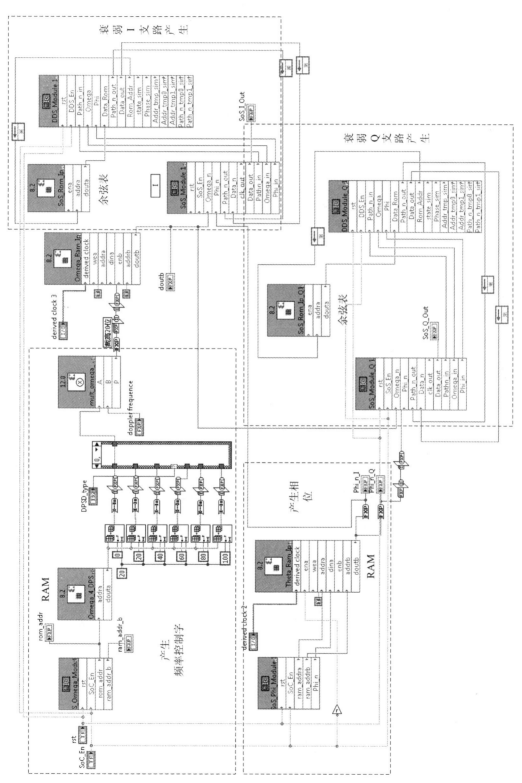

图 5.74　连续相位衰弱硬件模拟实现

但是，该方法未考虑由发射机和接收机运动或散射体发生位置偏移等导致的信道参数的实时变化。在时变非平稳信道模拟中，目前公开的大多数研究只是简单地将 $2\pi f_n t$ 简单替换为 $2\pi f_n(t)t$，这将导致输出信道衰落的相位不连续，而频率是相位随时间变化的导数，因此该方法输出信道衰落的多普勒频移与理论值不符。

为了解决这个问题并降低硬件实现的复杂度，项目组提出了一种针对时变信道的 SoC 实时模拟改进方法，采用 SoFM 方法，将 $2\pi f_n(t)t$ 升级为 $2\pi\int_0^t f_n(\tau)\mathrm{d}\tau$，产生非平稳随机衰落，即

$$\widetilde{h}(t) = \sum_{n=1}^{N}\sqrt{\frac{1}{N}}\mathrm{e}^{\mathrm{j}\left(2\pi\int_0^t f_n(\tau)\mathrm{d}\tau+\theta_n\right)} \tag{5.117}$$

为便于硬件实现，进一步将该模型进行离散化：

$$\widetilde{h}(t) = \sum_{n=1}^{N}\sqrt{\frac{1}{N}}\mathrm{e}^{\mathrm{j}\left(2\pi\sum_{m=0}^{k}T_s f_n[m]+\theta_n\right)} \tag{5.118}$$

基于 NI LabView FPGA 平台进行硬件模拟实现的框图如图 5.74 所示，左侧 RAM 存储离散多普勒频移 $f_n[m]$ 并产生频率控制字和初始相位 θ_n，右侧以直接数字频率合成（Direct Digital Synthesis，DDS）方法查找余弦表，完成 I 支路和 Q 支路的连续相位衰落硬件模拟。

2）高精度时延模拟

多径时延模块用来模拟无线信号在不同传播路径下到达接收端所呈现的不同时延，本项目中多径时延模拟在 FPGA 中完成，系统的工作时钟决定了时延的分辨率。而由于工作时钟的限制，实现更高精度的时延将会是一大难点。

为了满足高精度的模拟要求，本项目采用 BRAM 和多相滤波进行分级实现，如图 5.75 所示。速率为 v 的待延时信号首先通过双端口 RAM 缓存完成第一级粗时延 τ，该级的时延分辨率为 $1/v$，接着第一级输出的信号通过多相滤波延迟结构完成第二级精时延 τ'，多相滤波延迟结构主要由 ROM 和卷积结构组成，其中 ROM 中存有相数为 R 的多相滤波器系数，当确定精延时大小后输入信号与对应的滤波器系数进行卷积，实现分辨率为 $1/Rv$ 的时延，如图 5.76 所示。

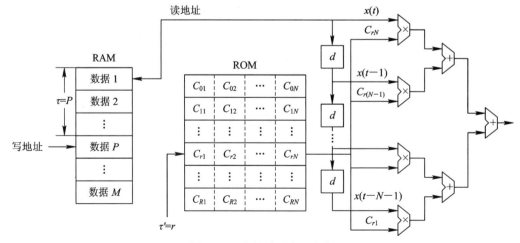

图 5.75 多径时延实现方案

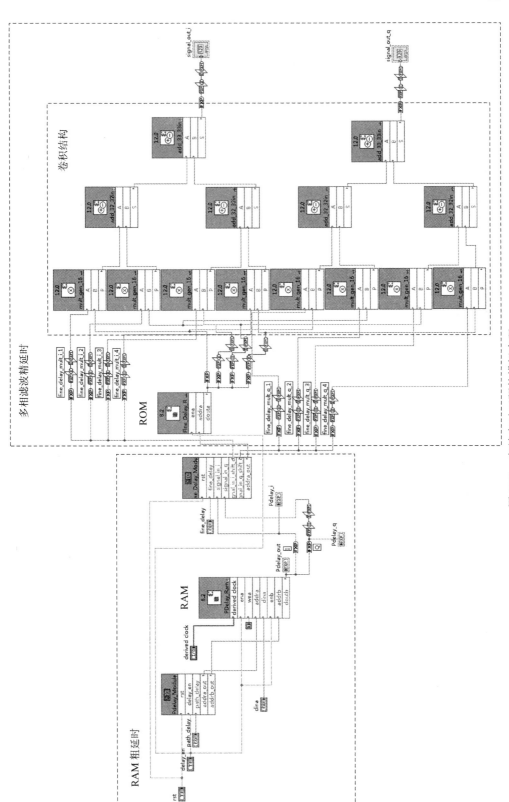

图 5.76　高精度时延硬件模拟实现

第6章 通信对抗仿真技术

在上述章节构建的传播效应及模拟平台的基础上，可以开展各类通信对抗装备仿真，通信对抗仿真的主要要素是通信对抗装备的测向、侦察及干扰能力，本章节主要以通信对抗半实物仿真平台为依托，对三类仿真要素进行了阐述，并对其测试精度进行了分析，本章节的内容为提升平台仿真结果的可信度提供了有效的技术支撑。

6.1 通信对抗测向仿真技术

6.1.1 通信对抗测向基础

1. 通信对抗测向发展历程

通信对抗的测向发展历程，1906年谢尔发明的自引导测向方法专利中运用赫兹发现的天线的方向性特点确定来波方向；1907年，贝利尼-托西发明了由两个交叉方向性天线和一个可旋转线圈角度计组成的贝利尼-托西测向机；1925～1926年间，瓦特森-瓦特将机械式角度计测向机发展为电子视觉测向机；自1943年起，英国海军船只装备了交叉环和三信道瓦特森-瓦特测向机用于短波测向，可以探测德国潜艇；从1950年起，世界上大多数机场都装备了VHF/HV多普勒测向机用于航空管理；80年代，数字信号处理越来越多地应用于测向，实现了干涉仪测向；90年代以后以空间谱估计测向为代表的超分辨率多波测向技术迅速发展起来。

2. 通信对抗测向系统的组成及测向体制

通信对抗测向系统一般由天线分系统、信道分系统、计算分系统及显示分系统组成，其基础组成如图6.1所示。

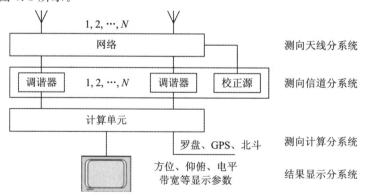

图 6.1　通信对抗测向系统基础组成示意图

通信对抗测向的应用主要体现在以下几个方面：一是通过对通信辐射源的测向可以获得辐射源的方位信息，包括所处的地理位置信息，据此可以初步判断对目标方通信电台的部署或重要通信枢纽、通信节点的分布情况，并形成目标方兵力态势，也可以引导火力打击；二是通过测向获得的方位信息可以引导窄波束干扰站瞄准来波方向来施放干扰，提高干扰的有效性；三是利用测向定位信息可以确定通信网台关系和通联情况，依次判定网台属性和威胁等级，为指挥员决策提供依据；四是利用测向定位信息可以实现信号分选，尤其是对跳频信号的分选。另外，通信对抗测向还可用于导航、救援、跟踪、监视、运动、探测等民用领域。

通信对抗的测向方法一般分为振幅测向法和相位测向法两大类。振幅测向法是从定向天线接收信号的振幅上提取来波方位信息，可以分为最小信号法测向、最大信号法测向、振幅比较法测向等；相位测向法是从相邻天线单元接收信号的相位差中提取来波方位信息，可以分为干涉仪法测向、多普勒法测向、时差法测向、空间谱估计测向等。振幅测向法的测向准确度一般劣于相位测向法，所以目前通信对抗测向一般采用相位测向法。从装备应用来说，测向体制可体现为以下几种。

1）幅度响应型测向

利用天线系统的直接幅度响应或比较幅度响应测量来波到达方向。属于比幅法一类的有旋转环测向机、交叉环测向机、乌兰韦伯测向机、旋转环角度计测向机、幅度单脉冲测向机等。这类测向机的一般机理是：当辐射源信号存在时，接收到的电压形成天线的方向图，而辐射源的方向则由该方向图与天线的旋转角来确定。如果天线的方向图近似为高斯型，即有

$$f(\alpha) = G \cdot \exp\left(-\frac{\alpha^2}{b^2}\right) \tag{6.1}$$

式中，G 是方向图的最大增益，b 是波束宽度的度量。

旋转后的天线方向图随时间 t 变化，表示为

$$F(\alpha, t) = G \cdot \exp\left[-\frac{(\alpha - t \cdot \Omega)^2}{b^2}\right] \tag{6.2}$$

式中，$t=0$ 时，天线视轴方向与参考方向重合，Ω 是天线的旋转角速度。

若辐射源方向不变，天线旋转，测量的方位角可以表示为

$$\hat{\alpha} = \arg\max\{F(\alpha, t)\} \cdot \Omega \tag{6.3}$$

2）相位差-幅度测向

将测向天线阵元测得的来波信号的相位差转换成相应的幅度信息，然后求得来波的到达方向。属于这一类的有瓦特森-瓦特测向机、艾得考克-瓦特森-瓦特测向机等。

当具有正弦和余弦形状的方向性天线输出信号经接收机通道加到阴极射线管的两个偏转板对上时，将产生一个李萨如图形，它在理想情况下是一条直线，一般情况下是一个椭圆。该直线在垂直方向上的偏转正比于入射角的余弦，在水平方向上的偏转正比于入射角的正弦，两个偏转电压分别为

$$U_y = A \cdot V_y \cdot \cos\alpha \cdot \sin(\omega t) \tag{6.4}$$

$$U_x = A \cdot V_x \cdot \sin\alpha \cdot \sin(\omega t) \tag{6.5}$$

式中，A 为加到测向机上输入端的最大电压，V_y 和 V_x 是两个通道的增益。

当 $V_y = V_x$ 时，$\alpha = \arctan(U_x/U_y)$，这里存在 $180°$ 的测向模糊。增加一个全向天线，其输出电压为 $U_0 = A \cdot V_0 \cdot \sin(\omega t)$，根据 U_0 的符号可以解 $180°$ 的测向模糊。

如果由于外部干扰使偏转电压 U_y 和 U_x 之间的相移为 ϕ，那么将产生一个椭圆，其长半轴指示的来波方向为

$$\hat{\alpha} = \frac{1}{2}\arctan\left(\frac{2\,|\,U_x\,|\,|\,U_y\,|\,\cos\phi}{|\,U_y\,|^2 - |\,U_x\,|^2}\right) \tag{6.6}$$

3）相位延迟型测向

根据测向天线阵元测得的来波信号的相位差求得来波到达方向，属于这一类的有干涉仪测向机、多普勒测向机等。多普勒测向依据的是多普勒效应，当接收天线向发射机移动时，多普勒效应使接收频率升高，反之则使接收频率降低。多普勒测向机原指由单一天线旋转，利用接收机中产生的多普勒频移进行测向的设备。如果测向天线沿着一个半径为 R 的圆形轨道运动，旋转角频率为 ω_r，则瞬时电压为

$$u(t) = A(t) \cdot \cos\left[\omega_0 t + \varphi(t) + \frac{2\pi R}{\lambda_0}\cos\beta \cdot \cos(\omega_r t - \alpha)\right] \tag{6.7}$$

式中，$A(t)$ 为接收信号的幅度，ω_0 为信号角频率，λ_0 为信号波长，$\varphi(t)$ 为调制信号的瞬时相位。

考虑水平面来波，对窄带信号，特别是对 $A(t) = A$、$\varphi(t) = \varphi_0$，使用一个频率解调器进行处理，解调器的输出信号为

$$\varPhi(t) = \omega_0 t + \varphi_0 + \frac{2\pi R}{\lambda_0} \cdot \cos(\omega_r t - \alpha) \tag{6.8}$$

在理想的频率调制时，通过相位 $\varPhi(t)$ 的时间导数求得瞬时频率 $\omega(t)$ 为

$$\omega(t) = \frac{\mathrm{d}\varPhi(t)}{\mathrm{d}t} = \omega_0 - \frac{2\pi R}{\lambda_0}\omega_r \cdot \sin(\omega_r t - \alpha) \tag{6.9}$$

滤除直流分量 ω_0 后得到的解调信号为

$$S_{\mathrm{Dem}} = -\frac{2\pi R}{\lambda_0}\omega_r \cdot \sin(\omega_r t - \alpha) \tag{6.10}$$

将这个信号与相同频率的参考信号 $S_r = -\sin(\omega_r t)$ 进行比较，就可以得到方位角的值。

4）时间延迟型测向

根据测得的来波信号到达天线阵元的时间差计算来波的方向，这种方法比较适合对脉冲信号测向时，通过测量信号到达接收天线的脉冲信号的前沿计算出到达时间延迟，对连续波信号主要通过互相关运算测量时间延迟。得到时间延迟的测量值 $\hat{\tau}$ 后，按下式估计到达角。

$$\hat{\theta} = \arcsin\left(\frac{c \cdot \hat{\tau}}{d}\right) \tag{6.11}$$

6.1.2 通信对抗测向仿真方法

通信对抗半实物仿真平台可以模拟一发多收路径的幅度、相位和时差信号，可以支撑幅度法测向、相位法测向、空间功率谱估计测向、时差测向等试验的开展。通信对抗半实物仿真平台的基础组成如图 6.2 所示。

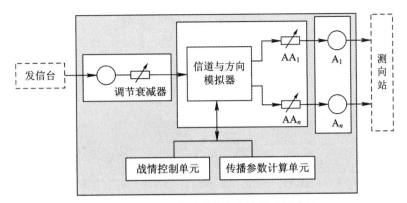

图 6.2　测向仿真测试硬件连接关系示意图

图中，发信台通过前端衰减器调节信号电平，使输入到信道与方向模拟器的信号电平不大于输入端所能承受的输入功率，信道与方向模拟器模拟一进多出，每一输出对应着测向站装备的阵列天线射频口。

在通信对抗半实物仿真平台上，开展测向仿真的过程如下：

1. 战情参数设置

战情控制单元负责设置测向站与发信台位置、测向频率等参数，建立通信目标辐射源与测向站天线的位置关系模型。

2. 传播参数计算

传播参数计算单元读取战情表中"试验类型"字段，当为"测向"时，计算"发端目标方位角"，读取"测向体制"字段。依据比幅、比相、时差等测向体制，计算该测向体制下每阵元相对于参考阵元的幅度、相位或时延，存入主控-试验过程表中，以支撑测向站的测试。下面主要对通信对抗测向仿真平台中的三信道比幅法测向、圆阵/线阵比相法测向和圆阵/线阵时差法测向的计算模拟方法进行简要介绍。

1）三信道比幅法测向

三信道比幅测向首先计算全向阵元天线的接收点功率 P_r，即接收功率＝发射功率－发端天线增益－传输损耗－测向站天线增益，然后计算东西、南北阵元天线相对全向天线的电平差，继而计算东西、南北阵元天线的电平。其程序流程如图 6.3 所示，图中 θ 为来波方位角。

2）圆阵/线阵比相法测向

比相法测向又称为干涉仪测向。它通过比较一定结构排列的两个以上天线元接收信号的相位差来获得目标信号来波的到达方位角信息。依据圆阵或线阵阵元间的间距、测向频率、来波方向等信息，计算每一天线阵元的相位（转换为信道与方向模拟器可模拟的 $-180°\sim+180°$ 相位范围）。其程序流程见图 6.4，图中 θ 为来波方位角。

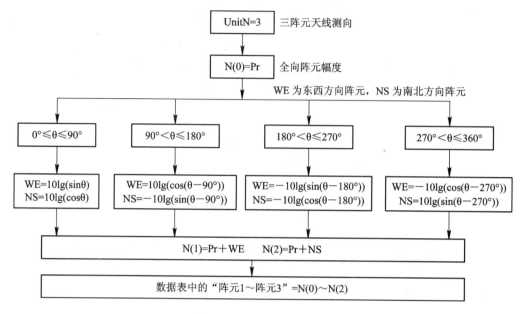

图 6.3　三信道比幅法测向阵元天线信号电平计算程序流程图

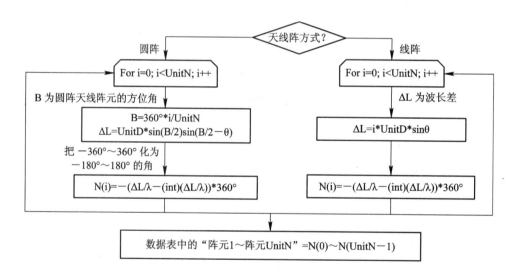

图 6.4　圆阵/线阵比相法测向阵元天线信号相位计算程序流程图

3）圆阵/线阵时差法测向

时差法测向是从接收同一辐射源信号的不同空间位置的多幅天线上，测量或计算信号到达的时间差来确定其方向的测向技术。一般要求采用几个波长的长基线，小孔径测向很少应用。依据圆阵或线阵阵元间的间距、测向频率、来波方向等信息，计算每一天线阵元上的到达时间，然后取到达时间的最小值 t，t_i（i 为阵元）$-t+t_{\min}$ 为每一阵元对应信道的相对时延值。其程序流程见图 6.5，图中 θ 为来波方位角，$t_{\min}$ 为信道与方向模拟器能模拟的最小时延。

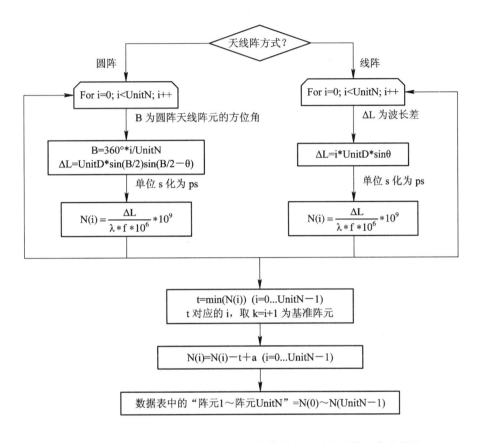

图 6.5　圆阵/线阵时差法测向阵元天线信号相对时差计算程序流程图

3. 系统校准

在选择了上述测向方案后，需在仿真平台主控单元控制下进行方向参数校准(包括幅度、相位和时延)。如果信道与方向模拟器各个通道的输出电平大于界定值，则可直接通过调整信道增益使各路输出一致，并送给测向站进行校零。

4. 测向机校准

保持系统校准状态(指测向链路衰减器状态、信道校准调用的模型、信道增益等)，发信台接入仿真平台，测量设备(如频谱仪、场强仪)接入某一出口节点。发信台发射非调幅(如 CW、等幅报、FM 等)射频信号，在出口点位处：

对三信道比幅法测向，依次测量 $1, \cdots, N$ 节点(N 为信道数，$1, \cdots, N$ 节点对应 $1, \cdots, N$ 信道)的信号电平 $A_i(i=1, \cdots, N)$，每信道电平减去参考信道电平，记作 ΔA_i；同理，比相法测向为 $\Delta \Phi_i$，时差法测向为 $\Delta \tau_i$。存入数据库表。

5. 测试参数设置

测试时，对三信道比幅法测向，设置第 $i(i=1, \cdots, N)$ 信道的信号电平为计算的阵元电平$-\Delta A_i$；同理，比相法为计算的阵元相位$-\Delta \Phi_i$，时差法为计算的阵元时差$-\Delta \tau_i$。

6. 测试实施

将测向站测向天线的各个单元接入仿真平台,记录示向度数值,反复进行多次测试。

7. 统计结果

计算同一来波方向、同一频率的测向误差(均方根),计算同一来波方向不同频率所有测向结果的误差(均方根),计算所有米波方向和所有频率的全部测向结果的误差(均方根)。不同来波方向上测向误差可以用于校准测向站,若总的测向误差小于测向站测向精度要求,即可判定测向精度符合要求。

6.1.3　测向仿真测试精度分析

测向精度仿真测试中,方向信号模拟器输出的信号直接输入到测向天线阵的每一个阵元输入端,不存在如实际空间信号由于传播介质不均匀引起的方向改变等情况,即不存在传播误差;不存在测向测试中的二次辐射体、反射器、地形地物、安装平台等因素的影响,因此仿真平台测向测试避免了环境误差。现有测向系统都是数字化系统,观测误差可以忽略。似乎对于仿真平台而言,测向精度测试只存在由测向体制和设备缺陷引起的系统误差,测向精度应当非常高。然而,测向系统是通过检测包含在来波信号中的幅度、相位和到达测向天线单元的时差信息来实现测向的。在测向仿真精度测试中,模拟实现到达不同测向天线阵元信号通路的时延、相位、幅度不会完全一致,其步进也不能完全达到测向机相位、幅度、时差识别的精度,其一致性也会随着时间而增大,这些因素必然导致测向机出现误差。

1. 比幅法测向精度

比幅法测向对到达测向天线阵信号的幅度敏感,对到达测向天线阵信号的相位不敏感。因此,在仿真平台测向精度仿真测试中,在测向站系统误差上附加的测向误差,主要由到达测向天线阵的模拟信号的幅度模拟精度和不一致性决定。对于三信道比幅法测向,对应南北方向信道的振幅增益因子为 $K_{NS}(f)$,对应东西方向信道的振幅增益因子为 $K_{EW}(f)$,由于 $K_{NS}(f)$ 和 $K_{EW}(f)$ 是测向机的性能,有 $K_{NS}(f)/K_{EW}(f) \approx 1$,为便于分析,设 $K_{NS}(f)/K_{EW}(f)=1$,由于仿真平台诸信道间幅度特性不一致,两幅天线接收的目标来波信号经过对应信道的变换后,在阴极射线管的垂直与水平偏转板比幅得到的示向度 Φ 满足:

$$\tan\Phi = \frac{X}{Y} = \frac{AK_{EW}(f)E_m 10^{\pm\frac{e_{EW}(t)}{10}}\sin\theta}{AK_{NS}(f)E_m 10^{\pm\frac{e_{NS}(t)}{10}}\cos\theta} = \frac{10^{\pm\frac{e_{EW}(t)}{10}}}{10^{\pm\frac{e_{NS}(t)}{10}}}\tan\theta \qquad (6.12)$$

由此产生的误差为

$$\theta = \arctan\frac{e_{NS}}{e_{EW}} \qquad (6.13)$$

式中,θ 为来波方向,e_{NS} 为南北方向天线单元接收信号幅度,e_{EW} 为东西方向天线单元接收信号幅度。

基于本书测试时所采用的仿真平台,由信号幅度模拟精度带来的最大附加测向误差如图 6.6 所示。

可见,对于比幅法室内测向精度测试而言,由信道与方向模拟单元的信号幅度模拟精度引起的测向最大误差还是比较大的。

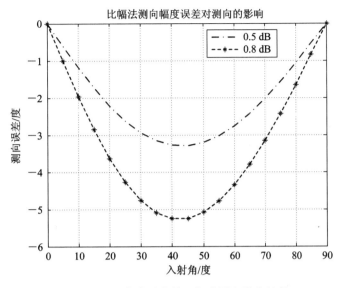

图 6.6　基于仿真平台的比幅法测向误差结果

2. 干涉仪法测向精度

目前干涉仪法测向属于相位法测向，而相位法测向基本都是快速傅里叶变换比相法，这种测向方法的优点之一就是其与到达各个测向天线的阵元的信号幅度无关，只取决于其相位。经过快速傅里叶变换，可以直接获得两个测向天线阵元的来波信号相位差 φ，则示向度为

$$\theta = \arcsin \frac{\lambda \varphi}{2\pi d} \qquad (6.14)$$

在不同来波方向，由于信号幅度模拟精度而引起的最大测向误差（不考虑测向机系统误差）为

$$\Delta \theta = \theta - \arcsin \frac{\lambda(\varphi + 2k)}{2\pi d} \qquad (6.15)$$

由此仿真计算不同来波方向时的测向误差（假设 $d=0.8\lambda$），如图 6.7 所示。

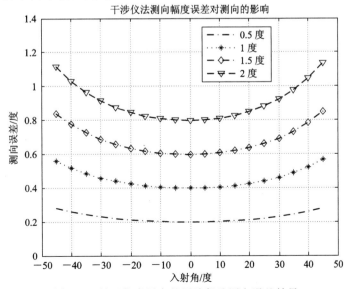

图 6.7　基于仿真平台的干涉仪法测向误差结果

可见，对于基于干涉仪比相法测向精度，由于信道与方向模拟设备的模拟精度而引起的测向精度最大误差在短波频段不大于±1.2°，在超短频段不大于±0.6°，小于一般测向精度指标(一般室外短波最大均方误差 RMS 为 3°，超短波 RMS 为 2°)。

3. 空间谱估计法测向精度

空间功率谱估计测向的实质是空间波束成形法测向，求取的波束成形器的功率输出最大时的波束方向即为来波方向。根据随机过程的基本理论，平稳随机过程的功率谱就是信号自相关函数的傅氏变换，空间信号自相关函数的傅氏变换即为空间谱，因此测向问题就转换成了空间谱估计问题。

显然，空间功率谱估计是与到达测向天线的各个阵元的信号幅度、相位都相关的，实际上很难准确推导最大测向误差、信号模拟的幅度误差、相位误差三者之间的关系。

可以证明，在空间谱估计测向中，方位扫描将获得不同信号的功率谱函数的峰值，而当各个天线阵元存在来波信号幅度和相位附加误差时，如果在空间扫描过程中这些误差固定不变，则最大值出现的测向误差在方位扫描区间内对应取值。

我们对此分析采取四阵元天线(在南北东西方各配置一个阵元，阵元距离 0.8λ)进行仿真，到达各天线的各个阵元的幅度和相位在其模拟精度内任意抽取，找出最大的测向误差，如图 6.8 所示。

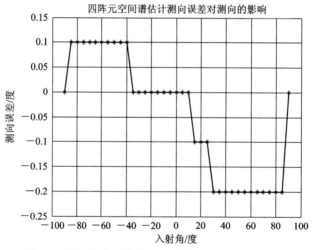

图 6.8　基于仿真平台的空间谱估计法测向误差结果

按照幅度模拟精度±0.8 dB，相位模拟精度±2.1°仿真计算由此引起的附加测向误差。在幅度和相位误差范围内随机取样，仿真结果表明，最大误差为 0.2°，小于一般测向精度指标(一般室外短波最大均方误差 RMS 为 3°，超短波 RMS 为 2°)。

6.2　通信对抗侦察仿真技术

6.2.1　通信对抗侦察机理[24]

通信对抗侦察装备因使用的目的和承担的任务不同，其组成有所差异。但其基本组成大致是相同的,主要包括侦察接收天线、侦察接收机、终端设备和控制设备等,其组成示意图如图 6.9 所示。其中,侦察接收机目前的类型主要有超外差接收机(包括全景显示搜索接收机、监测侦听分析接收机)、压缩接收机、信道化接收机、声光接收机和数字接收机等。

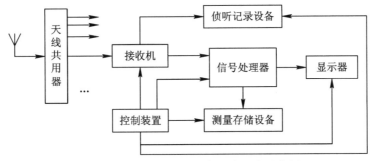

图 6.9　通信对抗侦察装备基本组成示意图

　　一般来说,通信对抗侦察装备的考核内容可分为四类,一是典型地形条件下对侦察距离能力的考核,包括定频信号的侦察距离、跳频信号的侦察距离等;二是典型地形条件下对信号分选能力的考核,如跳频网台分选能力、信号分析与处理能力等;三是对复杂电磁环境适应性的考核,主要考查被验装备在模拟的各类复杂电磁环境下的侦察适应能力;四是对特殊地理环境适应性的测试,考核被验装备在此环境下各类能力的变化情况,环境一般有高原、寒区、热区等。

6.2.2　侦察仿真方法

1. 侦察距离仿真

　　侦察距离测试是指在目标与侦察装备有一定距离的条件下,检验侦察装备对侦察目标发射的信号是否能够正确截获、测量、分析和识别。侦察距离是考核侦察装备作战性能的一项重要战技指标。实装侦察测试一般按图 6.10 部署,其布局、通信专向的数量、侦察距离可根据侦察装备作战目标与任务、战术使用等情况确定。侦察距离测试应在一定范围内选择不同方向和距离进行。

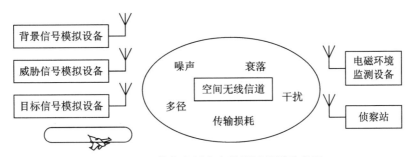

图 6.10　通信侦察距离实装测试部署示意图

　　侦察装备面临的电磁信号环境可分为目标电磁信号环境、威胁电磁信号环境及背景电磁信号环境。侦察目标信号由目标信号模拟设备产生,其参数设置(发射功率、定频或跳频、信号样式、数字或语音等)应依据侦察装备作战对象指标、作战应用方式等因素而定;威胁电磁环境信号由威胁信号模拟设备产生,其干扰功率、样式等由战情设计而定;背景信号模拟设备用来模拟目标信号以外的其他目标方的通信信号、场地自然电磁环境信号等。上述各类信号除目标电磁信号环境外，其他设置应体现针对性、多样性、交织性、动态性、对抗性、逼真性、等效性等原则。

通信对抗侦察装备按其应用形态可以区分为地面固定侦察站、地面移动侦察站、空中侦察站、舰载侦察站等，其对各类通信目标的侦察距离(侦察范围)测试内容，一般可区分为对定频通信目标的侦察距离(范围)、对跳频通信目标的侦察距离(范围)、对直扩通信目标的侦察距离(范围)等，其中通信目标可以是地面固定目标、地面移动目标、航空移动目标，舰载目标等。

对侦察距离测试的评估应包括是否能够稳定显示或锁定信号，是否能够正确测量信号频率、电平、码速率、跳频速率、跳频频率集、跳频频率步进等参数，是否能够识别目标信号类型(如 Link11、Link4A、Link16、TTNT、CEC、TCDL 等特定信号)、调制方式(如 AM、FM、SSB、CW 等信号)等。

基于仿真平台的通信侦察距离仿真测试一般分为两个步骤：一是在典型战情想定设计下，生成测试方案，构建侦察链路及目标通信链路，调节侦察链路的衰减值，直至侦察装备能够对目标链路的参数进行正确的截获、测量、分析和识别，记录此时侦察链路的总衰减值；二是依据上述战情想定下侦察装备的应用场景，选择合适的传播模型，并利用侦察链路的总衰减值反演侦察距离或最大侦察距离。一般步骤如下：

1) 测试前准备

主要包括测试战情想定设计、测试方案生成与编辑、系统校准和时间统一等。

(1) 测试战情想定设计。按下述要素进行测试想定设计：

① 时间、用频、区域、测试设备连接关系等。

② 通信侦察装备和通信装备的部署位置，通信侦察装备和配试通信装备运动平台的轨迹、速度、加速度和飞行姿态，天线在通信侦察装备和配试通信装备上或在运动平台上的安装位置。

③ 侦察链路和发信台位置的地理、气象等环境参数。

④ 侦察装备部署位置周边的电磁环境，包括电磁环境的频段及信号数量，每一信号的频率、带宽、调制方式、幅度、活动频度、持续时间等参数。

⑤ 通信侦察装备、通信装备等设备的工作参数，以及设备天线的物理参数。

(2) 测试方案生成与编辑。针对测试想定，利用无线信号传播特性和天线特征计算模型，计算无线信号传播特性和天线方向图等参数，主要包括：

① 侦察装备在发信台方向、发信台在侦察装备方向的天线增益，以及通信装备、侦察装备平台运动速度、加速度和飞行姿态对天线增益的定量影响，并折算到侦察链路电波传播衰减参数中。

② 计算侦察链路电波传播衰减、衰落、时延、多径和多普勒频移等信道特性参数。综合测试想定设计结果和信号传播特性参数，按时间顺序形成测试流程。一般考虑测试实施持续时间的合理性，生成测试方案。每一测试方案可有多组测试参数，可重复测试。

③ 对有运动轨迹的侦察链路，在预期侦察距离附近选取一定衰减(不小于系统时间步进)间隔的几个航迹点；对无运动轨迹的侦察链路，在预期侦察距离附近设置一定衰减间隔的测试站，并依据侦察装备能力，设置每一序号运行的持续时间。

（3）系统校准和时间统一。测试前，完成通信对抗半实物仿真平台的自检、校准和时间统一。其中，当系统校准时，衰落选用常量模型。

2）仿真测试实施

通信侦察装备测试典型设备连接关系如图 6.11 所示。调节侦察链路的衰减量，按照测试方案序号实施侦察测试，直至找到最大侦察距离对应的衰减量。

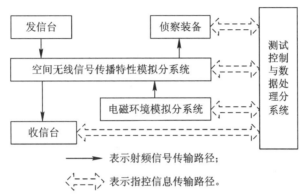

图 6.11　通信侦察装备测试典型设备连接关系示意图

上述过程中，计算跳频侦察链路传输损耗有两种方法。一种方法是选取跳频带宽内的中心频率设置链路传输损耗，瞬时频率与中心频率传输损耗的差值影响侦察距离测试结果。另一种方法是通过外接"补偿网络"来补偿瞬时频率与中心频率传输损耗的差，补偿网络增加的传输损耗如式（6.16）所示，选择中心频率 72.5 MHz（30 MHz～112.5 MHz）时跳频补偿网络电平结果如图 6.12 所示。

$$L_{\mathrm{H}} = A_f + 20\lg \frac{f_{\mathrm{H}}}{f} \tag{6.16}$$

式中，L_{H} 为接入补偿网络后侦察链路的传输损耗，单位为 dB；A_f 为跳频带宽内中心频率对应的传输损耗，单位为 dB；f_{H} 为瞬时频率，单位为 MHz；f 为跳频带宽内的中心频率，单位为 MHz。

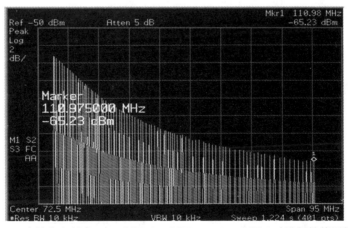

图 6.12　选择中心频率 72.5 MHz（30 MHz～112.5 MHz）时跳频补偿网络电平

3）基于侦察效果下的侦察距离推算

根据想定的地形地物等地理条件、气象条件、配试装备天线类型、配试和被验装备不同天线架高等条件，在侦察链路频率(频段)、背景电磁环境以及信道衰落、时延、多普勒特性等因素不变的条件下，依据式(6.17)，选择电波传播模式，反推侦察距离。

$$f(d) = L + G_{zt} + G_{tz} \tag{6.17}$$

式中，L 为通信对抗半实物仿真平台侦察链路设置的衰减量，单位为 dB；G_{zt} 为侦察装备在发信台方向的天线增益，单位为 dB；G_{tz} 为发信台在侦察装备方向的天线增益，单位为 dB。

2. 侦察能力仿真

1）跳频网台分选能力

跳频网台分选能力主要包括跳频网台分选距离、分选时间、分选网台数以及它们的组合。跳频网台分选距离半实物仿真测试方法与对跳频通信侦察距离测试方法相同，只是测试结果对应的最大侦察距离的判据不同。分选时间和分选网台数测试，在想定的战情条件下，可直接给出确定的测试结果。

2）信号分析与处理能力

信号分析与处理能力主要包括信号调制方式识别正确率、码速率识别正确率和通信信号识别正确率等方面，在想定的战情条件下，可直接给出确定的测试结果。

6.2.3　侦察仿真可信度要素

影响通信对抗仿真测试结果可信度的因素主要包括仿真模型、背景电磁环境和仿真测试平台模拟精度等，如图 6.13 所示。

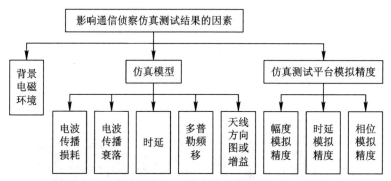

图 6.13　影响通信侦察仿真测试结果的因素示意图

1. 信道仿真模型

通信对抗仿真平台的信道仿真模型主要包括各类场景的电波传播损耗模型、电波传播衰落模型、时延模型、多普勒频移模型及各类天线的天线方向图或天线增益方向图计算模型等，每类模型都事关信道模拟的逼真度及测试结果的可信度。

1）电波传播特性模型

（1）对于模型选择问题，如对超短波陆地业务，有基于测试数据的统计模型如 ITU-R P.1546、ITU-R P.370、Okumura-Hata 等，也有基于射线追踪及抛物方程的确定性模型，还有与频率无关的 Egli 模型、理想平地模型、修正平地模型、理论平地模型等。虽然每个模型在频率、收发天线架高、地形地物、通信距离等方面有一定的适用范围，但多数情况下，一种测试需求一般有多个模型都适用。特别是，确定性模型和统计模型的适用范围有较大的交叉。选用不同的模型，计算结果会有差异，传输损耗相差 3~7 dB 很常见，但是对侦察距离会有数公里的影响。这就带来了一个难以回答的问题，仿真测试选用哪个模型更适合？

笔者认为，应从侦察装备的作战使命出发来选择传输损耗模型。依据侦察装备的作战对象，若有明确的作战区域，可以选择确定性模型，否则更多地选取统计模型。因此在统计模型或确定性模型中选取哪个模型，依模型的适用范围等具体情况而定。

对超短波通信业务，如何区分地地通信和地空通信，也是一个比较困难的问题。就 ITU-R P.1546 对区域陆（海）地业务而言，测试时，一端天线高度为 10 m，一端天线高度为 10~1200 m，可推算到 3000 m；对 ITU-R P.528 航空移动业务而言，测试时，一端天线高度为 15 m，一端天线高度为 1000~20 000 m。对于同样适用范围的天线高度，两类模型的计算结果也有较大的差异。一般认为，大于 1000 m 宜选取航空移动模型，否则选取陆地业务模型。

（2）对于 $p\%$ 时间 $q\%$ 地点模型的选择问题，ITU-R P.1546、ITU-R P.370、ITU-R P.528 等统计模型一般都给出了不同 $p\%$ 时间 $q\%$ 地点的测试曲线，如 ITU-R P.1546 给出了 50% 以上位置以及 50%、10% 和 1% 时间下的场强值。对侦察链路的传输损耗 $p\%$ 时间 $q\%$ 地点模型的选择原则为：一是对幅度非常量衰落模型的侦察链路，易使用 50% 位置 50% 时间的传输损耗；二是对常量衰落模型的侦察链路，为从严考核侦察装备能力，易选用较高百分比的传输损耗，如 50% 位置 90% 时间。

（3）提高超短波地面侦察距离可信度的方法。地面侦察距离测试，侦察链路衰落一般使用常量模型，即没有衰落。而侦察站不同位置的略微变动都将对电路损耗产生影响，如笔者在某 5 km 链路上进行测试时发现，接收机在 50 m 见方区域内移动，损耗平均标准偏差为 3.1 dB（接收天线架高 12 m）和 2.4 dB（接收天线架高 8 m），即不同接收机位置略微变动引起损耗的上下起伏，远远大于距离变化引起损耗的变化值，显然，用损耗中值仿真得到的地面通信侦察距离，没有考虑衰落的影响。

由于地对地侦察链路采用的是中值衰减，这就意味着 50% 时间 50% 地点侦察链路的损耗要大于中值。地对地侦察链路损耗相对中值上下浮动引起的衰落服从瑞利分布，设侦察目标发射信号电平为 $E_{发}$，被验侦察装备侦察灵敏度电平为 $E_{灵敏度}$，测试时最大侦察距离对应的链路损耗设置值为 $L_{测试}$，最大侦察距离对应的链路中值衰减 $L_{中值}$，则

$$E_{灵敏度} = \frac{E_{发}}{L_{测试}} \tag{6.18}$$

$$E_{中值} = \frac{E_{发}}{L_{中值}} \tag{6.19}$$

$$\delta = \frac{E_{中值}}{\sqrt{2\ln2}} = \frac{E_{发}}{\sqrt{2\ln2}L_{中值}} \tag{6.20}$$

最大侦察距离置信概率为

$$P(f) = \int_{E_{灵敏度}}^{+\infty} p(x)\mathrm{d}x = \int_{E_{灵敏度}}^{+\infty} \frac{x}{\delta^2}\exp\left(-\frac{x^2}{2\delta^2}\right)\mathrm{d}x = \exp\left(-\frac{E_{灵敏度}^2}{2\delta^2}\right) \tag{6.21}$$

分别把式（6.18）、式（6.19）、式（6.20）代入式（6.21），可得

$$P(f) = \mathrm{e}^{\left(\frac{-\ln2}{\left(\frac{L_{测试}}{L_{中值}}\right)^2}\right)} \tag{6.22}$$

仿真结果如图 6.14 所示。

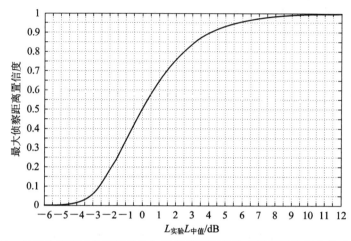

图 6.14　相对中值衰减的幅度起伏与通信侦察距离仿真测试置信概率关系示意图

上图，横轴为测试时侦察链路损耗相对中值的衰落起伏。从图中可以看出，侦察链路损耗在中值的基础上增加损耗量，侦察距离仿真测试结果的可信度可相应提高。

对 30～3000 MHz 的地面侦察链路，ITU-R P.1546 建议书依据对试验数据所作的统计分析，提供了有关 VHF 和 UHF 波段上点对面场强预测指南，ITU-R P.1812-1 建议书用于补充 ITU-R P.1546 建议书，该建议书提供了 VHF 和 UHF 波段中有关点对面地面业务一种路径特定的传播预测方法。这两个建议书用于详细评估超过某特定时间百分比 $T\%$（$1\leqslant T\leqslant50$）以及某特定位置百分比 $L\%$（$1\leqslant L\leqslant99$）的信号电平，不适用于超过 50% 时间的信号场强预测。

在移动通信中，$T\%$ 时间被超过的场强 E_T（dB(μV/m)）可表示为（参见 GB/T 14617.1-1993）

$$E_T = E_{50} - k_T\sigma_T \tag{6.23}$$

式中，E_{50} 为 50% 时间被超过的场强，单位为 dB(μV/m)；σ_T 为场强随时间变化的标准偏差，50 km 以内的 σ_T 按 50 km 的值考虑，50 km 以上的 σ_T、k_T 按表 6.1、表 6.2 中的数值由线性插值法确定。

表 6.1　标准偏差 σ_T

频段	d/km	
	50	100
VHF	3	7
UHF	2	5

表 6.2　系数 k_T 查算表

T	50	60	70	80	90	99
k_T	0.000	0.250	0.520	0.850	1.282	2.326

由于运动主要影响多普勒频移和多径，而损耗也是多样本的统计量，对于超短波固定业务，$T\%$（T 可在 50 与 99 之间变化）时间的损耗增量，笔者认为可用移动业务 E（中值）与

超出 $T\%$ 时间点的场强 E_T 的差代替。

2）电波传播衰落模型

把室外无线信道搬移到室内，信道衰落特性的统计建模与模拟是核心。在确定的传播模式和信道特征条件下，需要确定衰落服从什么分布、分布中的参数如何选取、衰落特征如何通过仿真设备来模拟等问题。

无线信道衰落主要服从瑞利或莱斯分布。瑞利分布特性唯一由方差 σ 确定，一般建议 σ 因子取 3。莱斯分布唯一由 k 因子确定，一般建议 k 因子取 6.5 dB 或 15 dB。目前，国内外的仿真平台没有给出参数取值的出处，参数取值与衰落深度、衰落率、衰落持续时间等参数之间的映射关系还未知。

短波天波传播，不同年、月、日，每天的不同时段，组成电离层的层（如 E_1、E_2、F_1、F_2）和每层的高度可能不同，路径数也不同（如 2、3、9 条路径），每条路径的幅度、时延值可能不同，不同状况需要有不同的模型参数支撑。

3）天线辐射特性模型

由于天线种类繁多，同类天线物理尺寸各异，载体形式多样，实际上不可能穷举构建天线模型库，因此不加分析地调用，就可能造成误差。如对于车载、机载、星载天线，直接应用单体天线模型就会引起较大误差，所以实际上对于载体天线往往重新建模，建模以后，可以用实测的方法进行抽样验证，以进行误差修正。目前商用的天线建模工具软件有 Ansoft HFSS、FEKO、CST、GRASP 等。图 6.15 为 FEKO 软件处理机载天线的界面。

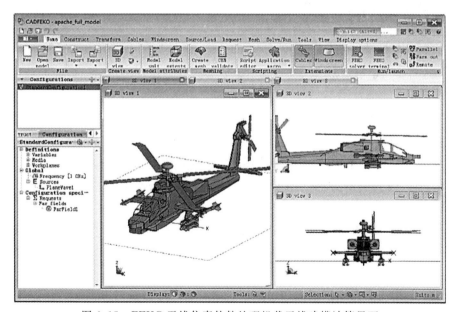

图 6.15　FEKO 天线仿真软件处理机载天线建模计算界面

2. 背景电磁环境

"采集编辑回放"的方式，就是先采集实装测试场地不同测试项目的电磁环境，特别是车载、机载被验和参试装备运动状态下的背景电磁环境，然后在此基础上，依据战情想定进行增、裁剪信号等编辑，最后通过回放的方式注入到被验装备。完成背景电磁环境的信号采集与回放系统的组成如图 6.16 所示。

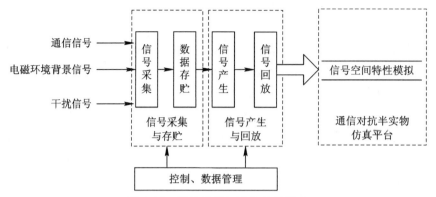

图 6.16　信号采集与回放系统组成

信号采集与回放系统包含两大部分，一是信号采集与存贮，可以用来对收信设备，如收信台、侦察站和测向站放置位置电磁环境的背景信号进行采集、存贮和数据管理；二是信号产生与回放，基于采集存贮的数据产生射频信号，将其作为目标源信号不间断地注入到通信对抗半实物仿真平台信号空间特性模拟分系统中，以有效支撑被验侦察装备背景电磁环境的构建。可见，逼真回放是关键，影响背景电磁环境与室外一致性的因素主要是采集回放设备的配置精度，如其滤波通道抗扰能力、采集速率、编辑适配度等，实际上不可能做到完全逼真回放。

3. 仿真测试平台的模拟精度

仿真测试平台模拟精度是系统硬件的固有指标。仿真平台设备误差 σ 主要包括设备校准误差 σ_C，设备随温度变化产生的漂移误差 σ_T 和仿真参数设置误差 σ_P，即

$$\sigma = \sqrt{\sigma_C^2 + \sigma_T^2 + \sigma_P^2} \tag{6.24}$$

式中，σ、σ_C、σ_T、σ_P 的单位为 dB。

由于测量仪器参数测量分辨率远优于仿真参数设置分辨率，所以仿真参数设置误差主要取决于参数设置分辨率。

(1) 传输路径衰减误差中，随温度变化产生的漂移误差可忽略($\sigma_{TA}=0$)，设备校准误差 $\sigma_{CA} \approx 0.18$，参数设置误差 $\sigma_{PA} \approx 0.5$，所以 $\sigma_A = \sqrt{0.18^2 + 0.5^2} \approx 0.53$，其中，$\sigma_{TA}$、$\sigma_{CA}$、$\sigma_{PA}$、$\sigma_A$ 的单位为 dB。

(2) 传输路径时延误差中，随温度变化产生的漂移误差 $\sigma_{T\tau}=93$（按 $\Delta T=10$，$\tau_{max}=0.31 \times 3$ 计算），设备校准误差 $\sigma_{C\tau}=7$，参数设置误差 $\sigma_{PA}=5$，则 $\sigma_T = \sqrt{93^2 + 7^2 + 5000^2} \approx 5$，其中：$\sigma_{T\tau}$、$\sigma_{C\tau}$ 单位为 ns，ΔT 单位为 ℃，τ_{max}、σ_{PA}、σ_T 单位为 μs。

(3) 对于信道与方向模拟器方向参数误差，以相位为参数的方向参数误差中，随温度变化产生的漂移误差 $\sigma_{T\theta}=1$，设备校准误差 $\sigma_{C\theta}=0.2$，参数设置误差 $\sigma_{P\theta}=0.5$，则 $\sigma_\theta = \sqrt{1^2 + 0.2^2 + 0.5^2} \approx 1.14$，其中：$\sigma_{T\theta}$、$\sigma_{C\theta}$、$\sigma_{P\theta}$、$\sigma_\theta$ 的单位为°。以时延为参数的方向参数中，随温度变化产生的漂移误差 $\sigma_{T\tau}=1$ ns，时延校准误差 $\sigma_{C\tau} \approx 0.1$ ns，参数设置误差 $\sigma_{P\tau}=0.5$ ns，则 $\sigma_T = \sqrt{1^2 + 0.1^2 + 0.5^2} = 1.2$ ns。以幅度为参数的方向参数误差中，随温度变化的漂移误差 $\sigma_{TA}=0.3$ dB，幅度校准误差 $\sigma_{CA}=0.067$ dB，参数设置误差 $\sigma_{PA}=0.5$ dB，则 $\sigma_A = \sqrt{0.3^2 + 0.067^2 + 0.5^2} = 0.6$ dB。

6.2.4　室内外侦察结果一致性分析

常规的通信对抗侦察测试主要包括侦察距离(范围)、跳频网台分选时间、跳频信号侦察时间、调制方式识别和解调能力、复杂电磁环境适应性等测试。由于侦察距离是指在室外(指野外场地)进行拉距测试,又是检验室内外(室内是指用仿真平台)一致性最重要最直接的战术指标,同时影响室内侦察距离测试结果的因素主要是幅度特性模型(如无线信道传输损耗、衰落、收发天线增益、电磁环境等)的准确程度,为此,笔者在分析侦察测试室内外结果差异及原因时,重点讨论侦察距离。而对于跳频网台分选时间、跳频信号侦察时间等与时间相关的测试,由于时延模型是确定性模型,可把它与侦察能力(如调制方式识别和解调能力等)测试放在一起进行。

1. 侦察距离室内外一致性分析

从通信侦察距离测试来看,侦察链路的传播模式主要表现为地地、地空和空地,影响侦察距离室内外测试结果一致性因素主要包括侦察链路无线信道、装备天线(含载体)、被验装备周围的电磁环境等。比较侦察距离室内外测试结果一致性的前提是室外测试布站和室内战情设置应一致。

(1) 地空、空地侦察距离测试。电波传播与地域关系不大,实测的传输损耗与 ITU 推荐的理论结果也较为吻合。常规的地空、空地侦察距离测试频段一般为 $225\sim 2000$ MHz。在这一频段,本书所建的天线增益模型计算结果与天线实际增益较为一致,影响侦察距离室内外测试结果不一致性的主要因素是载体上的装备天线增益模型计算结果与室外真实飞行天线增益"真值"间的差异。

(2) 超短波地地侦察距离测试。影响侦察距离室内外测试结果不一致性的主要因素是侦察链路传输损耗模型计算结果与室外真实空间无线信道"损耗真值"间的差异。通过校正后的传输损耗模型,室内外的传输损耗的差一般可控制在 10 dB 以内,而室外不同测试布站间传输损耗的差也在同一数量级。室外测试前,要进行点位堪点,在堪点的同时,测量并计算真实链路的传输损耗,这样,可先进行室内测试,然后再进行室外测试抽检、比对、验证。

(3) 短波天波侦察距离测试。短波天波通过电离层传播,为非恒参信道,衰落明显,其传输损耗是工作频率、传播模式、通信时间(年、月、时)和地点的函数,因此,室外测试在有限的时间段和有限点位完成的测试题目只能是简单的抽样,而室内设置相对就比较灵活,如可以完成×年×月×时的多次测试。

(4) 短波地波侦察距离测试。室内短波天线模型(包括载体对天线的影响和载体运动对天线极化方式的影响)、短波地波衰落模型、侦察设备电磁环境底噪与室外"真值"间的差异,是引起短波通信侦察距离室内外差异的最主要原因。短波天线的效率和增益,短波地波的传输损耗,室内模型的计算结果很难验证。分析其室内外一致性是一个难点。

2. 侦察时间和侦察能力室内外一致性分析

除侦察距离外,通信侦察测试内容还包括跳频网台分选时间、跳频信号侦察时间、信号分析与处理能力、跳频网侦察识别能力测试。这里以跳频网台分选时间测试为例,分析其室内外测试结果的一致性。

在战场环境下,侦察装备面临同时工作的跳频网台一般有多个,还有大量定频电台工作,如果不从复杂的信号环境中将各个跳频网台分选出来,即使截获到所有工作跳频网台的信号频率,不进行网台分选,侦察的意义也是不大的。为此,在对跳频信号的侦察中,网台分选是一个极其重要的测试题目。图 6.17 是跳频网台分选测试示意图,图中飞机和航迹表示设备的载体。

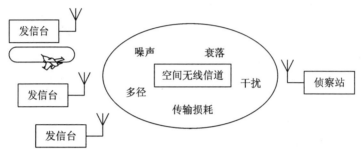

图 6.17　跳频网台分选时间室外测试示意图

对跳频信号进行网台分选的依据是跳频信号的技术参数:跳频速率、信号驻留时间、信号频率、信号电平、信号的来波方向等。下面进行详细介绍。

(1) 跳频速率。只有在分选之后才能测量出来。一般侦察接收机直接测量各个瞬时率信号的到达时间,对于恒跳速网台而言,同一个跳频台的信号到达时间间隔是相等的。

(2) 信号驻留时间。对于恒跳速信号,通常把跳频速率的倒数作为时隙宽度,信号驻留时间一般为时隙宽度的 0.8～0.9 倍。

(3) 信号频率。在规定的时间内统计不同频率出现的次数可以作为分选的依据。

(4) 信号电平。它受信道传输的影响很大,是一个不稳定的参数,只能作为分选的辅助参数,不能作为主要依据。

(5) 信号的来波方向,需要无线电测向支援。

不同类型的跳频侦察接收机能够测量的技术参数不完全相同,选取的参数不同,分选的方法也不同,网台分选一般都是由计算机自动完成,具体的分选方法多种多样。

一方面,从发信台到侦察站的信道传输时延,室内是确定性模型,计算结果较准确,仿真设备的模拟精度也较高(如商用信道模拟器时延精度一般为 10 ns,时延模拟器时延精度一般为 100 ns);另一方面,对同一网台的跳频信号,不同频点间接收信号电平、信号到达时间间隔、信号的驻留时间等主要技术参数的相对值与室外测试基本是一致的,因此,跳频网台分选时间室内外测试结果一致性较好。

跳频信号侦察时间、调制方式识别和解调能力等测试,类同于跳频网台分选时间测试分析,室内外测试结果一致性较好。

6.3　通信对抗干扰仿真技术

通信对抗干扰是指通过产生一定样式的信号对通信实施有目的的人为干扰,以降低通信的有效性和可靠性,破坏或扰乱目标方的无线电通信。通信干扰信号在频域、时域和能量上具有一定的特征，它们共同决定了干扰的效率和效能。在无线电通信系统中，发射机发射的信号经过开放的空中信道传送到接收端被接收机接收，由于信号来自开放的传播媒介，所以接收机在接收信号的同时不可避免地会接收到一部分与信号具有一定相关性的非信号成分，即通常所说的噪声和干扰。无线电通信干扰就是人为地产生与通信信号相关的干扰信号去干扰通信的正常接收，它是通过插入通信系统开放的空间信道对接收机作用而实现的。通信干扰机向空中辐射干扰信号，干扰信号通过无线信道到达通信系统的接收端，当它被接收机在接收通信信号的同时所接收到时，就对通信产生了干扰。通信干扰是针对通信接收端的，它对通信系统的发射端无直接影响。在无线电干扰的实施过程中，影响干扰效果的因素是多方面的，从技术角度来讲主要包括以下几个方面：

（1）干扰功率对干扰效果的影响是至关重要的。干扰功率主要受干扰发射机输出功率、发射天线增益、天线方向性及电波传播损耗的影响。

（2）干扰在频率上与目标信号的重合程度对干扰效果的影响非常重要。在频域上，干扰和目标信号的频率重合度越高，干扰效果越好；在时域上，干扰与目标信号同时存在才能产生有效干扰，即从目标信号出现或改变到干扰作出反应这一过程的快慢直接影响着干扰效果。

（3）干扰信号样式的影响主要表现在干扰效率上。不同干扰样式压制同一目标信号所需的压制系数是不相同的。

（4）被干扰目标接收机的技术性能和使用条件对干扰效果有很大影响。如有些电台采取了很多抗干扰措施。同时，被干扰目标接收机接收天线的方向性也会直接影响干扰效果。

上述使干扰有效的几个因素，从能量的角度，可以用式干扰方程来描述。收信台干信比与干扰容限的相对大小直接决定干扰距离的远近。

$$P_j + G_{jr} + \gamma_j + G_{rj}(\theta) - \varphi(d_{jr}) + B_{rj} - P_t - G_{tr} + \varphi(d_{tr}) - G_{rt} \geqslant \rho \qquad (6.25)$$

式中，

P_j、P_t 为干扰机、发信台的输出功率，单位为 dBm；

G_{jt}、G_{tr} 为干扰机、发信台天线在收信台方向的增益，单位为 dB；

G_{rt} 为收信台天线在发信台方向的增益，单位为 dB；

$G_{rj}(\theta)$ 为收信台天线在干扰机方向的增益，单位为 dB，目标方向性天线，其值与 θ 有关。θ 为通信链路与干扰链路之间的夹角；

γ_j 为干扰信号与通信信号极化不一致的因子，单位为 dB，$\gamma_j \leqslant 0$；

B_{rj} 为干扰信号和收信台频率对准程度决定的干扰功率进入收信台的百分比，单位为 dB；

$\varphi(d_{jr})$ 为干扰链路传输损耗，单位为 dB，它与干扰距离 d_{jr} 和电波传播条件有关；

$\varphi(d_{tr})$ 为通信链路传输损耗，单位为 dB，它与通信距离 d_{tr} 和电波传播条件有关；

ρ 为有效干扰的最小干信比，即干扰容限，单位为 dB。干扰容限与通信系统的体制和干扰信号的调制样式等多种因素有关，一般要通过理论计算和试验的方法来确定。

6.3.1　干扰仿真方法

通信对抗干扰测试的内容主要包括三类，一是干扰距离测试，比如拦阻式干扰距离测试、瞄准式干扰距离测试、欺骗式干扰距离测试等；二是干扰能力测试，如多目标干扰能力、按优先等级干扰、跳频干扰反应时间等；三是特殊地理环境适应性测试，考核在此环境下各类能力的变化情况，如高原适应性测试、寒区/热区适应性等测试。通信对抗干扰装备一般不考虑复杂电磁环境适应性，因为此时环境大多起助力作用。

1. 干扰距离仿真技术

干扰距离与侦察距离一样都是拉距测试，它们的不同点主要表现在：

（1）反映对抗效果的设备不同。对于侦察测试来说，侦察效果反映在被验设备上，侦察设备相当于一个非合作的收信台，接收到的通信信号与侦察接收机的灵敏度相对大小是判断侦察是否有效的基础；对于干扰测试来说，干扰效果反映在收信台上，在施放干扰过程中，干扰方无法确知所释放干扰的效果，干扰信号和通信信号的干信比与压制系数的相对大小是判断干扰是否有效的前提。

（2）所涉及的链路数目不同。对于侦察测试来说，只涉及侦察链路，仿真测试计算链路损耗考虑的是绝对值；对于干扰测试来说，涉及干扰链路和通信链路，仿真测试计算链路损耗考虑的是干扰链路和通信链路的相对值；对于跳频跟踪瞄准式测试，涉及侦察引导链路（发信台到干扰站）、通信链路、干扰链路（干扰站到收信台），是侦察测试与干扰测试的综合体。

从上面的不同点可以看出：侦察距离与干扰距离测试的主要判据都是电平，不同的是侦察测试是接收电平与灵敏度的比较，干扰测试是干扰信号与通信信号的比较；侦察测试只关心一条链路，干扰测试关心两（或多）条链路。

干扰距离测试是在通信装备（含天线）、通信链路确定的条件下，干扰站距离收信台一定距离，对正在通信的收信台发射干扰信号，测算收信台语音通信报文抄收误组率或数据通信码组差错率增量，检验干扰距离是否满足战术技术指标要求。战情设置中，测试设备一般按图 6.18 部署，其布局、通信专向的数量、通信距离、干扰距离可根据干扰装备作战目标与任务、战术使用等情况确定，干扰距离应在一定范围内选择不同方向和距离进行测试。

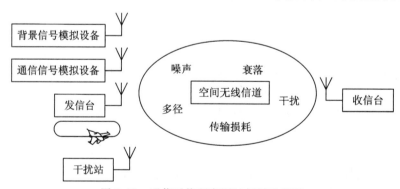

图 6.18　通信干扰距离测试部署示意图

发信台按干扰装备作战通信装备指标、作战应用方式，调整通信距离、配试通信电台发射功率、调制方式等，发射所需的定频或跳频、数字或语音等通信信号。背景信号模拟设备模拟收信台作战使用时面临的战场背景电磁环境信号，通信信号模拟设备发射收信台作战使用时面临的战场通信电磁环境信号，信号数量、强度、密度、样式等应能模拟典型的战场电磁环境。

干扰站选择适当的干扰样式发射干扰信号，将收信台的语音通信报文抄收误组率或码组差错率增量与产品规范要求(或标准规范)比对,综合评定被验装备的干扰效果。在全频段选取包括高、低端在内的不同频率点或频率集进行测试。

常规的通信对抗干扰距离(干扰范围)测试,按通信体制划分,有对定频通信、对跳频通信、对直扩通信的干扰距离测试等;按通信对抗干扰设备、收信台是否移动及运载平台的不同,可以分为固定干扰站、地面移动干扰站、干扰飞机、干扰船、投掷式滞空干扰机以及空中目标、地面目标、舰船载目标等;按干扰样式可分为拦阻式干扰、点频强制干扰、频段搜索干扰、跟踪瞄准式干扰等。这样,就可设计如下的干扰距离测试题目:对空跳频通信拦阻式干扰距离测试,对地跳频通信跟踪瞄准式干扰距离测试,对地定频通信点频强制干扰距离测试,对地跳频通信梳状谱干扰距离测试。

这里需要说明两点:一是干扰距离是通信距离确定前提下的干扰能力,比如依据被验装备干扰距离指标,遵循 3∶1 规则确定通信距离,在通信距离不变的情况下完成测试。即使是地空通信,区别于室外实装测试,也可以使通信距离不变来进行仿真测试。二是跳频跟踪瞄准式干扰距离测试,在干扰链路增加时延模拟器,以模拟引导时间加上干扰时间与通信时间的时延差。

通信干扰距离仿真平台测试一般分为两个步骤:一是进行典型战情想定,在确定频率或频率集、干扰样式的条件下,进行半实物仿真测试,依据报文抄收正确率、误码率或干扰等级,直接得到干扰距离,同时记录下此时干扰链路与通信链路衰减值,这个过程应重复测试多次,以保持数据充分性;二是依据干扰链路与通信链路衰减值,推算主要影响传输损耗项因素时的干扰距离,比如目标飞行高度的改变、配试装备天线类型的改变、天线高度的改变、干扰链路中增加一片树林、不同季节的植被等。这里要注意,只有其他条件相对不变的情况下,只有衰减量的变化才适宜,下列情况属于新的战情:

- 频率或频段不同;
- 电波传播衰落特性不同;
- 被验或配试装备的工作参数不同;
- 背景电磁环境不同。

1) 测试前准备

主要包括测试战情想定、测试方案生成、系统校准和时间统一等。

(1) 测试想定设计。按下述要素进行测试想定设计:

① 时间、用频、区域、测试设备连接关系等;

② 通信干扰装备和通信装备的部署位置,通信干扰装备和配试通信装备运动平台的轨迹、速度、加速度和飞行姿态,天线在通信干扰装备和配试通信装备上或运动平台的安装位置;

③ 干扰链路和通信链路的地理、气象等环境参数;

④ 通信接收机部署位置周边的电磁环境,包括电磁环境的频段及信号数量,每一信号的频率、带宽、调制方式、幅度、活动频度、持续时间等参数;

⑤ 通信干扰装备、通信装备等设备的工作参数,以及设备天线的物理参数。

(2) 测试方案生成与编辑。针对测试想定,利用无线信号传播特性和天线特征计算模型,计算无线信号传播特性和天线方向图等参数,主要包括:

① 计算发信台在收信台方向、收信台在发信台方向的天线增益,以及通信装备平台运

动速度、加速度和飞行姿态对天线增益的定量影响，并折算到通信链路电波传播衰减参数中；

②　计算通信干扰设备在收信台方向、收信台在被验设备方向、引导设备在发信台方向、发信台在引导设备方向的天线增益，以及被验设备或通信装备平台运动速度、加速度和姿态对天线增益的定量影响，并折算到干扰链路、引导链路电波传播衰减参数中；

③　计算干扰链路、引导链路、通信链路的电波传播衰减、衰落、时延、多径和多普勒频移等信道特性参数。综合测试想定设计结果和信号传播特性参数，按时间顺序形成测试流程。一般考虑测试实施持续时间的合理性，生成测试方案。每一测试方案可有多组测试参数，可重复测试。

（3）系统校准和时间统一。测试前，完成通信对抗半实物仿真平台的自检、校准和时间统一。其中，系统校准时，每条链路衰落选用常量模型。

2）测试实施

通信干扰装备测试典型设备连接关系如图 6.19 所示。通过调节干扰链路的衰减量，按照测试方案序号实施干扰测试，直至找到最大干扰距离对应的衰减量。

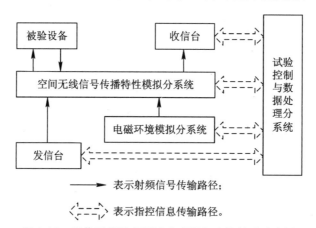

图 6.19　通信干扰装备测试典型设备连接关系示意图

根据想定的地形地物等地理条件、气象条件、配试装备天线类型、被验和被验装备不同天线架高等，在通信链路频率（频段）、干扰样式、背景电磁环境，以及信道衰落、时延、多普勒特性等不变的条件下，依据式（6.26），选择电波传播模式，反推干扰距离。

$$f(d) = L + G_{\mathrm{jr}} + G_{\mathrm{rj}} \tag{6.26}$$

式中，L 为通信对抗半实物仿真平台干扰链路设置的衰减量，单位为 dB；G_{jr} 为干扰装备在收信台方向的天线增益，单位为 dB；G_{rj} 为收信台在干扰装备方向的天线增益，单位为 dB。

2. 干扰能力仿真技术

如多目标干扰能力，按优先等级干扰、跳频干扰反应时间等，在想定的战情条件下，可直接给出确定的仿真测试结果。

6.3.2　干扰仿真可信度要素

通信干扰距离仿真测试示意图如图 6.20 所示。图中虚框内的部分，即链路的空间无线信道、被验装备或配试装备的天线、运动轨迹，是通过模型和仿真设备实现的，那么模型和仿真设备存在的一些不完善之处，都会影响到干扰距离。仿真模型主要包括电波传播衰减（传输损耗）、衰落和天线增益。

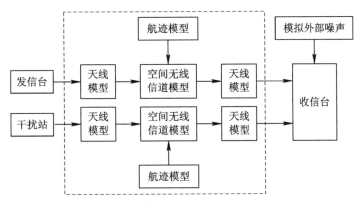

图 6.20　通信干扰距离室内测试示意图

下面主要对这些因素对干扰距离的影响进行分析。

1. 衰减中值对干扰距离的影响

从对电波传播损耗模型的分析中我们可以看到，模型的计算结果与实际测量统计的中值损耗结果在不同距离、不同频率上大多数情况下存在相似的误差，模型的计算结果都大于或都小于实际测量结果。所以，尽管电波传播模型都有误差甚至是很大的误差，但是由于地面通信干扰仿真测试的通信链路损耗和干扰链路损耗使用相同的模型，其误差分布基本相同，在干信比上这种误差相互抵消或部分抵消，使得干扰距离的仿真测试结果的可信度不那么差。

1）升空干扰站对地面通信干扰距离测试

空对地干扰链路若采用 6 抽头的衰落模型，地面通信链路采用的是中值衰减，干扰距离仿真测试可信度主要由通信链路电波传播损耗的置信概率决定。

由于收信机位置略微变动引起通信信号上下浮动的衰落服从瑞利分布，设通信设备发端信号电平为 $E_{通发}$，通信设备收端收到的通信信号电平幅度为 $E_{通收}$，通信链路损耗中值为 $L_{通信中值}$，测试时通信链路取值损耗为 $L_{通信测试}$，则

$$\delta_{通信} = \frac{E_{通信中值}}{\sqrt{2\ln2}} = \frac{E_{通发}}{\sqrt{2\ln2}L_{通信中值}} \tag{6.27}$$

$$E_{通收} = \frac{E_{通发}}{L_{通信测试}} \tag{6.28}$$

最大侦察距离置信概率为

$$P(f) = \int_0^{E_{通收}} p(x)\,\mathrm{d}x = 1 - \mathrm{e}^{\left(-\frac{E_{通收}^2}{2\delta^2}\right)}$$

$$= 1 - \mathrm{e}^{\left[-\ln2\left(\frac{L_{通信测试}}{L_{通信中值}}\right)^{-2}\right]} \tag{6.29}$$

仿真结果如图 6.21 所示。

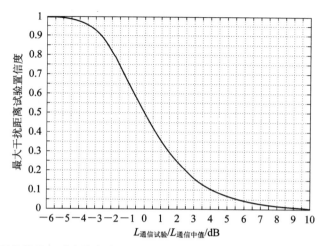

图 6.21　通信链路相对中值衰减的幅度起伏与最大干扰距离仿真测试置信概率关系

也就是说，在假设条件成立的前提下，通信链路损耗量减少，最大干扰距离测试置信概率可相应提高。通信链路 50% 时间降低到 p% （比如 5%）时间的相对损耗值计算方法如下：

对于 1% 与 50% 时间内给定时间百分比的场强值，应通过在标称值 1% 与 10% 时间内或者在标称值 10% 与 50% 时间内由内插进行计算，如式（6.30）所示：

$$E = \frac{E_{\text{sup}}(Q_{\text{inf}} - Q_t)}{(Q_{\text{inf}} - Q_{\text{sup}})} + \frac{E_{\text{inf}}(Q_t - Q_{\text{sup}})}{(Q_{\text{inf}} - Q_{\text{sup}})} \quad \text{dB}(\mu\text{V/m}) \tag{6.30}$$

式中，t 为需做出场强预测的时间百分比；t_{inf} 为标称时间百分比下限；t_{sup} 为标称时间百分比上限；$Q_t = Q_i\left(\dfrac{t}{100}\right)$；$Q_{\text{sup}} = Q_i\left(\dfrac{t_{\text{sup}}}{100}\right)$；$Q_{\text{inf}} = Q_i\left(\dfrac{t_{\text{inf}}}{100}\right)$；$E_{\text{inf}}$ 为时间百分比 t_{inf} 的场强值；E_{sup} 为时间百分比 t_{sup} 的场强值；$Q_i(x)$ 是逆互补累积正态分布函数，计算方法参见 ITU-R P.1546 建议书。

2）地面干扰站对地面通信干扰距离测试

即使电波传播模型损耗中值计算的准确度很高，在不考虑其他因素时，小于传播损耗中值的出现概率只有 50%，因此仿真测试得到的最大干扰距离可信度不高。

由于通信和干扰链路损耗相对中值上下浮动的衰落特性服从瑞利分布，设通信设备发端信号电平为 $E_{\text{通发}}$，通信设备收端收到的通信信号电平幅度为 $E_{\text{通收}}$，干扰设备发射信号电平为 $E_{\text{干发}}$，通信设备收端收到的干扰信号电平幅度为 $E_{\text{干收}}$，通信装备接收灵敏度为 $E_{\text{灵敏度}}$，最大干扰距离对应的链路损耗中值为 $L_{\text{干扰中值}}$，测试时最大干扰距离对应的链路损耗取值为 $L_{\text{干扰试验}}$，通信链路损耗中值为 $L_{\text{通信中值}}$，测试时通信链路损耗取值为 $L_{\text{通信试验}}$，压制系数为 α，则

$$\delta_{\text{通信}} = \frac{E_{\text{通信中值}}}{\sqrt{2\ln 2}} = \frac{E_{\text{通发}}}{\sqrt{2\ln 2}\, L_{\text{通信中值}}} \tag{6.31}$$

$$\delta_{\text{干扰}} = \frac{E_{\text{干扰中值}}}{\sqrt{2\ln 2}} = \frac{E_{\text{干发}}}{\sqrt{2\ln 2}\, L_{\text{干扰中值}}} \tag{6.32}$$

$$E_{通收} = \frac{E_{通发}}{L_{通信测试}} \tag{6.33}$$

$$E_{干收} = \frac{E_{干发}}{L_{干扰}} \tag{6.34}$$

$$\alpha = \frac{E_{干收}}{E_{通收}} = \frac{E_{干发} L_{通信测试}}{E_{通发} L_{干扰测试}} \tag{6.35}$$

最大干扰距离置信概率为

$$p(f) = \frac{\delta^2_{干扰}}{\alpha^2 \delta^2_{通信} + \delta^2_{干扰}} \frac{1}{\left[\left(\dfrac{L_{通信测试}}{L_{通信中值}} \right) \div \left(\dfrac{L_{干扰测试}}{L_{干扰中值}} \right) \right]^2 + 1} \tag{6.36}$$

地面干扰站对地面通信最大干扰距离置信概率由 $\dfrac{L_{通信测试}}{L_{通信中值}}$ 和 $\dfrac{L_{干扰测试}}{L_{干扰中值}}$ 共同决定。其中，$\dfrac{L_{通信测试}}{L_{通信中值}}$ 取值决定着通信干扰成功率的置信概率，测试时一般会根据通信干扰成功率的置信概率要求对 $\dfrac{L_{通信测试}}{L_{通信中值}}$ 取值进行论证，仿真结果如图 6.22 所示。

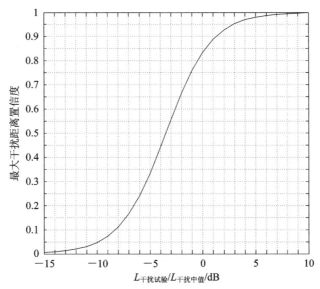

图 6.22　干扰链路相对中值衰减的幅度起伏与最大干扰距离仿真测试置信概率关系

3）地面干扰站对地空和空空通信干扰距离测试

地对空干扰链路、通信链路均采用 6 抽头的衰落模型，但来源缺乏依据；空对空通信链路采用的是常量模型，没有衰落。

ITU-R P.528《用于 VHF、UHF 和 SHF 频段的航空移动和无线电导航服务的传输曲线》建议书给出了 125MHz、300 MHz、1200 MHz、5100 MHz、9400 MHz 在 5%、50%、95% 时间地空、空空航空业务的损耗，干扰链路的损耗值选取 95% 代替 50% 时间对应的损耗值，通信链路选取 5% 时间的损耗值，可有效提高干扰距离仿真测试结果的可信度。

2. 电波传播衰落模型对干扰距离的影响

电波传播衰落模型有三个描述特征，衰落的分布、衰落深度和衰落速率。衰落分布在研究电波传播模型中已经做过分析，一般服从莱斯分布或瑞利分布，实际地空衰落深度与以前测试选取的典型值有很大差异，它与衰落速率共同影响测试结果。

在通信对抗测试中，主要考虑和模拟快衰落，慢衰落可以在传输损耗中体现。不考虑其他因素，衰落模型或衰落模拟较为准确时，最大干扰距离测试结果的可信度非常高。然而，从以往测试看，衰落周期远远小于通信时间时，我们可以认为其各态历经，测试结果可信。衰落周期和通信时间可以比拟时，往往测试结果和评估标准不一样，会给测试结果带来很大差异。下面我们以陆基导航抗干扰性能测试为例进行分析。

陆基导航装备是在地面设置的 4 个位置确定的地面站，机载导航设备发射脉冲测距信号，地面站收到测距信号并转发给机载导航设备进行测距和定位。抗干扰测试是对一个地面站和机载导航设备的测距抗干扰性能而展开的，以刚好无法测距时的干信比（即压制系数）为评估抗干扰能力的指标。

图 6.23、图 6.24 为不同 K 因子时，测试莱斯模型和输入均相同的两路衰落独立的信道模拟器输出信号的差别，K 因子都选择 5 dB 时，两路输出信号电平差在 ± 10 dB 以内；K 因子都选择 10 dB 时，两路输出信号电平差在 ± 7 dB 以内。测试结果比信道模拟器设置值小，其原因是测试仪器的示值是在一次测试时间内的平均值。

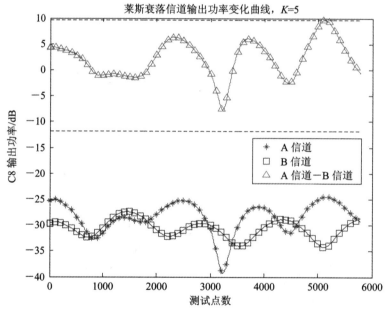

图 6.23　$K = 5$ 时的信道模拟器输出功率曲线示意图

测试结果是，静态测试（不加衰落）时的压制系数比动态测试（加衰落）时的压制系数小。从上图可以看出，动态测试时干信比因两路独立衰落在时间上有波动，这一波动与衰落速率（周期的倒数）有关，当衰落周期与测距脉冲信号的时间可以比拟时，在某些时间上的干信比达不到静态测试研制系数的要求，这时仍然会出现少量能够正确测距的情况，这正是静态测试（不加衰落）时的压制系数比动态测试（加衰落）时的压制系数小的根本原因。如果衰落周期远远小于通信时间，引起的只能是误码率随时间波动，总的平均误码率是基本相同的。

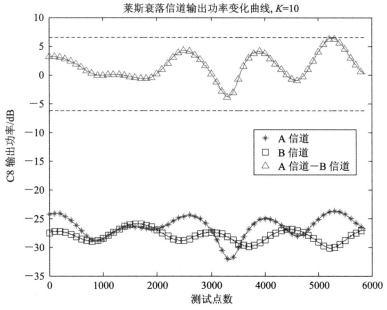

图 6.24　$K=10$ 时的信道模拟器输出功率曲线示意图

3. 天线模型对干扰距离的影响

从干信比的关系式中可以看出，如果干扰机和通信发射机的最大辐射方向都对准通信接收机，干信比和干扰机发射天线增益、通信发射方天线增益以及通信接收机在干扰机方向的天线增益都有关系。因此，仿真平台测试的天线增益和方向图模型的精度都会对通信干扰仿真测试的结果直接产生影响。

从第 4 章可以看出，有些天线模型较为准确，而有些天线模型的精度很差。如超短波对数周期偶极子天线的增益仿真结果与标称值和测量值的最大误差不大于 ±1 dB，而超短波战术电台的天线增益仿真比测量值小 5 dB。如果对超短波通信干扰站进行仿真测试，干扰站采用对数周期天线，战术电台采用鞭天线，由于天线增益仿真误差带来的干信比最大误差将达到 6 dB，即干信比比基于测量的天线增益值的计算结果大 6 dB，即使电波传播损耗模型没有误差，由此测试得到的最大干扰距离也将比基于实际测量天线增益的结果大 35%。

在测试中，对于模型精度不高或难以建模（受载体影响难以建模）的天线，可以采用测试天线增益或测试等效辐射功率的方法获得精度较高的仿真测试结果，仿真测试结果的可信度可以得到进一步提高。

6.3.3　室内外干扰结果一致性分析

常规的通信对抗干扰测试主要包括拦阻式（阻塞式）干扰距离、瞄准式干扰距离、欺骗式干扰距离、多目标干扰能力、按优先等级干扰、跳频干扰反应时间、复杂电磁环境适应性等测试。对于干扰距离指标测试一般可通过采取室外拉距与室内仿真进行，两者互为印证。由于干扰距离是检验室内外一致性最重要最直接的战术指标，同时影响室内干扰距离测试结果的因素主要是通信链路和干扰链路的幅度特性模型（如无线信道传输损耗、信道衰落、收发天线增益、电磁环境等)的准确程度,为此,笔者在分析干扰测试室内外结果差异及原因时,重点讨论干扰距离。而对于跳频干扰反应时间等时间相关的测试,由于时延模型是确定性模型,本小节把它与干扰能力(如多目标干扰能力、按优先等级干扰等)测试放在一起进行讨论。

1. 干扰距离室内外结果一致性分析

通信、干扰链路主要是地地、地空和空地信道,对影响室内外干扰距离一致性的因素进行分析,其主要包括通信/干扰链路无线信道、装备天线(含载体、载体运动对天线的影响)、收信台周围的电磁环境等因素。比较干扰距离室内外测试结果一致性的前提是室外测试布站和室内战情设置应一致。

1) 通信、干扰超短波链路一方为地地链路,一方为地空链路

由于超短波地空链路室内传输损耗模型计算结果与室外对应链路"真值"有较好的一致性,因此,影响干扰距离室内外测试结果不一致性的主要因素是地地链路室内传输损耗模型计算结果与室外对应链路"真值"的差异。

2) 通信、干扰超短波链路都为地地链路

由于室内干扰链路、通信链路传输损耗计算时,选用的传播模型以及模型中的主要参数具有可比性,干扰链路、通信链路传输损耗模型的计算结果与室外对应链路"真值"的差变化趋势一般都相同,即同为正或同为负,这样计算干信比时,模型计算引起的系统误差会抵消一部分。

室外测试前,要进行点位堪点,在堪点的同时,测量并计算真实链路的传输损耗,室内测试时用实测数据,这样,室内外能有较好的一致性。

3) 通信、干扰超短波链路一方为地空链路,一方为空空链路

相对于地地通信地面起伏、植被、村镇、树木、丘陵、河流和山脉等地形地物的影响,地空、空空链路相对单一,电波传播与地域关系不大,实测的传输损耗与ITU推荐的理论结果也较为吻合,而室内测试又无实际的飞行,可在被验装备干扰距离附近(与通信距离相关)选取若干个离散点进行多样本重复测试。由于载体运动对天线增益的影响使仿真模型与室外真实值很难做到一致,由此成为室内外干扰距离不一致性的主要因素。

4) 短波链路

室内短波天线模型(包括地面或载体对天线的影响、载体运动对天线极化方式的影响)、短波天波衰落模型、收信台电磁环境底噪与室外"真值"间的差异,是引起短波干扰距离室内外差异的主要原因。短波天线的效率和增益,短波地波的传输损耗,短波天波的衰落深度等,室内模型的计算结果很难验证,分析其室内外测试结果一致性是一个难点。

另外,通信干扰距离,从时间的角度来讲,干扰信号要与通信信号时域重合或时域部分重合才能实施有效干扰。对跳频通信跟踪瞄准式干扰实质上是在侦收到跳频信号后立即实施窄带瞄准式窄带干扰的一种方式,由于侦察链路(先侦收)、干扰链路(后干扰)与通信链路形成了一个三角形关系,在每个跳频周期内,干扰信号必然落后于通信信号到达收信端,因此,在时间上,需满足式(6.37),干扰站才能对跳频通信信号实施有效跟踪瞄准式干扰。

$$\frac{d_{tj} + d_{jr} - d_{tr}}{c} \leqslant \eta\tau - T_P \tag{6.37}$$

式中,

d_{tr} 为发信台到收信台的距离，单位为 km；

d_{jr} 为干扰机到收信台的距离，单位为 km；

d_{tj} 为发信台到干扰机的距离，单位为 km；

c 为光速；

T_P 为跟踪式干扰机的反应时间，单位为 s，它是干扰机的固有指标，由引导时间和干扰机反应时间两部分构成，引导时间是引导接收机从收到跳频信号到发出引导信息所用的时间，干扰机反应时间是干扰机从接收到引导信息到发射出干扰信号所用的时间；

τ 为跳频信号驻留时间，单位为 s，它等于跳频周期（跳速的倒数）减去跳频转换时间（跳频电台切断时间＋截止时间＋接通时间）；

$\eta\in(0,1)$ 为一常数，它代表每个驻留时间中未被干扰时间所占的比例，η 越小，受干扰时间越多，干扰效果越好。

式子的右边，T_P 为干扰机的能力，τ 和 η 是收信台的固有指标，干扰机和收信台在通信对抗半实物仿真平台中都作为被验设备和配试设备参与测试；式子的左边，三个距离室内模型计算是确定性模型，很准确，加之仿真设备时延精度很高（信道模拟器时延精度为 10 ns）。因此，单纯从时间的角度而言，内、室外测试结果一致性高。

2. 多目标干扰能力室内外结果一致性分析

对定频通信多目标干扰室外测试示意如图 6.25 所示。目前多目标干扰方式主要有两种，一是频分多目标干扰，一是时分多目标干扰。频分多目标干扰属于梳状谱干扰，室内外测试结果的一致性分析可参照干扰距离测试室内外结果差异及原因分析。时分多目标干扰是目前实际应用最多的多目标干扰方式，对被干扰的收信台而言，干扰是不连续的，间断干扰效果取决于干扰占空比和干扰重复频率，干扰目标数一般在 3～4 个左右。

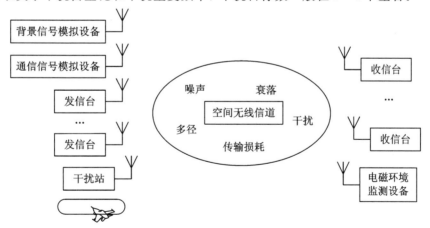

图 6.25　多目标干扰能力室外测试示意图

多目标干扰能力测试重点考核的不是距离而是目标数，室外测试时，不同通信链路可以布设不同的通信距离，当然，不同的干扰链路也可以是不同的干扰距离。对每个目标每次进行干扰时，干扰信号驻留时间等多目标干扰策略反映在干扰站的设置上，而干扰站和通信设备都参与室内、室外测试，室内外测试结果基本一致。

按优先等级干扰、跳频干扰反应时间等测试，类同于多目标干扰能力测试分析，室内外测试结果一致性较好。

第7章 通信对抗复杂电磁环境 适应性仿真技术

本章在介绍复杂电磁环境适应性相关概念、特点、构建方法及仿真等的基础上，创新性提出了基于客体脆弱性的复杂电磁环境仿真构建方法，为高效开展被验对象大规模体系对抗复杂电磁环境适应性测试提供技术支撑。

7.1 复杂电磁环境概念及特点

7.1.1 相关概念

电磁环境是指存在于给定场所的所有电磁现象的总和，是电磁空间的一种表现形式，反映的是具体事物与周边的一种电磁关系。其中，"给定场所"即"空间"，"所有电磁现象"即包括全部"时间"与全部"频谱"，即所有的电场、磁场和电磁场。与外军电磁环境的概念相一致，我国对"电磁环境"的定义也表达出了电磁环境的基本属性，它包括空间、时间、频率、能量等方面。根据电磁信号产生来源，可分为自然信号和人为信号两大类。自然信号是各类自然界产生的电磁环境信号，包括雷电电磁辐射、静电电磁辐射、太阳系及星际电磁辐射等；人为信号是各种人为活动或人造设备器械等产生的电磁信号，包括各类民用设施、工业设施、军用设施等产生的电磁信号。此外，传播因素是影响电磁信号的重要因素，它对人为电磁辐射信号和自然电磁辐射信号都会产生作用，从而改变电磁环境的形态，传播因素包括电离层、地理环境、气象环境以及人为因素构成的各种传播介质。

战场电磁环境是指电磁空间作用于战场生成的电磁环境。在现代战场空间范围里，自然电磁现象和民用电磁活动，尤其是敌对双方的电磁应用和反电磁应用活动，如通信、雷达、导航定位、电子对抗等，构成了战场电磁环境。电磁空间和战场环境互为依托，有着内在的联系。

复杂电磁环境是指在一定的空域、时域、频域和功率域上，多种电磁信号同时存在，对武器装备运用和作战行动产生一定影响的电磁环境。可以认为，复杂电磁环境是在有限时空和一定频段上，多种电磁信号密集、交叠，妨碍电子信息装备正常工作，对装备运用和作战行动产生显著影响的战场电磁环境，是由人为和自然的、民用和军用的、对抗和非对抗的多种电磁信号综合形成的一个电磁环境。

电磁环境效应是指构成电磁环境的电磁辐射源通过电磁场或电磁波对装备或生物体所产生的作用效果。

复杂电磁环境效应，在《电子信息系统复杂电磁环境效应》一书中被定义为：复杂电磁环境对电子信息系统的影响，主要包括能量效应、信息效应、管控效应。其中，能量效应即电磁信号利用其电磁能量作用于电子信息系统，对电子信息系统的正常工作产生影响，甚至对电子信息系统造成物理性破坏的"硬损伤"；信息效应即电磁信号对电子信息系统的信息链路环节产生影响，妨碍电子信息系统产生、传输、获取和利用信息，对电子信息系统造成功能性破坏的"软损伤"；管控效应，即利用电磁频谱接入等信息化手段，对电子信息系统的控制协议和信息内容等进行探测、识别、欺骗和篡改等操作，实现系统的接管控制和为我所用。

7.1.2　复杂电磁环境特点

复杂电磁环境是指在一定的空域、时域、频域和能量域上，利用多种电磁信号激励作用，以影响电子信息装备的效能发挥，对武器装备运用和作战行动产生一定影响的电磁环境。复杂电磁环境具有以下几个特点：

（1）普效性。电磁环境是客观存在的，当交战双方的信息化武器装备处于复杂电磁环境中时，均会受到影响，呈现出普效性。

（2）相对性。不同信息化武器装备受同一电磁环境的影响程度各异，与发射/接收特性、技术体制和对各类电磁信号的感知特性有关，电磁环境对装备的影响具有相对性。复杂电磁环境构设体系应能够根据不同信息化装备对电磁环境的感知特性，灵活定制构建电磁环境。

（3）动态性。复杂电磁环境是由民用和军用的、目标方和我方的、对抗和非对抗的多种电磁信号在动态变化条件下综合形成的，其时域、频域、空域、能量域以及调制域的组成及分布特性，因各战场环境的差异而不同。同时，随着装备技术的发展和战争形态的演变，电磁环境的组成及分布特性也会发生变化，因此复杂电磁环境构建体系应具有一定的覆盖能力和拓展能力，以满足各种电磁环境构建。

（4）对抗性。电子信息对抗贯穿现代战争的全过程，交战各方围绕信息获取、传递、处理和使用不断展开电子侦察、干扰和防御，敌我双方在电磁频谱领域的对抗博弈是复杂电磁环境最主要的特征。

7.2　复杂电磁环境构建的基本方法

从信号本质形式上看，复杂电磁环境信号包括对抗和非对抗两类信号。对抗类电磁信号是指由目标方电子战装备辐射或反射产生的、针对电子信息装备的干扰信号，其信号样式的生成需要侦收处理等过程。在电磁信号环境模拟生成装备型谱设计中，一般用干扰信号来表述对抗类电磁信号。非对抗类电磁信号指电子信息装备（除电子战装备外）辐射产生以获取信息的军用电磁信号（如作战对象辐射/反射的电磁信号，敌我雷达装备、通信装备和光电装备等辐射产生的电磁信号，飞机等目标的电磁回波等），工厂、移动通信等辐射产生的民用电磁信号，以及地理气象引起的杂波信号等。非对抗类电磁信号又分为背景电磁信号和电子靶标信号，其中电子靶标信号通常需要依据交互博弈过程发生变化，需要完成信息层面的对抗交互，而背景电磁信号环境通常不需此类过程，通常只需辐射信号即可。因此，在考虑构设要求后，按照与客体装备的作用关系，将复杂电磁环境分为威胁电磁环境、目标电磁环境和背景电磁环境。

7.2.1　构建原则及能力要求

1. 基本原则

（1）基于典型性确定面临的战场环境。应选择被验装备在完成作战任务中可能面临的具有代表性的战场电磁环境进行构建。被验装备在完成不同的作战任务时，其可能面临的战场电磁环境也不尽相同。为此，需针对典型作战任务，选择被验装备可能面临的具有代表性的战场电磁环境进行构建，在此条件下检验被验装备的复杂电磁环境适应性。

（2）基于相关性选取要构建的电磁信号。应重点选择与被验装备相关程度较高的电磁信号进行电磁环境构建。应基于被验装备的接收特性，对预测的战场电磁环境中各单个电磁信号与被验装备的相关程度进行分析计算，重点选取与被验装备相关程度较高的电磁信号进行复杂电磁环境构建，而对相关程度较低或无相关性的电磁信号，在电磁环境构建时可不予考虑。

（3）基于相似确定构建的电磁环境。构建的复杂电磁环境应与被验装备面临的战场电磁环境在时域（包括信号间时序关系）、空域、能量域和调制域等方面应具有较强的一致性。相似性越强，则构建的复杂电磁环境与战场电磁环境的一致性越好，越接近战场电磁环境。

（4）基于对抗性驱动要求构建电磁环境。复杂电磁环境应体现对抗博弈的动态过程。对抗博弈是战场电磁环境的重要特征，因此构建的复杂电磁环境应能够充分体现这一特征，依据作战双方的战术战法及作战流程，采用对抗博弈的动态交互形式推进。

2. 构建能力需求

（1）全域覆盖能力。覆盖能力体现在复杂电磁环境构设体系在频域、时域、空域、能量域、调制域和极化域等各域进行电磁环境构设的能力，可以通过频段组合、平台组合、装备组合和功能重构等方法手段，具备同时覆盖多域的能力，满足复杂电磁环境构建多样化要求和不同类型构建的需要。

（2）灵活定制能力。定制能力体现在复杂电磁环境构设体系能够按需构建，可以根据不同被验装备的技术体制、作战任务、作战地域、作战对手和作战样式等，快速灵活地确定电磁环境的信号样式、信号时序关系、信号活动规律和环境演变趋势等构建要素，能够体系化构建陆、海、空、天等典型作战区域的电磁环境。

（3）动态博弈能力。博弈能力体现在电磁环境的变化可依据作战双方战术战法及作战流程，采用动态交互形式推进。通过基于战情的动态电磁环境控制和不断完善的作战对象模拟，根据攻防对抗过程和作战效果调整控制电磁环境，实现"红蓝"交互目的，使构建的电磁环境能够更加贴近战场实际情况。

（4）快速拓展能力。拓展能力体现在构设体系可以快速高效地进行升级改造和功能重构，能够适应作战对象信号样式、技术体制和工作方式变化带来的新需求，满足认知水平和测试工作标准提高带来的新要求。其构设装备应具有"平台通用化、接口标准化、功能软件化"的特点。

7.2.2　构设装备基础类别

1. 规划控制类装备

电磁环境构设规划控制装备是电磁环境构设的指挥控制枢纽，主要用于实现复杂电磁环境构设的规划、推演、控制以及电磁环境态势显示和构设逼真度评估，并提供环境计算支持等辅助功能。

电磁环境构设规划用于复杂电磁环境构设场景和控制方案设计，对环境构设资源的使用和控制进行多维度、一体联动规划。电磁环境构设推演用于电磁环境构设方案仿真推演，验证构设方案的合理性和可行性，支持构设方案的优化调整。电磁环境构设控制用于控制各类电磁环境构设装备，按照构设方案协同产生所需电磁环境，实时监控构设装备工作状态。电磁环境态势显示用于生成多维电磁环境态势数据，对复杂电磁环境构设效果等进行直观展示。电磁环境构设评估基于电磁环境监测数据，验证仿真推演结果的实际效果，评估环境构设逼真度。电磁环境构设环境计算支持提供水文气象、地理信息、电波传播数据、模型和计算工具。复杂电磁环境构设集成平台为上述构件按需实现动态重组、业务协同调度和对外信息交互，提供统一的运行集成平台。存储回放功能与其他功能耦合度较高，为电磁环境构设规划、推演、控制、环境支持、评估和态势显示功能的底层支持功能。综合管理功能主要包括测试场地、人员、装备设施等基础信息管理、用户管理、日志管理等功能。

2. 信号生成类装备

电磁环境模拟生成装备主要根据不同测试需求或依据规划控制系统的指令，在给定频域、时域、空域、能量域、调制域和极化域上，等效生成可能面临的各类电磁辐射信号，形成频率覆盖全面、体制样式完备、强度梯次配置和时序灵活可调的复杂电磁环境。复杂电磁环境构设装备根据基础元器件技术水平、功放技术水平、天线技术水平，从应用条件和使用环境两方面，可将电磁信号生成装备按照工作频段、功率等级进行划分，定义为大型、中型和便携三类。

大型装备主要用于对机载、弹载武器装备的远距离等比测试，所需等效辐射功率要求高，通常采用空间功率合成技术实现，空域覆盖小，工作频段窄，使用维护复杂，装备造价较高。中型装备主要用于宽阔地域的电磁环境构设中，有较好的地域覆盖能力和距离覆盖能力，适用于中距离等效或缩比测试、宽阔地域的环境构设和装备的在役考核；天线波束较宽，工作频段较宽，测试装备编配的经济性较好。便携装备主要适用于场地面积、道路等受限，不便于车载机动的测试场地进行抵近摆放等效缩比测试，同时可编配于开展在役考核和营区训练的基层单位；一般具有体积小、重量轻以及功率低等特点，还具备在机载等多种平台使用的能力；因输出功率要求小，工作频段较中型、大型装备宽，具有使用灵活、操作简单、保障便捷、效费比高等优点。

威胁信号环境模拟装备主要包括雷达干扰信号环境模拟装备和通信导航干扰信号环境模拟装备等。目标信号环境模拟装备包括雷达模拟装备、通信电台模拟装备、数据链模拟装备等。背景信号环境模拟装备主要包括无线电信号环境模拟装备和光电信号环境模拟装备等。从装备功能角度分析,干扰信号模拟装备与背景信号环境模拟装备相比,两型装备均具有信号生成功能的需求,而干扰模拟装备还需具备侦察引导功能,具备此功能才能实现完整的干扰模拟能力。

3. 信号监测采集类装备

电磁环境监测采集装备主要用于测试区域电磁信号的监测采集,为评估系统提供时域、空域、频域、能量域、调制域等电磁环境特征参数。此类装备应具备区域频谱监测和信号特征分析两个功能,区域频谱监测主要实现区域内电磁环境的时、频、能量域的监测,信号特征分析不仅需对电磁环境时、频、能量域进行监测,还需对重点关注信号进行空域、调制域监测。

无线电监测采集装备通常包括电磁环境频谱监测装备、通信与导航信号监测采集分析装备、雷达信号监测采集分析装备等。光电信号监测采集装备型谱综合考虑使用方式和测试监测要求,区分图像、信号、辐射亮度等特征参数,选取电磁环境监测采集装备。

频谱监测功能单一,采用具备单一单元天线与接收通道的监测设备即可实现。信号特征分析一般需采用阵列接收天线,多通道体制,设备相对比较复杂,成本较高。监测应用部署时,电磁环境频谱监测装备需要区域内多点部署,而信号监测采集分析装备仅需少量部署于重点区域,这满足同时获取评估所需电磁环境特征与费效比的要求。

7.2.3 复杂电磁环境构设内容

电磁环境预测分析主要针对被验装备面临战场区域内可能存在的电磁信号进行分析,从而明确电磁环境构建的信号类型、调制样式和参数等。按照被验装备与电磁环境的作用关系和构建调整要求,复杂电磁环境可分为威胁电磁信号环境、目标电磁信号环境和背景电磁信号环境。

1. 威胁电磁信号环境

威胁电磁信号主要包括通信/导航干扰信号及雷达干扰信号(含敌我识别干扰、引信干扰)等。对于通信干扰信号来说,主要包括单音瞄准干扰信号、噪声调频瞄准干扰信号、梳状谱拦阻干扰信号、扫频拦阻干扰信号、跟踪干扰信号、灵巧干扰信号、欺骗干扰信号、相关干扰信号和匹配谱干扰信号。在 30 kHz~300 GHz 频段内,可分为长/中波通信干扰信号、短波通信干扰信号、超短波通信干扰信号、L/S 波段通信干扰信号、C/X 波段通信干扰信号、Ku/Ka 波段通信干扰信号、毫米波通信干扰信号。这几类信号简要介绍如下。

长/中波通信干扰信号主要对地面(海面)战术长/中波电台信号实施压制干扰等,频率范围为 30 kHz~1.5 MHz,功率可达千瓦级,干扰样式为噪声调频、噪声调幅,干扰方式为瞄准干扰、拦阻干扰等。

短波通信干扰信号主要对海、陆、空不同作战平台的战术短波电台、数据链系统等实施压制干扰，频率范围为 1.5 MHz～30 MHz，功率可达千瓦级，干扰样式为噪声调频、噪声调幅、伪报、移频，干扰方式为瞄准干扰、拦阻干扰等。

超短波通信干扰信号主要对海、陆、空不同平台的战术超短波电台、战术数据链、移动通信和相应频段卫星通信等进行扰乱、干扰压制等，频率范围为 30 MHz～1 GHz，功率可达千瓦级，干扰样式为噪声调频、伪随机码，干扰方式为瞄准干扰、拦阻干扰、欺骗干扰、灵巧干扰、时分干扰等。

L/S 波段通信干扰信号主要对海、陆、空不同平台的敌我识别、战术数据链、移动通信、卫星导航和相应频段卫星通信等进行扰乱、干扰压制等，频率范围为 1 GHz～2 GHz 或 2 GHz～4 GHz，功率可达兆瓦级，干扰样式为连续波、噪声调频、伪随机码频率键控、伪随机码相位键控，干扰方式为瞄准干扰、拦阻干扰、欺骗干扰、灵巧干扰、时分干扰。

C/X 频段通信干扰信号主要对陆地、岸-海、空不同平台的散射通信、相应频段卫星通信等进行扰乱、干扰压制等。频率范围为 4 GHz～8 GHz 或 8 GHz～12 GHz，功率通常为百瓦级，干扰样式为噪声调频、梳状拦阻、脉冲拦阻，干扰方式为瞄准干扰、拦阻干扰、欺骗干扰、灵巧干扰。

Ku/Ka 频段通信干扰信号主要对陆地、太空卫星通信进行扰乱、干扰压制等，频率范围为 12 GHz～18 GHz/18 GHz～50 GHz，功率通常为百瓦级，干扰样式为噪声调频、宽带拦阻、脉冲拦阻，干扰方式为瞄准干扰、拦阻干扰、欺骗干扰、灵巧干扰。

毫米波频段通信干扰信号主要对陆地、太空卫星通信、毫米波移动通信进行扰乱、干扰压制等，频率范围为 50 GHz～300 GHz，功率通常为百瓦级，干扰样式包括噪声调频、宽带拦阻、脉冲拦阻、跳频跟踪干扰等。

2. 目标电磁信号环境

通信目标电磁信号频段覆盖 30 kHz～300 GHz，包括长波信号、中波信号、短波信号、超短波信号和微波信号等。简要介绍如下。

长波段通信信号主要用于海军对潜通信、远洋通信、地下通信和导航（如罗兰导航系统），频率范围为 30 kHz～300 kHz。

中波段通信信号频率范围为 300 kHz～3 MHz，主要用于军民调幅广播和中近程导航，频段高端用于近距离通信，低端用于地下通信和海上通信。

短波段通信信号主要用于战术短波电台网、战术数据链（如 Link11）等，频率范围为 3 MHz～30 MHz，信号样式包括 CW、FM、AM、SSB、FSK、DATA、USB、LSB 等，信号带宽在 3～100 Hz 范围内可选择，工作模式主要为定频/跳频。

超短波通信信号主要用于战术超短波电台网、战术数据链、散射通信、武器数据链、无线电导航、移动通信、卫星通信（如美国 UFO、MUOS）等方面。频率范围为 30 MHz～1 GHz，信号样式包括 FM、AM、FSK、CPFSK、BPSK、QPSK、π/4DQPSK、QAM、16QAM、ASK、MSK、GTFM、GMSK。信号带宽在 25 kHz～5 MHz 的范围内可选择，工作模式主要为定频/跳频。

L/S 波段通信信号主要用于战术数据链（如 Link16）、无线电导航（如塔康导航系统）、战术车载无线局域网络(如 MSE)、卫星导航(如 GPS/GLONASS)、L 波段卫星移动通信系统(如图莱亚卫星)、S 波段卫星移动通信系统(如美国 MUOS、印度 MSS)等方面,频率范围为 1 GHz～4 GHz,信号样式有 MSK、BPSK、16QAM、QPSK,信号带宽在 5 kHz～5 MHz 范围内可选择,工作模式为定频/跳频。

C/X 波段通信信号主要用于 C 波段散射通信、C 波段卫星通信、X 波段卫星通信(如美国 DSCSIII、GBS 卫星系统)等方面。频率范围为 4 GHz～12 GHz,主要信号样式有 BPSK、8FSK、SDPSK、GMSK、DPSK,波束类型为全球波束、点波束、调零波束,工作模式为定频/跳频。

Ku/Ka 波段通信信号主要用于 Ku 频段散射通信(如美国 AN/TRC-170)、Ku 频段卫星通信、Ka 波段卫星通信(如美国 Milstar、GBS)等方面。频率范围为 12 GHz～40 GHz,信号样式有 QPSK、8FSK、SDPSK、GMSK、DPSK,波束类型为全球波束、点波束、调零波束,工作模式为定频/跳频。

毫米波段通信信号主要用于 EHF 波段卫星通信(如 AEHF 卫星系统)、移动通信等方面。频率范围为 40 GHz～300 GHz,信号样式有 8FSK、SDPSK、GMSK、DPSK,波束类型为全球波束、点波束、调零波束,工作模式为定频/跳频。

通信导航目标信号环境包括卫星导航、地面无线电导航等的定频信号、跳频信号、猝发信号、定扩信号、跳扩信号和自适应信号等。

3. 背景电磁信号环境

背景电磁信号环境指不与客体装备达成直接作战对象关系的其他电磁信号环境,一般包括己方/友方或目标方电子装备辐射产生或民用电子设备辐射产生的电磁信号环境,以及杂波信号环境等。背景电磁信号环境的调整通常依据战情想定,与被验装备不直接相关。背景电磁信号环境分为无线电信号环境、光电信号环境和杂波信号环境,通常构建时只需辐射信号,重点是信号的频率、密度及强度等。其中,无线电信号环境根据信号来源可以分为军用无线电信号环境和民用无线电信号环境。

1) 军用无线电信号环境

军用无线电信号环境主要包括己方/友方或目标方的雷达、通信等军用电子装备所辐射的电磁信号。雷达背景信号主要来自预警探测雷达、目标指示雷达以及火控制导雷达的副瓣信号和部分主瓣信号,频率范围为 0.1 GHz～36.5 GHz。通信背景信号具有宽频段、高密集度、多制式、大地域、动态分布、调制方式复杂多变、链路数量大、结构复杂等特点。信号频段集中在 1.5 MHz～6 GHz 的范围内,信号样式涵盖目前通信装备所具有的信号样式。

2) 民用无线电信号环境

民用无线电信号环境主要指作战地域内一些民用辐射源及设施在其工作时产生的电磁信号环境,比如民用雷达、广播电视发射台和其他一些民用无线通信等。在 30 MHz～2 GHz 频段中,主要分布着广播(数十兆)、电视(数百兆)和移动通信信号(900 MHz/1.8 GHz)。其中移动通信台站分布最广,基站一般为蜂窝状分布,分布间隔几公里至十几公里,最大功率可达数千瓦。民用信号多为连续波信号,信号持续时间长。在 2 GHz～18

GHz 频段中，各种民用雷达影响较严重，以民用气象雷达为主，通常工作在 S、C 和 X 波段，一般为固定站，覆盖区域广，等效辐射功率强，达几百千瓦。

7.2.4　复杂电磁环境构设流程

第一步：环境构设预测，它是测试电磁环境构建的基础，为环境的构建提供了目标和内容。电磁环境预测可利用对外军作战、演习中战场电磁环境的实测数据，若无以上实测数据，也可利用数学仿真计算进行预测。进行电磁环境预测时，一般应遵循如下步骤和要求：

（1）分析作战区域内参战各方电子装备的编成、作战部署，确定各电子装备与被验装备的相对位置关系；

（2）分析参战各方电子装备的战术技术性能及参战各方的战术战法、作战流程，确定各电子装备的工作模式、用频情况及电磁辐射特性（如谐波、杂波辐射特性等）；

（3）结合作战区域内地理环境、气象水文等电磁信号传播条件，以及民用电子设备辐射产生的电磁信号环境，对到达被验装备的电磁信号频率、样式、带宽、强度、时间、调制方式、极化方式等进行预测，确定被验装备面临的战场电磁环境。

对于装备系统（体系）面临的战场电磁环境，应在对系统内各电子装备进行战场电磁环境预测的基础上，通过综合分析，预测装备系统（体系）面临的战场电磁环境。

第二步：电磁环境生成，应依据一定的生成策略、生成方法及环境监测采集，具体如下：

（1）生成策略。

依据相关性原则，通过分析复杂电磁环境中各电磁信号与被验装备接收性能的相关性，选择相关程度较高的电磁信号进行复杂电磁环境构建。对相关度较弱的电磁信号，可依据被验装备对电磁信号的响应特性，有选择地提出构建要求。电磁信号相关度是指复杂电磁环境中电磁信号（被验装备辐射的电磁信号除外）能够被验试装备接收的程度，主要体现为单个电磁信号在频域、时域、功率域、极化域等方面与被验装备接收特性的关联性。对利用天线接收电磁信号的电子装备，通过分析其接收特性，分别对预测的战场电磁环境中的各单个电磁信号，计算其与被验装备的相关度。

在相关度计算中，频域上重点考虑单个电磁信号频谱是否落入被验装备预定接收带宽内；时域上重点考虑单个电磁信号在时间上对被验装备预定接收时间的占有情况；功率域上重点考虑单个电磁信号功率与被验装备接收灵敏度或背景噪声功率的关系。需要特别说明的是，对于采用直接序列扩频技术的被验装备，还需考虑与其具有相关性的低于背景噪声的扩频信号，并提出相应的构建要求。

（2）生成方法。

依据战场电磁环境的等效构建要求，选取复杂电磁环境构建装备，进行测试布局、对抗态势的设计，按照由简到繁的原则，构建规定的复杂电磁环境。复杂电磁环境的构建方法，主要包括实装构建方法、模拟装备等效、仿真模拟构建方法以及实装、模拟装备和仿真组合构建方法等。需要说明的是，进行复杂电磁环境构建时，复杂电磁环境构建装备间、复杂电磁环境构建装备与测试监测装备、测试保障装备间，均应满足电磁兼容性要求。

实装构建方法依据被验装备的作战任务和作战条件，采用实体电子装备，按照战场作战态势，在与实际作战区域相同或相近的地域内进行电子装备布署，构建复杂电磁环境。

模拟装备等效构建法采用电磁环境模拟构建装备或仿真模拟装备，在测试区域内进行复杂电磁环境的等效构建。依据效应等效的原则，一般可采用功率等效、功能等效等方法。功率等效主要通过调整模拟装备间的距离或调整天线指向等方式，实现到达客体电子装备处电磁信号的功率等效；功能等效主要利用多个模拟装备组合实现单个电子装备的特定功能，或利用少量模拟装备等效产生多个电子装备辐射的不同类型电磁信号，或利用静态布局等效实现电子装备辐射信号的动态变化等，实现电子装备的功能等效。

仿真模拟构建方法，主要是利用信道模拟装备模拟不同地理场景下的传播环境，其主要优势是可以低成本遍历构建不同的传播环境，如山地、高原、海洋、星地、沙漠、森林等不同场景，其他实装及电磁环境模拟装备可以与室外一致。

（3）环境监测采集。

测试数据采集是进行各类测试及评估的主要内容和必须前提，而对测试中电磁环境的实时监测及评估，是进行复杂电磁环境适应性测试的重要基础。各类复杂电磁环境构建设备是否按照要求辐射信号，其到达被验装备处的信号频率、带宽、强度、样式、极化方式、调制类型等是否与预设的电磁环境相一致，都需要通过电磁环境监测手段进行分析、验证。电磁环境监测的内容一般可分为无线电环境监测和光电监测。

无线电环境监测内容一般包括电磁环境中各信号存在的起始、终止时间，电磁环境中各信号到达被验装备天线口面的信号功率，电磁信号到达方向，电磁环境中各信号的频率、脉冲重复周期、脉冲宽度、带宽、调制类型等参数。使用的监测设备包括电磁信号监测装备、仪器仪表和具备电磁信号测量功能的其他装备或分机。

对于电磁环境中各信号的工作时间、信号强度、信号频率等参数和全脉冲信息等不需经过分选处理即可直接测量得到的参数，由于其测量过程受电磁环境影响较小，可通过电磁环境监测装备在被验装备天线口面处进行直接测量的方式获得。

对于电磁环境中各信号脉冲重复周期、脉冲宽度、带宽、样式、调制类型等需经过分选处理得到的参数，建议采用监测环境构设装备处辐射信号的方式进行，以尽量减小由电磁环境对电磁环境监测装备产生的影响所导致的监测误差。

7.3　通信对抗仿真复杂电磁环境构建

7.3.1　室内复杂电磁环境构建机制

对于通信对抗装备来说，侦察功能才能用于进行复杂电磁环境适应性功能检测，干扰功能只会起反向作用。对于通信侦察装备的复杂电磁环境测试，其室外测试是分布式的，到达侦察装备的电磁环境信号难以控制，原因是各人为模拟辐射源信号在传播过程中受地理环境影响，再加上随机出现的民用电磁环境信号及自然电磁信号等，测试评估中往往不易厘清各影响因素的权重。而室内测试各复杂电磁环境因素是可以控制的,包括信号大小、数量、环境模拟等,以实现电磁环境的针对性、多样性、交织性、动态性、对抗性、逼真性等。

通信对抗半实物仿真测试时,复杂电磁环境采用全实物、半实物、全实物半实物结合的方法进行构建,信号产生设备与室外测试相同,通常采用模拟器按照功率、时间、背景、调制域、运动特性、随机特性等等效法的原则,产生符合要求的信号环境,并由电波传播模拟分系统负责模拟信号的运动和衰落特性。

复杂电磁环境适应性侦察测试同样分为侦察距离、侦察时间和侦察能力复杂电磁环境适应性侦察测试,除侦察距离、侦察时间和侦察能力第 6 章节分析的室内外一致性外,针对复杂电磁环境构建,室内外一致性分析分为两个层面:一是室内模拟室外测试的电磁环境,二是室内构建想定的电磁环境。

1) 室内模拟室外测试的电磁环境

在室外测试时,利用信号采集存储与回放设备采集测试区域的背景环境,并在半实物仿真测试时进行回放,这样可以大量减少环境模拟的成本,有效减小电磁环境不一致引起的室内外侦察距离不一致。

2) 室内构建想定的电磁环境

室内仿真测试时,由于参加测试的被验设备和参验设备均为实体设备,因此电磁环境的构建与室外相似,其信号源主要依赖实装、信号模拟设备、干扰信号模拟设备。不同之处在于室内测试是通过室内仿真设备将电磁信号在空间的传输特征和载体的运动特性进行模拟的。下面介绍构建电磁环境的方法。

(1) 采用实体装备模拟复杂电磁环境。根据测试任务需要,采用实体设备构建与被验装备工作频段相关的通信信号环境,并通过信道模拟器模拟传输信道对信号的影响和作战平台的运动特性,从而将信号的传输衰减、衰落特征进行逼真仿真。

(2) 采用信号模拟设备模拟电磁环境。信号模拟模拟设备主要包括信号模拟器、背景信号模拟器和信号发生器等仪器。信号模拟器主要用于模拟各种调制样式的信号,背景信号模拟器用于模拟背景信号,信号发生器可根据测试任务需要进行编程设置,主要生成特定需要的特殊信号。

(3) 采用实体装备与信号模拟器模拟信号环境。即由实体装备和信号模拟设备共同完成电磁环境的生成任务,这也是半实物室内最常用的信号构建方法,一般情况下作战对象的通信信号由实体装备生成,背景信号由信号模拟设备生成。

从上面可以看出:由于半实物系统的可控性,背景环境(民用及自然电磁等信号)为实际室外环境信号的回放,目标信号与室外目标一样,各类不同复杂程度的电磁环境信号设置方法与室外一致,室内复杂电磁环境测试不仅可以做到与室外测试同等效果,而且可以节省大量的人力、物力。

7.3.2　室内复杂电磁环境构建方法

本小节介绍一种采用主体、客体两方面相结合的通信侦察电磁环境复杂等级构建方法。

1. 基于不同作战规模、不同作战阶段的电磁环境复杂等级主体构建方法

根据通信对抗装备的应用对象及使命，进行对抗想定，主要包括：双方人员和设备规模；对抗区域及双方装备的布设区域；通信对抗装备及其对抗对象的载体、布设位置及工作参数；对通信对抗装备有影响的敌我辐射源设备的载体、布设位置及工作参数；按时间序列各载体运动轨迹，各设备的位置和工作状态、工作参数的变化；设备间的通联关系，比如电台组网、数据链通信等。

对抗战情是时变的，对抗进程通常可分为以下几个阶段：平时、对抗前集结、对峙、联合火力打击、对抗全面展开、抗对方反制、对抗即将结束等。其中，平时对应于简单电磁环境，对抗前集结或对峙对应于轻度电磁环境，联合火力打击或对抗即将结束对应于中度电磁环境，对抗全面展开和抗对方反制对应于重度电磁环境。

2. 基于与接收机冲突程度的电磁环境复杂等级客体划分方法

一般来讲，在工作频段外的电磁环境信号，包括中频和镜频会被通信侦察设备天线和前端的带通滤波器抑制，对侦察结果不会产生太大的影响。但部分带外信号经过交调、互调、倒易混频等方式，也会进入通信侦察设备工作频带内，从而影响通信侦察设备的通信效果。基于通信侦察设备这个客体，下面重点从电磁环境的"量""质"两个方面分析工作频段内电磁环境对客体的影响。

1）工作频段内不同"量"的电磁环境对通信侦察设备的影响

工作频段内，同时进入通信侦察接收机的外界环境信号，特别是大密度、大幅度信号将会对通信侦察设备产生一些影响，具体如下：

（1）如果接收机瞬时接收带宽内外界信号较多或较大，但幅度未超过通信侦察设备瞬时动态范围，外界信号会淹没一些有价值的小信号，增加了操作人员对信号甄别和判断的难度。

（2）如果侦察带宽内存在大信号，其幅度超过了 ADC 的动态范围，但未超过前端放大电路的动态，ADC 将溢出，不能正常工作，含有此信号的采样瞬时带宽内所采集的数据将被污染，侦察结果不可信。

（3）如果外界信号再大一些，超出侦察接收机前端放大电路的动态范围，进入饱和状态，前端将对信号产生非线性变化，产生诸如灵敏度降低、失真以及交调、互调等干扰信号。

（4）如果外界信号足够大，将会完全阻塞前端，使其不能工作，甚至有可能烧毁侦察接收机。

为此，构建电磁环境时，需要分析被验通信侦察设备的 ADC 位数、动态范围、抗干扰措施等。一般情况下，（1）的情况在轻度、中度、重度电磁环境设置时都要考虑，且逐渐增大，（2）～（4）的情形在重度电磁环境设置时考虑。

2）工作频段内不同"质"的电磁环境对通信侦察设备的影响

通信侦察设备工作频段内，在电磁环境信号没有压制目标信号的前提下，电磁环境信号与目标信号的相似性主要体现在以下几个方面。

（1）信号幅度可比性。与目标信号幅度相比或大或小，如相差一个量级以上，很容易被剔除。

（2）信号样式、调制方式相同或相近。

（3）信号瞬时带宽基本相同或相近。

（4）信号变化规律基本相同或相近。若目标信号是跳频信号，那么与目标信号跳速、驻留时间不一致的信号或定频信号很容易被区分开来；若目标信号是脉冲信号，那么连续波的电磁环境信号很容易被区分开来。

（5）应特别关注诱饵信号，一般情况下，诱饵信号与目标信号的相似性最高。若目标是跳频通信，跳速相同的诱饵信号对通信侦察设备影响较大，若目标是定频通信，同频或邻频诱饵信号对通信侦察设备的影响较大。

轻度、中度、重度电磁环境构建时，电磁环境信号与目标信号的幅度、样式、瞬时带宽、变化规律等相似度逐渐增大。一般只在中度和重度电磁环境下设置时考虑诱饵信号。

7.3.3　基于客体脆弱性机理的复杂电磁环境具体实现方法

对无线接收机进行客体脆弱性分析是为了实现电磁环境构建的针对性。接收机的脆弱性主要有两类，一类是抵抗对手有意干扰能力的不足，如瞄准式、跟踪式、灵巧式、欺骗式等各类有意干扰；另一类是抵抗无意干扰能力的不足，这是由于各类无线接收机工作电路电子器件的线性或非线性特性，不可避免存在抗频谱重合度、邻道、中频、镜频、互调等干扰能力的不足，尽管不同接收机都具有相应的干扰抑制功能。无线接收机大多采用超外差式接收机结构，一般由天线、信道、DSP 等模块组成，如图 7.1 所示。

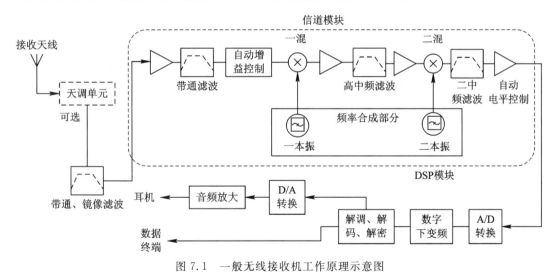

图 7.1　一般无线接收机工作原理示意图

接收通道中的天线滤波单元一般采用信道分组滤波的方式，滤除带外杂波、中频、镜频等；信道模块实现变频、滤波和电平控制，射频信号经放大、带通滤波、自动增益控制和过载保护，送到第一混频器；一混频输出信号经过一中频放大、滤波，也可以多次放大、滤波，滤取出一中频信号，再经放大，送入第二混频器；二混频输出的二中频通过滤波器匹配放大，送到滤波器，滤除部分噪声和杂波后，经阻抗变换送到中放进行中频放大，自动电平控制；二中频信号经 DSP 模块的 A/D 转换、下变频及速率变换、解调、解码、解密、自动增益控制和滤波后，数据通过数据接口送到数据终端，音频通过 D/A 转换、音频放大送入耳机，完成数据和音频信号的接收。由于无线电信号传播的开放性，接收设备在接收有用信号的同时，还会接收其他信号（如有意干扰信号、有用信号邻近信号、自然环境电磁信号等），由于接收机器件的线性和非线性特性，其他信号不可避免地会与有用信号相互作用产生线性效应与非线性效应，线性变换会产生新的谐波成分，非线性变换会使信号产生失真。

（1）线性效应。当接收机为线性系统时，有两种信号会对有用信号产生干扰效应，即同频干扰效应与邻频干扰效应。同频干扰效应是频率与有用信号频率相同或相近的同信道信号，邻频干扰效应是指频率落在有用信号所在信道的相邻信道内的干扰信号，它与同频干扰的区别在于它会受到接收机某种程度的抑制，当它的频率成分落在接收机滤波器的非线性区域，与有用信号的相互作用可使新的成分落在有用信道内，干扰作用增强。

（2）非线性效应。当进入接收机的信号或合成信号的电平比较高时，接收机的部分电路或者全部电路都可能成为非线性电路，所有这些非线性都会使信号产生幅度和相位失真，并使这些信号相互作用，产生诸多新的干扰信号，使干扰成分增强。一般来说，单一的高电平信号与有用信号，可能会产生交叉干扰和阻塞干扰，多个高电平的干扰信号之间相互作用可能会产生互调干扰，若发生在混频器内部可能会产生混频干扰和倒混频干扰。

依据上述接收机脆弱性机理的分析结果，可将这些威胁电磁信号分为三类：第一类为有意干扰信号，为信息系统战场上可能面临作战对手电子对抗装备释放的不同干扰方式、不同干扰样式的电磁环境信号[5]；第二类为无意干扰信号，为信息系统战场上可能面临的敌我双方电子装备施放的电磁环境信号，这些信号在信息系统接收机端可能造成接收机多级邻道干扰、交叉干扰、互调干扰、中频干扰、混频干扰、倒易混频干扰等；第三类为随机背景电磁环境信号，主要是场地自然环境信号及加上人为模拟随机环境信号，场地自然环境信号为典型场区的实际采集，人为模拟随机环境信号主要是为了体现背景电磁环境的动态性。

可见，若按基于客体脆弱性机理的威胁电磁信号搭建复杂电磁适应性考核环境，可节省不必要的模拟装备。实际操作时，可依据战情推动，从环境模拟重点频段，信号密集程度、信号强度起伏范围、信号多变样式等的不同复杂度进行，不同复杂度的威胁电磁信号要体现空域上覆盖、时域上变化、频域上交叠、功率域上起伏等特点。

1. 环境模拟重点频段复杂度设置方法

选择环境模拟重点频段有两个目的，一是为了减少模拟装备，因为远离客体工作频点/频段的电磁环境信号对客体基本不产生影响，不必在全频段模拟；二是为了区分不同级别的复杂度，随着复杂度设置的提高，重点频段的带宽展宽、信号数量也随之增加。重点频段复杂度设置方法如式（7.1）所示。

$$L_i = (f_{high} - f_{low}) \times x_i\% \tag{7.1}$$

式中，L_i 为模拟的各个重点区域频带带宽，f_{high} 为工作频段的高端（或跳频带宽的高端），f_{low} 为工作频段的低端（或跳频带宽的低端），$x_i\%$ 依据重点频段复杂度来设定。

2. 信号密集复杂度设置方法

针对客体的信号密集复杂度设置方法如式（7.2）所示。

$$\rho_i = \frac{n_i}{N} = \frac{(f_{\text{high}} - f_{\text{low}}) \times x_i\% \times 1000}{N \times w_i} \tag{7.2}$$

式中，ρ_i 为各个重点区域频带带宽内的信号密集复杂度，N 为重点区域带宽内被验客体所能承受的最大信道数量，n_i 为重点区域带宽内模拟环境的信号数量，f_{high} 为工作频段的高端（或跳频带宽的高端），f_{low} 为工作频段的低端（或跳频带宽的低端），$x_i\%$ 依据信号密集的复杂度来设定，W_i 为被验对象的信道带宽（单位为 kHz）。

3. 信号强度复杂度设置方法

信号起伏范围反映战场电磁环境中各种信号在能量域上对信息装备的干扰程度，信号强度复杂度设置方法如式(7.3)所示[6]。

$$K_{En} = \frac{(E_n - P_{\min}) \times x_i\%}{E_n}, \ E_n > P_{\min} \tag{7.3}$$

式中，E_{En} 为各个重点区域频带带宽内的信号强度复杂度，E_n 为背景信号强度；$P_{\min}$ 表示无线接收机门限电平，$x_i\%$ 依据信号强度起伏范围的复杂度来设定。

4. 信号样式复杂度设置方法

信号样式的设置原则可基于信息系统可能面临的作战对手的诸多电子装备样式而定，信号样式设置要体现随着复杂度提高而呈现多样的特性。

7.4　复杂电磁环境适应性结果评估

采用定量评估与定性评估相结合的思路，在不同影响因素的组合下，依次对被验装备的对抗效能、对抗适用性、作战生存能力和作战贡献率进行评估。

1. 对抗效能评估

对抗效能按照整体效能、分项效能、特定能力三个层次进行评估。整体效能用于评估被验装备在不同场景下完成任务的总体能力，为作战指挥人员决策提供支撑；分项效能用于评估被验装备执行任务期间某个特定方面的效能，包含侦察效能、通信效能、协同效能和干扰效能，以利于作战使用人员全面掌握装备能力；特定能力用于评估被验装备某一具体性能，用于发现装备存在的技术缺陷。

1）整体效能评估

整体效能评估从任务要求出发，任务要求被试装备阻滞目标方信息联通，为火力打击提供电子对抗支援，即被验装备整体效能的发挥体现为目标方通信能力的下降。因此，整体效能以被试装备支援火力打击期间，目标方指挥协同通信网传输指令、情报的成功率 P 进行评估。

$$P = \frac{N_s}{N} \tag{7.4}$$

式中，N_s 为目标方传输指令、情报成功的次数，N 为目标方传输指令、情报的总次数。

2）分项效能评估

（1）侦察效能。侦察效能从被试装备获取目标方活动规律及部署态势的能力方面入手，以对目标信号的有效侦察概率 P_d 进行评估。其中，有效侦察指通过其能够正确给出超短波通信信号的载频、样式、方位和属性信息。

$$P_d = \frac{n_1}{n_2 + n_3} \tag{7.5}$$

式中，n_1 为被验装备有效侦察的目标信号数量，n_2 为实际存在的目标信号总数量，n_3 为被验装备给出的虚假信号数量。

（2）通信效能。通信效能以信息传输完备率 P_c 进行评估。

$$P_c = \frac{N_{c,s}}{N_c} \tag{7.6}$$

式中，$N_{c,s}$ 为信息传输成功次数，N_c 为信息传输总次数。

（3）干扰效能。干扰效能以被验装备实施干扰期间，降低目标方通信能力的情况进行评估，即以目标方受干扰网台传输指令、情报的失败概率 P_j 进行评估。

$$P_j = \frac{N_{j,f}}{N_j} \tag{7.7}$$

式中，$N_{j,f}$ 为目标方受干扰网台传输指令、情报失败的次数，N_j 为目标方受干扰网台传输指令、情报的总次数。

（4）协同效能。协同能力以被验装备协同工作下的定位概率 P_a 进行评估。

$$P_a = \frac{N_{a,s}}{N_a + N_{a,f}} \tag{7.8}$$

式中，$N_{a,s}$ 为协同定位给出的目标数量，N_a 为实际的目标总数量，$N_{a,f}$ 为定位出的虚假目标数量。

3）特定能力评估

（1）侦察能力从下述几个方面进行评估。

① 电磁态势感知能力：以电磁态势感知准确性、时效性进行评估。

$$P_s = \frac{N_{s,s}}{N_s + N_{s,f}} \tag{7.9}$$

式中，P_s 为电磁信号感知准确性，$N_{s,s}$ 为被验装备准确截获的电磁信号数量，N_s 为实际存在的电磁信号数量，$N_{s,f}$ 为被验装备给出的虚假电磁信号数量。

$$T_s = t_{s,1} - t_{s,2} \tag{7.10}$$

式中，T_s 为电磁态势感知时效性，$t_{s,1}$ 为完成电磁态势感知的时刻，$t_{s,2}$ 为电磁态势感知开始的时刻。

② 目标信号识别能力：以对目标信号识别准确性、虚警率和时效性进行评估。

$$P_r = \frac{N_{r,s}}{N_r} \tag{7.11}$$

式中，P_r 为目标信号识别准确性，$N_{r,s}$ 为被验装备准确识别出的目标信号数量，N_r 为实际存在的目标信号数量。

$$P_f = \frac{N_{f,f}}{N_{f,r}} \tag{7.12}$$

式中，P_f 为目标信号识别虚警率，$N_{f,f}$ 为被验装备准确识别出的虚假目标信号数量，$N_{f,r}$ 为被验装备准确识别出的目标信号数量。

$$T_r = t_{r,1} - t_{r,2} \tag{7.13}$$

式中，T_r 为目标信号识别时效性，$t_{r,1}$ 为完成目标信号识别的时刻，$t_{r,2}$ 为目标信号识别开始的时刻。

③ 突发信号适应能力：以对突发信号的截获能力进行评估。

$$P_b = \frac{N_{b,s}}{N_b} \tag{7.14}$$

式中，P_b 为突发信号适应能力，$N_{b,s}$ 为被验装备能够截获识别的突发信号数量，N_b 为突发信号总数量。

（2）通信能力从下述几个方面进行评估。

① 信息传输能力：以信息传输完备性、传输时效性进行评估。

$$P_t = \frac{N_{t,s}}{N_t} \tag{7.15}$$

式中，P_t 为信息传输完备性，$N_{t,s}$ 为被验装备成功传输指挥指令、侦察情报的次数，N_t 为被验装备传输指挥指令、侦察情报的总次数。

$$T_t = t_{t,1} - t_{t,2} \tag{7.16}$$

式中，T_r 为信息传输时效性，$t_{r,1}$ 为接收端接收数据完成的时刻，$t_{r,2}$ 为发送端开始发送数据的时刻。

② 通信再恢复能力：以通信再恢复成功率和通信再恢复时效性进行评估。

$$P_e = \frac{N_{e,s}}{N_e} \tag{7.17}$$

式中，P_e 为通信再恢复成功率，$N_{e,s}$ 为通信再恢复成功次数，N_e 为通信再恢复总次数。

$$T_e = t_{e,1} - t_{e,2} \tag{7.18}$$

式中，T_e 为通信再恢复时效性，$t_{e,1}$ 为通信再恢复完成的时刻，$t_{e,2}$ 为通信再恢复开始的时刻。

（3）干扰能力从下述几个方面进行评估。

按照被验装备干扰方式，以同时干扰目标数、干扰成功率、干扰反应时间依次对被试装备灵巧干扰能力和压制干扰能力进行评估。

$$N_i = N_{i,s} \tag{7.19}$$

式中，N_i 为干扰目标数，$N_{i,s}$ 为被验装备发出的干扰信号数量。

$$P_i = \frac{N_{i,s}}{N_i} \tag{7.20}$$

式中，P_i 为干扰成功率，$N_{i,s}$ 为目标方无法通信的次数，N_i 为目标方通信总次数。

$$T_i = t_{i,1} - t_{i,2} \tag{7.21}$$

式中，T_i 为干扰反应时间，$t_{i,1}$ 为通信被阻断的时刻，$t_{i,2}$ 为通信开始时刻。

（4）协同能力从下述几个方面进行评估。

① 情报协同能力：采用定型评估方式，以操作人员的情报协同的满意度评估情报协同能力。

② 侦察协同能力：以侦察协同的成功率进行评估。

$$P_{\mathrm{n}} = \frac{N_{\mathrm{n,\,s}}}{N_{\mathrm{n}}} \tag{7.22}$$

式中，P_{n} 为侦察协同成功率，$N_{\mathrm{n,\,s}}$ 为侦察协同成功次数，N_{n} 为执行侦察协同总次数。

③ 干扰协同能力：以干扰协同的成功率进行评估。

$$P_{\mathrm{l}} = \frac{N_{\mathrm{l,\,s}}}{N_{\mathrm{l}}} \tag{7.23}$$

式中，P_{l} 为干扰协同成功率，$N_{\mathrm{l,\,s}}$ 为干扰协同成功次数，N_{l} 为执行干扰协同总次数。

④ 协同定位能力：以被试装备协同工作下的定位概率进行评估。

$$P_{\mathrm{v}} = \frac{N_{\mathrm{v,\,s}}}{N_{\mathrm{v}} + N_{\mathrm{v,\,f}}} \tag{7.24}$$

式中，P_{v} 为定位概率，$N_{\mathrm{v,\,s}}$ 为协同定位给出的目标数量，N_{v} 为实际的目标总数量，$N_{\mathrm{v,\,f}}$ 为定位出的虚假目标数量。

2. 对抗适用性评估

对抗适用性按照单个要素依次对机动能力、人机适应性、环境适应性、保障适应性和编成适应性进行评估。

（1）机动能力。机动能力以被验装备落地并完成伞具等拆卸后，至到达预定作战地点所需的时间、战场通过能力、各种工作模式的转换时间进行评估。

（2）人机适应性。人机适应性由操作手从对操作使用的满意程度、对噪声环境的满意程度、对座椅舒适的满意程度、对机械振动的满意程度、对颠簸特性的满意程度、对人员体力要求的满意程度等方面进行综合评估。

（3）环境适应性。电磁环境适应性以不同环境下被验装备作战效能达到的程度进行评估。

（4）保障性适应性。保障性适应性以被验装备执行任务期间的可用性、维修率、保障设备及备件的满足率、保障设备及备件的利用率等进行评估。

$$P_{\mathrm{u}} = \frac{t_{\mathrm{u,\,s}}}{t_{\mathrm{u}}} \tag{7.25}$$

式中，P_{u} 为可用性，$t_{\mathrm{u,\,s}}$ 为被验装备执行任务过程中的开机工作时间，t_{u} 为被验装备执行任务的总时间。

$$P_{\mathrm{k}} = \frac{t_{\mathrm{k,\,s}}}{t_{\mathrm{k}}} \tag{7.26}$$

式中，P_{k} 为维修率，$t_{\mathrm{k,\,s}}$ 为被验装备任务故障累计工时数，t_{k} 为被验装备正常开机运行工时数。

$$P_{\mathrm{x}} = \frac{N_{\mathrm{x,\,s}}}{N_{\mathrm{x}}} \tag{7.27}$$

式中，P_{x} 为保障设备（备件）满足率，$N_{\mathrm{x,\,s}}$ 为实际能够提供使用的保障设备（备件）数量，N_{x} 为所需提供的保障设备（备件）总数量。

$$P_{\mathrm{g}} = \frac{N_{\mathrm{g,\,s}}}{N_{\mathrm{g}}} \tag{7.28}$$

式中，P_{g} 为保障设备（备件）利用率，$N_{\mathrm{g,\,s}}$ 为实际使用的保障设备（备件）数量，N_{g} 为实际拥有的保障设备（备件）总数量。

（5）编成适应性。编成适应性以被验装备在不同作战编组下的作战效能达到的程度进行评估。

3. 作战生存能力评估

作战生存能力按照单个要素依次对空投能力、隐蔽伪装能力、通信加密能力、抗侦察截获能力和自毁能力进行评估。

4. 作战贡献率评估

从降低目标方战场指挥协同能力、为空降作战提供电子对抗支援方面，研究被验装备对空降作战体系的贡献率。

7.5 通信对抗复杂电磁环境适应性仿真平台基础架构

7.5.1 基础组成

从目前国内外文献资料来看，系统基础组成一般由通信对抗信息作战并行仿真支撑平台、电磁信号生成系统、参数化电磁环境生成系统、电磁环境度量与分析系统、电磁环境等效模拟与评估系统、半实物信号模拟与采集系统组成，其组成框架如图 7.2 所示。

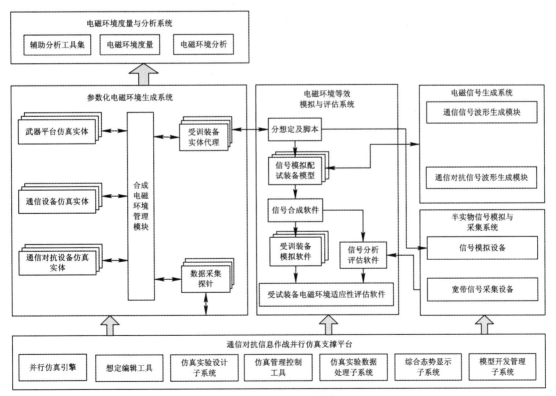

图 7.2 系统基础构成

系统各部分之间的数据交互关系如图 7.3 所示。

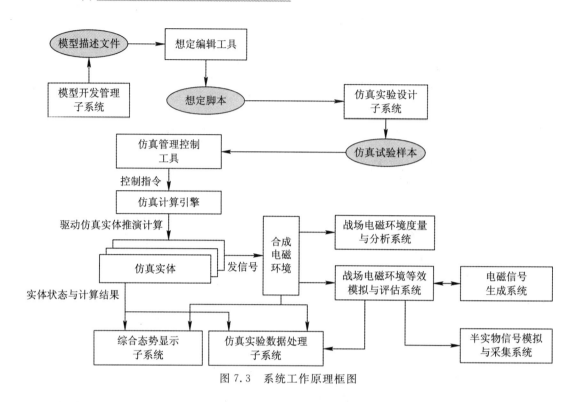

图 7.3 系统工作原理框图

利用模型开发与管理子系统中的模型生成的仿真模型描述文件，想定编辑工具根据模型描述文件中规定的模型初始化参数信息、任务参数信息等生成想定脚本文件。仿真设计子系统根据想定脚本文件生成仿真试验样本。仿真管理控制工具控制仿真计算引擎对仿真试验样本脚本进行仿真推演，驱动仿真想定中的仿真实体进行仿真推演计算，各实体相互作用，形成参数化的合成电磁环境信息，根据参数化的合成电磁环境信息可以进行信号级合成电磁环境生成与半实物的信号模拟与采集等任务。在仿真推演过程中，综合态势显示子系统、战场电磁环境度量与分析系统、仿真试验数据处理子系统等可以随时接入仿真系统，进行态势综合显示与电磁环境的观察、度量、分析等操作。

7.5.2　通信对抗信息作战并行仿真支撑平台

信息作战并行仿真支撑平台分系统包括并行仿真引擎、想定编辑工具、仿真测试设计工具、运行控制工具、态势显示工具、模型开发管理子系统、仿真测试数据处理子系统。

1. 并行仿真引擎

并行仿真引擎采用离散事件处理机制和多线程技术，提供高效的仿真引擎内核，进行仿真运行的时间管理和事件驱动，调度仿真模型运行，记录仿真运行数据，进行交战裁决。

主要功能有：

（1）并行推动大量仿真实体和仿真实体代理进行仿真计算，向系统内容其他模块或软件发布环境数据。

（2）提供仿真运行控制接口用于接收"仿真运行控制软件"的指令，如开始、暂停、继续、停止、调速、重启等。

（3）提供计算任务并行调度管理模块用于加载想定，而后进行任务并行化（如数据并行、任务并行、流水线并行等）。

（4）提供仿真线程池由计算任务并行调度管理模块直接驱动和管理，直接控制仿真运行过程中多个线程中的执行、挂起和停止等操作。

并行仿真引擎的计算推进控制方式如图 7.4 所示。

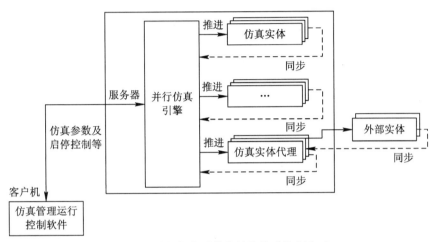

图 7.4　并行仿真引擎的计算推进控制方式

仿真计算的单次推进控制方式如下：

（1）并行仿真引擎收到仿真运行管理控制软件的启动命令后，开始推进所有仿真实体；

（2）仿真实体开始仿真计算，按步长要求完成仿真计算后，向仿真并行引擎发同步，表示已完成，等待下一次推进；

（3）如果由外部实体完成实际仿真计算，则由"仿真实体代理"在受仿真并行引擎推进后，把推进传递给外部实体；由外部实体按步长要求完成仿真计算后，向仿真实体代理发同步；仿真实体代理收到同步后，再向仿真并行引擎发同步。

由此可见，仿真运行管理控制软件通过控制仿真并行引擎，达到对所有仿真实体、仿真实体代理和外部实体仿真计算的目的。

2. 想定编辑工具

想定编辑工具主要是信息作战测试仿真想定处理工具的集合，以文本或表格描述的想定输入计算机并以形式化的标准格式存放，形成测试仿真想定脚本，同时可以对存放在想定库中的想定方便地进行管理和使用。同时地图管理模块负责地图数据的编辑和地图数据的导入导出。想定编辑系统完成武器装备作战试验的作战编成、兵力部署、战场环境设置、作战计划、行动方案等试验仿真想定内容设计。

为提高想定的重用性和作战仿真系统的互操作性，采用基于 MSDL 和 C‑BML 实现复杂电磁环境想定的统一表征，进行仿真脚本的描述与保存。

想定编辑工具能够依据被验装备担负的使命任务，根据典型作战场景，规划敌我双方的编制编成以及投入装备的种类和数量；按照作战要求，基于时间点采样方式，设置不同阶段中对抗双方装备配置位置、工作参数以及不同装备搭载平台的运动参数。具体包括：

（1）提供作战想定数据的输入工具，能提供典型的作战任务模板；

（2）具有良好的人机交互界面，可用于输入红方作战想定数据、目标方作战想定数据和战场环境描述设置，并能保存想定数据；

（3）具有作战行动描述功能，可用于确定作战单位和武器装备的作战行动；

（4）具有仿真想定输入情况预览显示功能，可以通过包括态势标绘在内的多种显示模式显示输入数据与想定数据的一致性；

（5）具有想定脚本数据生成功能；

（6）具有对输入的想定数据进行查询与浏览、存储和备份等管理功能；

（7）具有想定输入数据的态势标绘功能；

（8）具有想定数据的输出功能，可根据需要输出系统的仿真想定脚本。

3. 仿真测试设计工具

仿真测试设计工具主要提供对抗测试设计的辅助支持功能，能够根据测试目的、测试计划，辅助完成测试目标设计、测试要素设计、测试水平设计、测试方案设计，提供对测试方案的管理功能，为对抗测试方案拟制提供辅助支撑。

具体内容如下：

（1）按业务应用脚本形成仿真计算推演脚本；

（2）以仿真测试需求为依据，对测试条件、测试因子、测试指标和测试方法进行设置，生成试验样本，并将试验样本落实到仿真计算推演脚本中；

（3）按业务应用脚本形成仿真计算服务部署预案；

（4）能根据仿真计算脚本的生成情况，形成仿真计算服务部署预案。

仿真测试设计工具以业务应用研究为基础，形成仿真测试需求，并以仿真测试需求为依据，基于测试条件、测试因子、测试指标和测试方法及后期数据评估初始化设定的设置，生成连续多趟运行的测试样本，将测试样本落实到一系列仿真计算推演脚本文件（XML）中，并根据仿真计算推演脚本文件（XML）的生成情况和试验室计算资源情况，形成仿真计算服务部署预案，即仿真计算服务部署脚本文件（XML）。与仿真测试设计相关的主要因素如下：

（1）测试因子选择。支持确定技术参数合理的阈值范围或者参数对武器装备性能的显著性影响评估的测试因子的选择。组件的属性参数为测试因子的备选对象。

当可以确定因子的水平值时，可选定一定数量的组件的属性参数作为测试因子，并设置水平值。可通过正交测试表进行参数组合样本的生成，形成多趟仿真的运行样本。

当无法确定因子的水平值时，可选用正态、均匀、枚举取样算法随机取样的模式，完成水平值的选取。随机取样的因子不参与正交样本生成，每个想定运行样本随机抽取该因子的数值。

（2）想定运行样本生成。以选择的正交试验表，可自动生成想定试验运行样本。随机因子的取值在实际运行中每趟自动完成取值。

（3）正交测试表编辑。根据需要用户可自行导入其他正交测试表。

（4）提交仿真计算推演脚本文件。能按仿真系统要求格式形成仿真计算推演脚本文件，并能提交到一个或者多个指定工作目录下。

（5）交仿真计算服务部署脚本文件。能按仿真系统要求格式形成仿真计算服务部署脚本文件，并能提交到一个或者多个指定工作目录下。

仿真测试设计工具执行方案如图 7.5 所示。

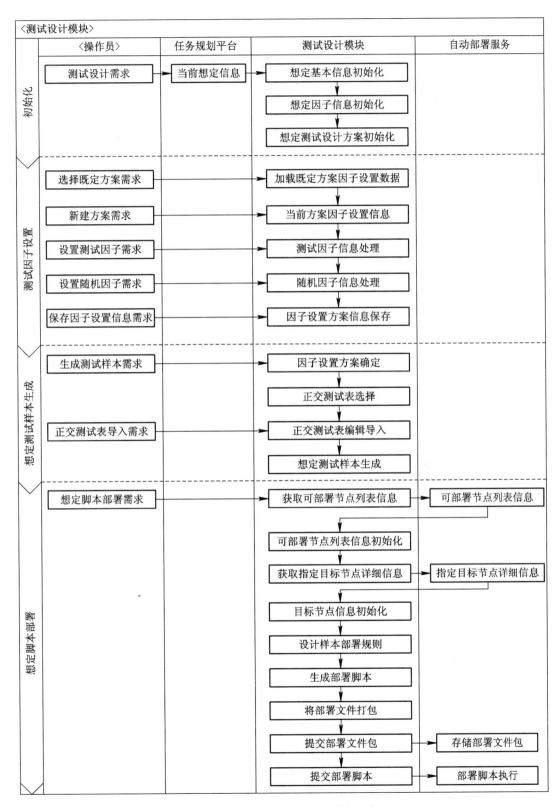

图 7.5　仿真测试设计工具执行方案

4. 运行控制工具

运行控制工具负责整个仿真推演过程的管理控制，主要包括运行规划、运行监控、资源管理、数据回放控制等等。主要功能包括：

(1) 席位资源的规划，想定运行部署；

(2) 系统初始化，分解、加载任务等；

(3) 运行控制(启动、开始、暂停、继续、停止等)；

(4) 席位设置与实时干预；

(5) 实时监控仿真实体的运行状态，显示实体的运行参数；

(6) 仿真回放运行控制(打开回放数据，开始回放，快进，回退，结束)。

下面对运行控制工具分别进行介绍。

(1) 运行规划。运行规划能对仿真部署方案进行分类管理，对试验任务进行统一规划；能进行仿真计算节点和仿真模型配置，保证系统计算资源负载平衡；能检测监视资源部署状态和各仿真节点运行状态，管理资源异常情况，对试验过程、计算节点及部署资源进行统一管理控制，包括启动、暂停和停止控制。

具体内容包括：

① 可对仿真运行环境、仿真系统软件按仿真部署方案进行综合管理；

② 可按仿真部署方案实现仿真系统软件部署控制；

③ 能基于图形化界面，以拖拉方式生成仿真部署方案；

④ 能按仿真部署方案自动对多席位的软件批量运行和关闭，实现一键启动或关闭，脚本中可设置启动不同软件之间的延时。

(2) 运行监控。仿真运行监控的功能具体包括：

① 可加载仿真想定规划软件生成的作战想定；

② 可监控仿真系统实体数量、状态、运行情况；

③ 可对仿真实体的工作参数进行导调干预；

④ 可设置仿真步长等参数，控制仿真运行的开始、暂停、继续、停止等状态。

(3) 资源管理。

① 席位工作状态监视。以服务器的时钟为准，实现多机时钟的网络同步功能；对所有接入的电脑自动发现，自动提取其信息，包括 IP 地址；提供所有工作席位性能监控信息的显示，包括：CPU、内存、网络使用率；提供所有工作席位当前运行进程和应用程序监视信息。

② 实体工作参数导调。实体工作参数导调主要是可以在仿真运行的过程中，在仿真运行显示监控界面上选择某通信电台、通信对抗装备、雷达、雷达对抗装备实体，对其开关机、工作频率等简单的工作参数进行导调设置。

(4) 数据回放控制。数据回放控制功能可以控制对仿真试验记录数据进行回放，驱动仿真态势软件或仿真场景显示软件再现仿真全过程；能控制回放过程，包括开始、暂停、终止的状态以及回放速度；能对仿真试验数据进行数据浏览、统计分析。

① 具体功能有：可以控制各种采集开关；在仿真运行过程，按要求控制数据采集和入库保存；控制重演运行状态，控制回放软件从数据库中读取数据记录进行回放；可以实施数据回放速度和进程的控制；能对仿真试验数据进行数据浏览、统计分析。

② 仿真推演回放原理。仿真平台的仿真推演回放的执行概念如图 7.6 所示。

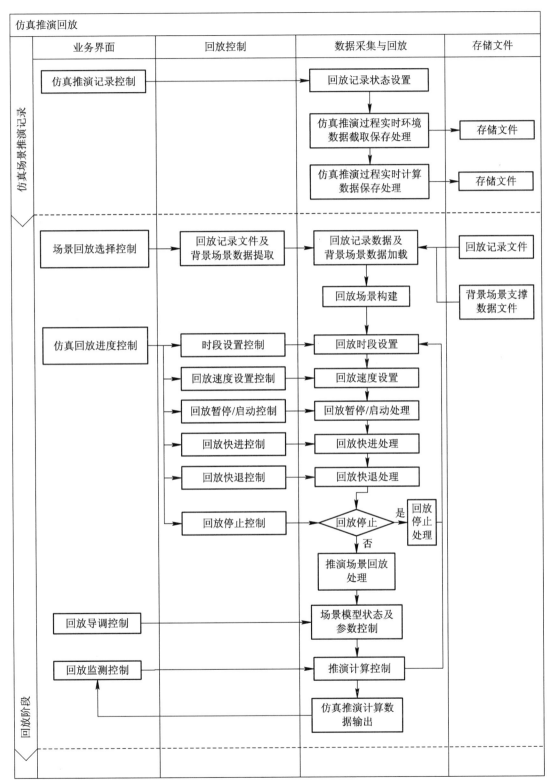

图 7.6　仿真回放原理图

5. 态势显示工具

态势显示工具由态势显示、地图操作和辅助模块组成，用于对战场态势进行形象直观的二维展示，用于描述对抗双方的装备分布和兵力部署情况，以及双方形成的对抗状态和形势，是作战行动信息显示的基础。作战行动信息包括地理空间信息、电磁态势信息、作战平台信息、交互关系信息四类。态势显示工具具备典型战情下电磁交战态势、作战实体状态、交战过程与效果等信息的显示功能。

根据需求，态势显示工具软件能够对仿真过程或回放过程中战场态势、电磁环境、装备性能等信息进行实时显示，实现战场综合态势可视化。

6. 模型开发管理子系统

模型开发管理子系统基于组件化建模思想，用于设计各类作战实体模型，为仿真推演系统提供模型开发环境，具备模型开发、模型测试、模型管理、模型配置等功能。

电磁环境的仿真模型可以包括技术层面的装备实体能力模拟和战术层面的任务行为模拟。根据实际装备的组成、特性、性能指标和工作流程，进行装备的功能级的建模。仿真通信对抗装备以及通信系统的工作过程，从而实现作战性能仿真。

(1) 基于元模型的统一建模技术。通过对建模与仿真相关学科的研究，将复杂电磁环境中的分辨率分为 3 类：一是时间分辨率，指的是复杂电磁环境仿真系统动态变化时的最短时间间隔；二是空间分辨率，指的是复杂电磁环境仿真系统可以分辨的最小的空间区域；三是谱线分辨率，指的是特定时间和空间内，环境因素描述的细节层次和详细程度。

从不同应用角度、不同关注点出发，复杂信号环境仿真模型可以有多种分类方法。如按专业领域分，可以分为通信对抗模型、雷达对抗模型等；按频段分，可以分为短波模型、超短波模型和微波模型等等。

因此，如何构建复杂电磁环境模型，是我们面临的一个重大问题。我们提出了基于元模型的统一建模方法。

根据对装备仿真模型的建模过程的深入分析，复杂电磁环境下装备仿真模型的元建模参考框架如图 7.7 所示。

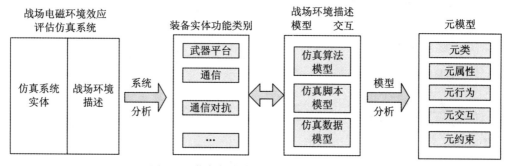

图 7.7 装备仿真模型的元建模参考框架

首先确定将要仿真的装备体系对抗作战环境的范围及组成，然后对其进行描述，提取出关注的模型（属性、行为和约束）及交互（约束），最后对装备体系对抗作战环境进行元模型建模，即实现模型、属性、行为、交互和约束等的元模型建模。利用装备体系对抗作战环境元模型建模参考框架，可以知道建立环境元模型的基本需求以及过程，它为元模型的建立提供了指导。

　　基于元模型的仿真建模技术,有利于仿真模型的统一开发与集成,可实现在统一仿真平台上的模型可以持续改进升级,新开发的模型也可以快速集成。

　　利用元模型生成装备型号模型如图 7.8 所示。

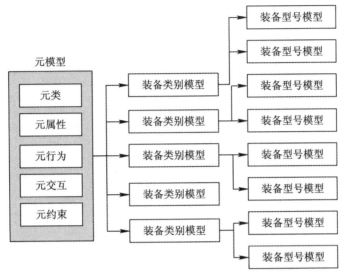

图 7.8　利用元模型生成装备型号模型

　　模型模板的应用关系如图 7.9 所示。

　　例如:通信电台的模型模板可以包括通信电台型号、通信电台编号、通信电台图片、频率范围、通信体制、调制样式、天线型号、信号瞬时带宽、信道编码增益、扩频增益、发射功率等参数。

　　(2)多粒度多分辨率的电磁环境建模。根据仿真粒度和分辨率的不同,电磁环境仿真系统可以分为参数级、PDW 级和中频级仿真,对应地,根据仿真粒度的不同,可以把装备仿真模型分为参数级、PDW 级和数字化中频级,如图 7.10 所示。不同粒度、不同类型的仿真模型可以在统一的仿真框架内共同仿真,其中参数级仿真按仿真时序持续仿真,仿真实体之间的交互通过合成电磁环境,实现实体之间的解耦合,而 PDW 级模型与数字化中频级模型可以按需加入仿真。

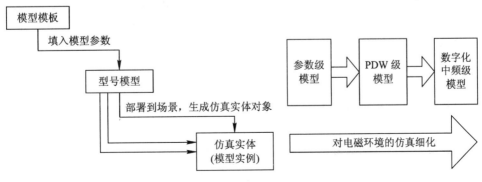

图 7.9　模型模板的应用关系　　　　　图 7.10　电磁环境多分辨率模型

参数级仿真实体的仿真采用集中式仿真，PDW级仿真与数字化中频级仿真采用分布式仿真，二者通过数据总线实现数据交互。

（3）模型集成原理。仿真实体模型在集中式仿真服务中依托"集中式多核并行计算引擎"（简称"并行引擎"）进行推演运算，依托"公共环境"进行信息的交互，依托"总线"与外部软件进行直接或间接的信息交互。如图7.11所示。

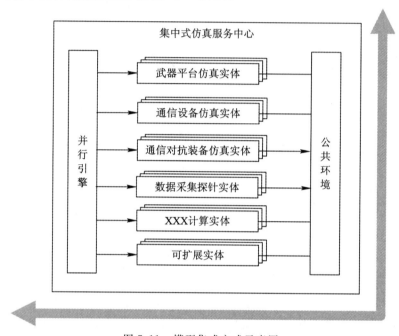

图7.11　模型集成方式示意图

（4）模型库管理软件。模型库管理软件是复杂电磁环境仿真模型库的组成部分，主要用于对仿真模型库进行浏览、检索、上传和下载、删除等操作，完成仿真模型的管理和维护。对模型库管理软件的要求如下：

· 支持可视化的仿真模型组装和存储，包括机载、舰载、车载平台与通信、通信对抗、雷达和雷达对抗装备之间的挂接关系；

· 可管理的数据类型包括文档、模型文件；

· 可对模型库中的仿真资源进行浏览、检索、上传、下载、删除和编辑；

· 可控制模型资源信息的读写异常，保证数据的完整性；

· 提供网络环境下其他仿真应用对仿真资源的访问服务功能，包括资源访问接口封装、并发控制和资源下载功能等；

· 可对模型数据进行备份；

· 可对模型管理的用户权限进行设置；

· 提供可视化的模型资源逻辑关联编辑、关联查询以及模型配置视图浏览等功能；

· 可提供模型批量下载和批量更新功能。

7. 仿真测试数据处理子系统

仿真测试数据处理子系统由数据采集模块、数据管理模块、仿真测试数据库三部分组成，如图7.12所示。

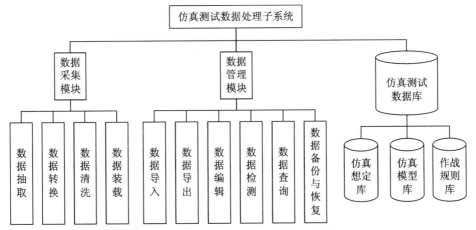

图 7.12　仿真测试数据处理子系统框架

（1）数据采集模块。数据采集模块主要是对各数据源中分散、零乱、标准不统一的数据进行抽取、清理并有效集成到一起，并按照数据种类将其整合到不同的数据库中，主要包括数据抽取、数据转换、数据清洗和数据装载等功能。

功能要求：

· 支持对仿真测试数据进行采集、存储、回放；

· 可以同步自动采集仿真运行过程中的各种仿真中间结果和过程数据的项目、频次等，并能对这些数据进行自动记录存储，主要内容包括想定规划、电磁环境构设、电磁环境分析、电磁环境和装备适应能力评估等中间和结果数据以及仿真事件等；

· 可对仿真数据的均值、方差、极值等进行可视化统计和分析，并以图、表、文字等方式显示分析结果；

· 能够预置各数据项的初始值，对输入数据进行合法性检查，提示非法输入数据。

组成及功能：

数据采集模块的功能与组成如图 7.13 所示，其中采集分析规划软件是嵌入想定规划软件中的一个模块，用于事先对数据采集进行规划和设置；采集存储软件模块嵌入集中式仿真服务软件中，用于在仿真运行过程中按要求进行数据采集和入库保存；数据回放软件模块也是嵌入集中式仿真服务软件中的一个模块，用于在非仿真运行状态从数据库中读取数据记录进行回放。

（2）数据管理模块。数据管理模块主要用于仿真测试数据库的管理，其功能包括数据导入、数据导出、数据编辑、数据检测、数据查询和数据的备份与恢复等。

（3）仿真测试数据库。

仿真测试数据库主要为电子信息作战仿真的想定数据、过程数据、支撑数据、结果和评估数据等提供高速存储服务。

数据库中的数据内容包括想定数据、模型资料数据、地图数据、参数化电磁环境采集数据、电磁环境分析结果数据、电磁环境度量数据等。

想定数据库内容包括想定名称、想定创建时间、最近修改时间、想定说明、想定文件压缩包文件。

模型资料数据库内容包括模型名称、模型类别、模型功能、模型研制单位、模型联系人、模型文件压缩包文件。

地图数据库内容包括地图名称、地图区域边界经纬度、地图文件压缩包文件。

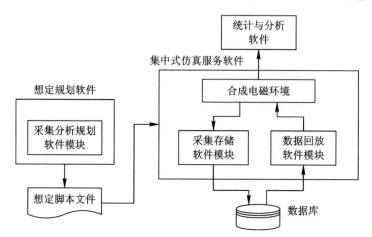

图 7.13　仿真数据采集分析功能与组成

7.5.3　参数化电磁环境生成系统

参数化电磁环境生成系统主要依据仿真引擎中电子信息作战实体的状态和行为，通过调用参数化电磁信号生成系统的计算结果，构建战场电磁信号环境。

参数化电磁环境生成系统能够依据仿真试验想定，设置战场各类电子信息装备部署、工作参数和典型运用方式，仿真生成基于参数化表征的电磁环境，模拟电磁环境数量、密度以及信号的时间、频率、功率、空间和调制特性。

1）仿真实体及行为模型

复杂电磁环境的数字仿真模型一般包括平台模型以及各种电子设备模型，电子设备模型包括通信设备、通信对抗设备、雷达设备以及雷达对抗设备等，多个通信设备可以构成通信网模型，通信网具有通信业务模型，电子设备具有行为模型以及波形模型。本系统电磁环境模型体系如图 7.14 所示。

2）背景信号模型

背景信号模型体系如图 7.15 所示。电磁背景信号包括非作战使用的短波超短波电台信号、噪声信号、气象雷达信号、航管信号以及一些随机产生的各种通信信号、雷达信号等。

3）实体模型代理工具

该工具主要为电磁信号生成系统、战场电磁环境等效模拟与评估系统提供接口，针对不同类型的电磁信号提供精细化的接口，将电子信息作战实体产生的信号参数传递给电磁信号生成系统，并接收生成的信号波形。

4）数据采集探针

该工具主要完成战场空间中任意点的电磁信号提取功能，通过计算战场辐射源发射的电磁信号到达探针点位处的波形，得到空间中该点的合成信号环境。

根据想定规划的需求，在仿真想定中，以地图为背景，部署设置数据采集探针。探针可以是固定在某一点，可沿某条轨迹运动，还可以把"探针型仿真实体"装载到场景中某平台上，随平台一起运动。

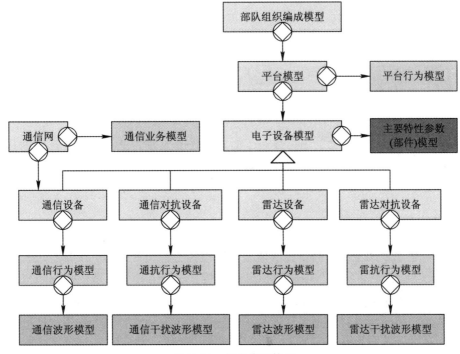

图 7.14　仿真模型体系

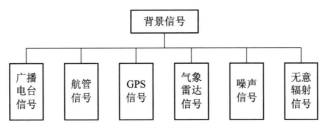

图 7.15　背景信号模型体系

5）电磁信号环境管理模块

该模块主要完成战场各电子信息实体产生的电磁信号波形以及背景电磁信号波形的存储和管理。通过接收模型实体所产生的各信号波形，形成战场所有电磁信号的集合，并为数据采集探针提供所需的信号数据。

电磁信号环境管理模块以高性能并行计算引擎为核心，所有实体模型由计算引擎统一推动执行。同时通过"合成信号环境"，提供统一的中间交互层，可以较好地实现实体模型间的解耦。如图 7.16 所示，电磁信号环境管理模块内部各功能模块按照任务规划数据信息，在并行仿真引擎统一驱动下执行运算，并由合成信号环境模块完成电磁环境数据的合成、分析和解算，通过高速数据分发总线将数据分发到相关模块或软件。

复杂电磁环境仿真按"平台与模型相分离"的原则进行设计。数字仿真平台由多个软件和工具集组成，构成数字仿真运行所需的基本框架。

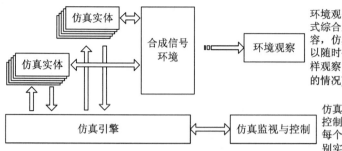

环境观察：采用表格、地图和频谱图方式综合显示环境信息。定时刷新显示内容，仿真过程中可以不接入观察，也可以随时接入，接入之后就是起到时间取样观察的效果(在某些时刻点上整个环境的情况)。显示内容可以滤取。

仿真监视与控制：可以通过仿真引擎控制仿真速度。监视有多少个容器，每个容器有多少个实体。可以停止个别实体的运行。

图 7.16　电磁信号环境仿真推演管理平台架构

复杂电磁环境仿真的特点：通过复杂电磁环境仿真系统，建立不同分辨率的参数化模型，实现对战场电磁环境全局、天线口面局部特征等不同粒度的表征、可视化展示以及数字化精确构建。

7.5.4　电磁信号生成系统

电磁信号生成系统主要根据仿真实体代理模型传递的信号参数，按需生成相应信号波形，并通过信号合成软件形成信号级模拟电磁环境。电磁信号生成系统可以生成各种通信及通信对抗信号波形、雷达及雷达信号波形，满足战场电磁信号的模拟需求。

电磁信号生成系统可以根据信号的技术特征完成信号的还原，生成相应离散化数字信号，为仿真系统提供信号输入。例如，通信信号参数如表 7.8 所示。

表 7.8　通信信号参数表

	频域参数	信号工作频率、频谱结构、占用带宽、跳频信号的跳频频率集等
通信信号技术参数	时域参数	信号的活动时间、数字基带信号的码元宽度与码元速率、跳频信号的跳频速率等
	空域参数	信号的极化方式、来波方位、地理位置、运载平台的运动轨迹等
	调制域参数	AM 信号的调幅度、FM 信号的调频指数、FSK 信号的频移间隔、DS 信号的扩频码长度等
	网络域参数	辐射源种类、网络协议、通信诸元、电台呼号、通联时间、联络情况等

1）电磁信号生成系统框架

电磁信号系统接收参数化仿真中的复杂信号环境数据，把环境数据（即参数化描述数据）通过一系列的仿真计算模型转换为信号样点数据，即数字化中频数据流；然后基于信号样点级数据进行仿真，再把数字化中频数据流"注入"给被验装备模拟软件。图 7.17 所示为电磁信号系统模块组成图。信号环境数据从集中式参数级仿真软件传来之后，进入信号环境数据分配模块，由该模块把多个信号混合在一起的数据分解为不同信号发生模块的输入。信号样本模型主要来源有：采用数学模型在计算机上产生的标准样本模型，在各种阵地上采集的目标信号样本数据，针对某型电台或装备专门采集的信号样本数据。

信号发生模型的输出即是信号样点级数字化中频数据流。该数据流需要经过电波传播计算模型进行一系列变换，包括进行幅度上的高斯、瑞利或莱斯衰弱统计特征变换；在频率上，要根据相对运动速度进行多普勒频移变换。

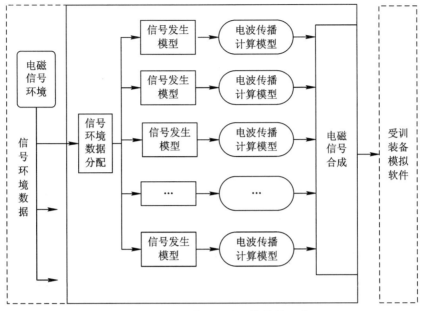

图 7.17　电磁信号生成系统软件组成

最后进入的模块是多信号合成模块。该模块把分解出来的多路信号再按被验装备的接收通道数重新合成。合成时需要根据载频差异进行 DUC 变换。

2）信号算法模型库

复杂信号环境构建我们通常主要从以下几个角度去开展：信号密度，信号强度，信号类型。信号分布我们主要从时域、频域、空域三个方面来描述。纯数字信号产生的核心是丰富可靠的信号算法库，根据各种信号的结构，编写相应代码，我们目前信号算法库具体包括以下几种信号模型：

（1）通信信号仿真模型：通信信号模型主要包括信号的频率、类型、调制方式、带宽、功率、多址方式、基带波形特征和传输速率。信号类型包括定频信号、跳频信号（跳频带宽、跳频频率数量、跳频速率、跳频码长度、跳频同步时间）、直接序列扩频信号、跳频/直扩信号、跳频/跳时信号等。样式包括 CW、SSB、USB、FM、AM、FSK、PSK、QPSK、MSK、CPFSK、LINK16、LINK4A、LINK11、阵地采集信号等。

（2）通信干扰信号模型：通信干扰信号模型库主要包括多种通信干扰信号，具体种类包括载波干扰、脉冲干扰、噪声干扰和调制干扰，其中调制干扰包括调幅干扰、调频干扰、调相干扰和综合调制干扰。

7.5.5　战场电磁环境度量与分析系统

1）辅助计算分析工具

辅助计算分析工具主要包括地形遮蔽分析工具、通信畅通区工具等，辅助进行想定规划与试验方案生成。

（1）地形剖面分析。软件能够绘制任意给定两点之间的地形剖面图，同时能够在剖面图上显示两端点的通视状态。在剖面图上，软件支持鼠标如下操作：随着鼠标的移动，显示鼠标所在位置的地形高度值。

地形剖面图的示意效果如图 7.18 所示。

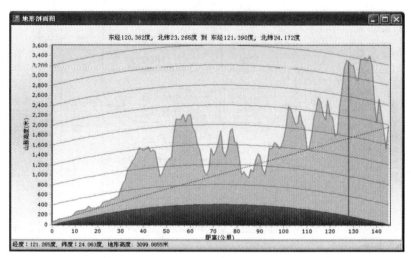

图 7.18　地形剖面图

（2）通信畅通区分析。通信畅通区是当分析某一通信干扰站对于选定的通信双方进行干扰时，通信方能够保持通信畅通的区域。其中涉及天线方向图、地形遮挡和电波传播等多种计算。

（3）通信侦察有效区分析。用户可以设置一个或若干个通信对抗站实体为侦察实体，观察它们能够侦察到某型电台的侦察有效区。

2）电磁环境度量

电磁环境度量主要是对探针处形成的信号波形进行分解与信号分离，以信号频率、脉冲到达时间、脉冲宽度、脉冲幅度等参量描述探针处的电磁环境。

3）电磁环境分析

电磁环境分析是对电磁环境度量的参量进行综合分析，电磁环境以信号密度、频率分布、功率密度分布、信号交叠情况等进行表征。可以进行信号个数统计、信号密度统计、时域重叠度度量、频域重叠度度量以及信号频谱图显示等操作。

7.5.6　战场电磁环境等效模拟与评估系统

1. 基础组成

战场电磁环境等效模拟与适应性评估系统由信号模拟配试装备模型库、被验装备模拟软件、信号合成软件、信号分析评估软件、宽带信号采集设备、被验装备电磁环境适应性评估软件共同组成。该系统以被验装备为中心，利用仿真建模和信号分析评估等手段，充分发挥已有各种信号模拟配试装备的作用，在计算机上提前对被验装备的复杂电磁环境接收效果进行等效模拟与评估。该系统能为外场实训提供方案和脚本，并能对被验装备接收的实际情况数据带回到试验室进行闭环评估。

战场电磁环境等效模拟与评估系统能够在试验室条件下，通过计算机仿真模拟，对一次外场实训进行总想定的全过程信号级模拟，经过等效模拟和评估之后，为每个配试、助训装备提供分解和优化过的分想定方案和脚本。对于分想定方案和脚本之间的时间配合、信号交叠等复杂关系，可在计算机上事先进行模拟和评估，然后对被验装备的影响和效果能进行分析和评估。

最后，可以把外场实训信号环境采集数据带回到试验室，进行复盘和闭环评估分析。此系统用于改进方案和优化评估系统自身的信号模拟和电波传播模型。

战场电磁环境等效模拟与评估系统组成结构如图 7.19 所示。

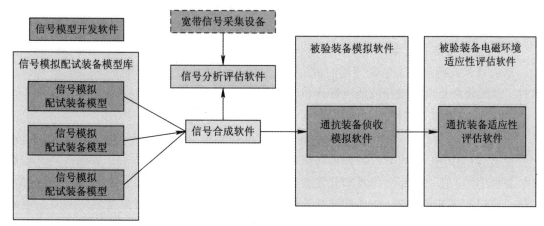

图 7.19　战场电磁环境等效模拟与评估系统

1) 信号模拟配试装备模型库

对目前已有的信号模拟配试装备逐一建立信号模型，形成信号模拟配试装备模型库。还可采用信号模型开发软件（提供多种半成品模型），开发将要研制或采购的信号模拟配试装备模型，纳入配试装备模型库。

2) 信号合成软件

信号合成软件在统一的试验和训练场景驱动下，分别调用信号模拟配试装备模型库中相应的信号模型，根据配试过程情况，产生电磁信号，并基于场景布设位置，分别解算其发射位置、发射天线、电波传播、接收位置、接收天线相关要素，逐一形成每路信号辐射源的信号波形后，再统一进行合成。

3) 被验装备模拟软件

被验装备模拟软件的输入即为信号合成软件的输出。

被验装备模拟软件由通抗装备模拟软件支撑，用于模拟不同类型被验装备在特定试验和训练场景下的工作情况，并主要对其电磁环境信号接收情况进行分析和评估，为形成最终的外场实训方案和脚本提供科学的评估手段。

外场实训方案包括了每个配试装备的位置、天线架设高度、天线指向等部署性数据。而实训脚本则采用波形描述字和信号描述字相结合的方式，详细规定了信号模拟发射的时间过程、信号频率和带宽、信号幅度、信号样式、极化方式等过程性数据。

4) 宽带信号采集设备

宽带信号采集设备是一套轻便型、大容量的外场信号采集设备，用于在实训或演练过程中，对某个特定观测点的电磁信号环境进行宽带采集。采集结果可带回到试验室，用于对实际产生的信号环境提供对比分析条件。

5）信号环境分析评估软件

信号分析评估软件提供专业化的宽带信号和窄带信号的分析功能。一方面能够对信号合成软件的输出进行实时分析和评估，另一方面还能对宽带信号采集设备带回到试验室的数据进行分析；通过两者对比，分析和评价外场实训过程与事先的方案和脚本的符合性以及对被验装备电磁环境模拟的符合性和逼真度。

信号分析评估软件能通过抽取和调理，从外场采集的信号数据中提取特定配试装备的信号波形样本，为配试装备的模型化提供条件。如果在发射端和接收端同时进行了采集，还能对电波传播特性进行分析计算，提炼其仿真模型。

6）被验装备复杂电磁环境适应性评估软件

评估被验装备对复杂电磁环境的适应性，可以通过通抗装备复杂电磁环境适应性评估软件、雷抗装备复杂电磁环境适应性评估软件。

2. 电磁环境等效模拟

以被验装备为中心，利用仿真建模和信号分析评估等手段，充分发挥已有各种信号模拟配试装备的作用，对目前已有的信号模拟配试装备逐一建立信号模型，形成信号模拟配试装备模型库。还可采用信号模型开发软件（提供多种半成品模型），开发将要研制或采购的信号模拟配试装备模型，纳入配试装备模型库。在计算机上提前对被验装备的复杂电磁环境接收效果进行等效模拟与评估。该系统能为外场实训提供方案和脚本，并能对被验装备接收的实际情况数据带回到试验室进行闭环评估。

3. 被验装备模拟软件

被验装备模拟软件主要包括通信对抗被验装备模拟软件和雷达对抗被验装备模拟软件，能够仿真常规的通信对抗、雷达对抗被验装备基于信号/数据流处理的工作过程，能够在仿真运行过程中显示被验装备工作状态及数据，能够提供被验装备人工操作功能。

例如，通信对抗被验装备模拟软件依据通抗装备的实际技术状态和战术技术指标，实现对远距离支援通信对抗装备进行信号级数字建模。它还能够实现基于数字中频数据流处理的目标搜索、截获分析等侦察与干扰过程的仿真，验证通信对抗装备模型加载作战数据的有效性；可模拟通信对抗装备的显示控制界面，提供通信侦察、通信干扰需要的人工操作手段，展示各种通信侦察结果等。

通信侦察模拟主要完成全景功能、解调功能、识别算法、分析算法，最后在显示界面上显示结果数据。

通信干扰仿真模拟，主要是在构建通信链路和通信环境的基础上，发射干扰信号，将发射干扰信号叠加入通信链路环境，通过分析通信模拟链路的通断情况，从而判断干扰效果。

4. 被验装备复杂电磁环境适应性评估指标体系

要对被验装备进行复杂电磁环境适应性评估，首先得建立被验装备适应性评估指标体系，具体构建方法参见第 8 章相应章节。

5. 被验装备复杂电磁环境适应性评估流程

通过建立效能评估研究平台，为适应性评估指标体系建模、定义评估方案、处理试验数据、计算评估结果等步骤提供软件支持。比如构建指标体系包括创建指标、定义指标层次关系、指标权重计算等工作，使得用户可以根据特定的评估对象，实现评估指标的选取以及层次关系的构建，使用权重计算方法进行相应指标的权重计算；提供装备适应性评估指标综合计算方法；将评估数据和评估结果以图、表等形式进行可视化展示等，其流程如图 7.20 所示。

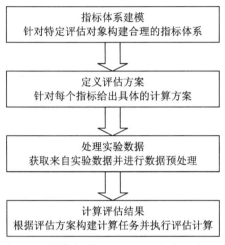

图 7.20　效能评估研究平台工作流程示意图

6．战场环境等比缩放与试验方案

由于试验场的局限性和训练装备的局限性，在进行训练设备部署时，需要根据实际战场的想定进行等比缩放。首先在想定规划软件中构建实际作战场景与训练方案，进行仿真推演，得出仿真推演数据，比如仿真场景下，辐射源到达接收端的功率大小值。根据仿真推演数据以及当前训练装备的性能指标、试验场环境等信息，在试验场对作战场景进行等比缩放，构建试验场模拟训练的战场环境，以支持现有设备的模拟训练。通过反复推演优化训练方案，进行装备部署、任务设置等。

7.5.7　半实物信号模拟与采集系统

1．纯软件与半实物模拟设备共仿真

在试验想定任务规划阶段对试验任务和试验方案进行了仿真推演，仿真过程中生成的可执行的试验方案脚本文件和可加载的数字波形文件等用于推动通信环境模拟系统产生逼真的复杂电磁环境，推演过程中可以通过"探针"技术获取各位置、各环节的信号频谱、波形等信息。在试验实施阶段，系统加载了仿真推演的试验方案脚本和数字波形后，物理实现了纯软件仿真的复杂电磁环境场景，与仿真"探针"对应的实体是"便携式采集回放设备"，采集回放设备部署在试验场任意位置或被验电台接收天线口面处，用来实时感知真实的复杂电磁环境信号，并通过网络送回到系统内相关操作席位。

这一纯软件与通信环境模拟系统实体结合的复杂电磁环境共仿真设计思想和关键技术。实现了通过构建数字仿真环境和手段，在实现中频信号级数字仿真环境的基础上，进一步逼近真实，提高仿真可信度和仿真速度，把硬件实现过程带来的问题仿真模拟出来，引入半实物的仿真平台进一步试验和验证。

2. 被验装备天线口面的电磁环境数据计算

对作战场景推演过程中被验装备处电磁环境（天线口面的信号特征）的变化情况进行计算，得到电磁环境信号数据，驱动半实物模拟设备实现环境信号的模拟。

通过复杂电磁环境数字仿真平台的仿真运行控制软件，进行仿真作战场景脚本选择与加载，并控制仿真电磁环境生成运算服务器进行仿真作战场景的推演运行。对仿真想定中所有的仿真实体或仿真实体代理进行并行推进；对复杂信号环境进行汇总和计算，完成地波传播计算、空间传播计算和超短波海面波传播计算等电磁传播计算。动态模拟典型通信、通信干扰等电子信息装备的电磁辐射信号，能够根据各类仿真模型，动态计算到达空间任意点的电磁环境，输出基于信号时间、频率、功率、空间和调制等参数表征的电磁环境，驱动半实物模拟设备进行电磁环境信号的模拟。

数字仿真环境将到达被验装备天线口面处的电磁环境数据和装备工作参数等信息，按照仿真时序发送至半实物仿真环境中的电磁环境控制设备，控制电磁环境模拟设备按照参数设置要求生成电磁环境。复杂信号环境模拟设备与信号级仿真软件一样，也具备与功能级的集中式仿真场景的连接能力。两者连接之后，可以进行软件功能与半实物的信号级共仿真。

3. 半实物仿真模拟设备

半实物模拟系统基于专门设计的无线信道仿真平台，即可实现对通信链路的注入式干扰模拟和评估，也可用于近距离小信号辐射干扰模拟和评估，如图 7.21 所示。被验装备通过注入方式接入半实物模拟子系统中的无线信道仿真平台，就能够在试验条件下进行注入式通信试验。而后在此基础上，接入通信干扰模拟相关设备后，即可对被验通信设备进行干扰和评估。

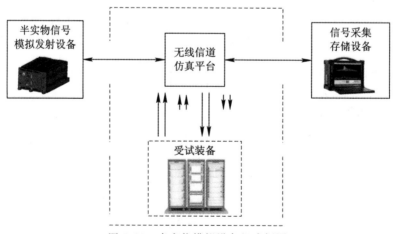

图 7.21　半实物模拟设备组成框图

1）半实物信号模拟发射设备

该信号模拟产生设备既可以在接收到被验装备天线口面的电磁环境和装备参数后，产生复杂电磁信号环境，还可以在试验室实现各种现有装备的样本重建，并且可通过模型加载弥补外场训练现有装备的不足。

2）信号采集存储设备

信号采集存储设备主要用于监测被验半实物设备与被验装备的实际工作的电磁信号环境，采集存储试验过程中的通信信号和复杂背景信号、威胁信号等，试验后分析、回放现场信号，再现试验过程的通信及干扰信号环境，辅助试验过程复盘、评估等。它也可用于采集大规模演习等实际复杂电磁环境信号，在基地试验场区完成信号数据采集，复现电磁环境。

3）无线信道仿真平台

如图 7.22 所示，无线信道仿真平台设备在内部采用分配网络和环形器的设备，可让被验收发设备直接接入后，形成收发通信链路，并模拟不同场景下的传播效应，且保证可按注入方式进行正常通信，具体工作原理见第 5 章。

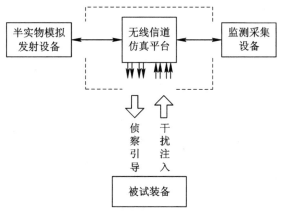

图 7.22　无线信道仿真平台使用方式示意图

当需要进行干扰评估时，干扰模拟设备的接收端和干扰端接入无线信道仿真平台设备。平台内部采用复杂的射频分配方式，保证让任何一个被验收发设备发出的信号均能通过射频通道发送给被验装备，以保证其多个通道都能同时收到被验设备发出的信号，有利于其完成侦察引导功能。同理，对于被验装备发出的信号，无线信道仿真平台能保证把信号注入给监测采集设备。

第8章 通信对抗仿真测试效果评估技术

通信对抗仿真测试效果评估是通信对抗仿真测试的落脚点，其评估除了包括测向、侦察、干扰性能、效能的评估外，还有对室外场景的信号传播效应、电磁环境模拟逼真度的评估。本章在介绍传统评估方法的基础上，侧重于对复杂电磁环境模拟逼真度评估的阐述，并创新性地提出了一种基于旋转坐标系的多维、多域套桶评估方法，对体系作战效能的科学评估具有借鉴意义。

8.1 通信及通信对抗评估方法

目前，有关通信对抗效能的评估方法比较多，主要有指数评估法、ADC 法、层次分析法（AHP）、网络分析法（ANP）、专家调查法、SEA 方法、信息融合方法等。下面对前四种方法逐一进行简要介绍。

8.1.1 指数评估法

20 世纪 50 年代，美国从事军事系统分析的专家在作战对手通信网络效能评估和战斗分析预测的工作中，为了寻求新的科学方法评估作战对手通信网络的综合战斗能力，创造性地把国民经济统计中的指数概念移植于装备作战评估，用来反映各军兵种几十种武器及人员在一定条件下联合的平均战斗力结果，这一方法取得了较好的效果，于是指数方法在军事评估中开始被广泛研究和应用。指数方法存在的问题是，指数模型中指数系数与常数项过多，而指数描述模型对指数系数取值很灵敏，合理地确定指数系数是个难点。指数方法通常用于结构简单、规模较大的宏观模型，但对要求细致描述其结构的问题一般不很适宜。

8.1.2 ADC 法

ADC(Availability Dependability Capability)方法是由美国工业界武器系统效能咨询委员会给出的，该方法是一种系统效能评估方法，从系统的可用性（Availability）、可信性（Dependability）与固有能力（Capability）三者出发进行系统效能的评估。其中，系统的可用性与可信性主要考察系统在开始执行任务时与执行任务期间的状态转移，而固有能力则主要刻画了系统在执行任务结束时的最终效果。这种方法规定系统效能指标是武器系统可用度、任务可信度与作战能力的函数，用一行向量 $E(1 \times m)$ 表示，即有：

$$E = A \times D \times C \tag{8.1}$$

式中，

$E=[e_1, e_2, \cdots, e_m]$ 为系统效能指标，$e_i(i=1, 2, \cdots, m)$ 对应系统第 i 项任务要求的效能指标；

$A=[a_1, a_2, \cdots, a_n]$ 为 $1\times n$ 维可用度向量，是系统在执行任务开始时刻可用程度的度量，反映武器系统的使用准备程度，A 的任意分量 $a_j(j=1, 2, \cdots, n)$ 是开始执行任务时系统处于状态 j 的概率，j 是就可用程度而言系统的可能状态序号；

D 为任务可信赖度或可信度，表示系统在使用过程中完成规定功能的概率。由于系统有 n 个可能状态，则可信度 D 可用 1 个 $n\times n$ 矩阵（又称可信赖性矩阵）表示，即

$$D = \begin{bmatrix} d_{11} & d_{12} & \cdots & d_{1n} \\ d_{21} & d_{22} & \cdots & d_{2n} \\ \vdots & \vdots & & \vdots \\ d_{n1} & d_{n2} & \cdots & d_{nn} \end{bmatrix} \tag{8.2}$$

式中，$d_{ij}(i=1, 2, \cdots, n; j=1, 2, \cdots, n)$ 是使用开始时系统处于 i 状态，而在使用过程中转移到 j 状态的概率。

C 代表系统运行或作战的能力，表示在系统处于可用及可信状态下，系统能达到任务目标的概率，一般情况下，系统能力 C 可用一个 $n\times m$ 矩阵表示，即

$$C = \begin{bmatrix} c_{11} & c_{12} & \cdots & c_{1m} \\ c_{21} & c_{22} & \cdots & c_{2m} \\ \vdots & \vdots & & \vdots \\ c_{n1} & c_{n2} & \cdots & c_{nm} \end{bmatrix} \tag{8.3}$$

式中，$c_{ij}(i=1, 2, \cdots, n; j=1, 2, \cdots, m)$ 表示系统在可能状态 i 下达到第 j 项要求的概率，在操作正确高效的情况下，它取决于武器系统的设计能力。

ADC 法的特点是由 3 个分指标表征武器系统在作战使用过程中不同阶段的有效性，且 3 个分指标的乘积即为系统效能指标，这种系统效能指标定义的优点是简单、便于计算，但不足之处是尚不能全面反映武器系统达到一组特定任务要求的程度。

8.1.3　层次分析法

20 世纪 70 年代美国匹兹堡大学的 Thomas L. Saaty 教授提出层次分析法（Analytic Hierarchy Process，AHP），它是一种实用的多准则决策方法。所谓层次分析法，即根据问题的性质和要达到的目标分解出问题的组成因素，并按因素间的相互关系及隶属关系，将因素层次化，组成一个层次结构模型，然后按层分析，最终获得最低层因素对于最高层（总目标）的重要性权值，或进行优劣性排序。AHP 自提出以来，已经被无数的案例证明是一个非常有效的决策分析工具。然而，随着研究的深入，人们发现有些决策问题不能被构建成 AHP 求解所需的规范要求。AHP 方法的核心是将系统划分层次，且只考虑上层元素对下层元素的支配作用，同层元素被认为是彼此独立的。这种层次递阶结构虽然给处理决策问题带来了方便，但是同时也限制了它在复杂决策问题中的应用。在许多实际问题中，各层内部元素往往是依存的，低层元素对高层元素亦有支配作用，即存在反馈，此时系统的结构更类似于网络结构。

AHP 的基本方法大体可分为如下四个步骤：

（1）分析系统中各因素之间的关系，建立系统的递阶层次结构；

（2）对同一层次的各元素关于上一层次中某一准则的重要性进行两两比较，构造两两比较判断矩阵；

（3）由判断矩阵计算被比较元素对于该准则的相对权重；

（4）计算各层元素对系统目标的合成权重，并进行排序。

8.1.4 网络分析法

1996 年 Saaty 较为系统地提出了网络分析法（Analytic Network Process，ANP）的理论与方法。网络分析法适应解决复杂决策问题的需要，是由 AHP 延伸发展得到的系统决策方法。AHP 与 ANP 的共同点在于，AHP 与 ANP 都可以解决无结构和半结构的决策问题，这类问题用纯数学模型是无法精确描述的，而这种类型的决策又占决策问题的绝大部分。ANP 的理论支撑出自于 AHP，ANP 是由 AHP 发展而逐步形成的理论和方法，可以说 AHP 是 ANP 的一个特例。ANP 方法在 AHP 的基础上引入超矩阵的概念，将应用空间拓展到更为复杂的结构模型中，适应于求解更为复杂、更为广泛的评估决策问题。AHP 法所考虑的问题是内部独立的层次递阶结构，这造成了求解问题的局限性，ANP 的网络结构远比层次递阶结构复杂得多，但它更能合理地反映复杂系统的功能特点和内部关系，因此，可以认为 ANP 能够克服 AHP 的单向性和对指标或准则独立性等的限制性要求。

在基于 ANP 的通信网络作战能力评估模型构建中，主要包括两个阶段，一是评估指标体系的设计与优化，二是基于专家以及仿真数据的 ANP 模型超矩阵构造。这其中涉及多种方法技术，而评估指标筛选技术、相关性分析与多评估数据源信息融合是尤其需要解决的关键技术问题。

1. 基于 Delphi 法的评估指标筛选技术

Delphi 法最早出现于 20 世纪 50 年代末，是当时美国为了预测其在遭受原子弹轰炸后可能出现的结果而发明的一种方法。1964 年美国兰德公司的赫尔默和戈登发表了《长远预测研究报告》，首次将 Delphi 法用于技术预测中，后来它迅速在美国和世界许多国家得到了应用。Delphi 法本质上是一种匿名反馈函询法。首先对所要预测的问题征询专家的意见，进行整理、归纳、统计，再匿名反馈给各专家，然后再征求意见，进行整理、归纳、统计，再反馈给各专家，直至得到稳定的意见。为便于对专家意见进行统计处理，可做以下定义：

设有 n 个评估指标 I_1，I_2，$\cdots$，I_n，m 个专家参与咨询，第 k 个专家按照指标对目标的影响大小进行排序 $M_1^{(k)}$，$M_2^{(k)}$，$\cdots$，$M_n^{(k)}$，则定义指标 $I_j(j=1,\cdots,n)$ 的单个重要度为 $M_j^{(k)}$ $(j=1,\cdots,n)$；对于评估指标 I_j，第 k 个专家给出的重要度排序为 $M_j^{(k)}$，m 个专家分别给出的重要度为 $M_j^{(1)}$，$M_j^{(2)}$，$\cdots$，$M_j^{(m)}$，则定义指标 $I_j(j=1,\cdots,n)$ 的总重要度为 $x_j = \sum_{k=1}^{m} M_j^{(k)}(j=1,\cdots,n)$；$n$ 个评估指标 I_1，I_2，$\cdots$，I_n 的总重要度为 x_1，x_2，$\cdots$，x_n，则定义 n 个指标总重要度的方差和为

$$S = \sum_{j=1}^{n} x_j^2 - \frac{\left(\sum_{j=1}^{n} x_j\right)^2}{n}$$

m 位专家对 n 个评估指标 I_1，I_2，$\cdots$，I_n 进行重要度排序，n 个指标总重要度的方差和

为 S，则取 C. I. $=12S/[m^2(n^3-n)]$ 来描述 m 个专家意见的一致性程度，称 C. I. 为一致性系数。其中 $0\leqslant$ C. I. $\leqslant 1$，如果一致性系数接近于 1，则表示多位专家的意见趋向一致，为 1 则表示意见完全一致；反之，则表明意见不一致。

通过 Dephi 法得到专家们对指标重要性大小的意见后，即可依据这些意见做重要性指标筛选。假设对一个作战对手通信网络作战能力进行评估，指标体系草案选定有 n 个评估指标 I_1，I_2，$\cdots$，I_n，经过专家意见咨询并统计结果，综合专家意见的总重要度分别为 x_1，x_2，$\cdots$，x_n，对指标总重要度排序进行归一化处理 $w_j = x_j / \sum\limits_{j=1}^{n} x_j$，得到 n 个评估指标的归一化排序向量 w_1，w_2，$\cdots$，w_n。这里 $w_1 + w_2 + \cdots + w_n = 1$，其值越大，表明相应的指标越重要，从 n 个指标筛选出重要的指标，剔除不重要的指标，即指标筛选。

n 个评估指标 I_1，I_2，$\cdots$，I_n 按归一化重要度排序向量 w_1，w_2，$\cdots$，w_n 从大到小排列，记为 N_1，N_2，$\cdots$，N_n，并记 $N = \sum\limits_{i=1}^{r} N_i$，求最小的 r，使得 $N = \sum\limits_{i=1}^{r} N_i \geqslant a$（$a$ 为小于 1 的常数，称为重要性系数，可按照实际需要确定重要性系数），N_1，N_2，$\cdots$，N_r 对应的指标为 I_1，I_2，$\cdots$，I_r，即为重要性指标。

经过重要性评估指标的筛选，选择出对评估目标具有较大贡献率的评估指标，这样可以避免在建立评估指标体系时产生评估指标体系过于繁琐或过于简化的情况。

2. 评估指标相关性分析

在作战对手通信网络作战能力评估中，有时为了简化问题，在评估过程中对作战对手通信网络系统内部以及系统之间的相关性可能会考虑不足，为了更加真实地反映系统的本质，有必要引入相关分析的概念，考虑指标之间的关联性。

相关关系与函数关系不同，它是指变量之间的不确定的依存关系。变量之间的相关关系有多种类型，如一元相关、二元相关以及多元相关，线性相关与非线性相关，正相关与负相关等等。评估指标体系中不同层次评估指标之间的支配影响关系比较容易获得，而同层内或者不同层之间的反馈关系，即它们之间可能存在相互影响或依赖关系，指标之间的这种相关性本身是难以发现的。特别是，当存在多位专家对指标之间相互影响的可能性进行判断时，不同的专家会有不同的意见和考虑，但是通过专家咨询，专家依据自身掌握的知识和对相关领域的了解，可以对各指标之间存在影响或联系的可能性、密切程度作出比较符合实际的判断，通过多专家信息融合可以确定评估指标体系中任意两个指标之间的指标关联度，由此建立指标关联度矩阵。

为便于根据指标关联度矩阵，用图形表示指标之间的影响关系，进而建立图形化的网络结构评估指标体系，参照 ANP 模型中相关论述，需要对网络化评估指标体系的组件和结构及关系类型予以确定，主要有：指标节点，包括子节点和父节点；它们之间的关系，包括影响关系和反馈关系。评估指标体系中，某些存在相同属性的指标，可以组成指标簇，指标簇内指标节点之间存在相互影响关系，不同指标簇内节点之间也可能存在影响关系，指标簇之间的影响关系由它们内部节点之间存在的相关关系决定。在定义指标节点与指标簇以及它们之间关系后，借助指标关联度矩阵即可构建并描述网络结构的评估指标体系，通过此过程建立的评估指标体系的网络结构与 ANP 的模型描述是一致的。

评估指标体系的设计与优化内容有待进行深入研究。需要指出的是，在获取指标关联度时，需要通过多专家信息融合方法，将多位专家对指标之间存在相互影响的可能性判断意见进行综合，得出比较符合实际的结论。对多位专家的判断信息进行融合属于多评估数据源信息融合技术。

3. 多评估数据源信息融合

评估数据源信息融合是充分利用多个信息源，通过对这些信息源及其提供信息的合理支配和使用，把多个信息源在空间或时间上的冗余或互补信息依据某种准则进行组合，以获得对被评估对象的一致性解释或描述，使得对军事通信网的论证评估获得稳健可靠的结果。通常的军事通信网作战能力评估，采用的评估数据有专家经验与偏好数据、仿真方法的模拟数据、真实测试的实测数据等等，不同专家提供的评估数据以及不同类型的数据具有互补性，可以相互弥补不足。作战对手通信网络作战能力评估期望获得可靠合理的评估结果，而可靠合理的评估结果需要有足够的评估证据支持。利用尽可能多的可利用评估信息并有效集结作为评估证据，可以提高评估的可靠性，得到更加合理的评估结果。用于军事通信网作战能力评估的信息往往是多视角的，是不同来源的异构数据信息。基于各种不同来源的评估数据源，所面临的关键难题是如何对这些数据进行统一表达与融合。由于评估数据来源不同，信息表达各异，例如专家数据源采用定性表达数据为主，而仿真数据源以定量的数据表达为主，这些数据通常难以直接进行评估，因而，需要对各类评估数据进行综合或融合处理。本节主要考虑两类数据融合方式：一是概率表达的扩展贝叶斯融合方法，二是判断矩阵表达的加权平均方法。

1) 概率表达的扩展贝叶斯融合方法

在评估指标体系指标相关性分析中，对于专家的意见需要一种方式来描述并获取，以便于对专家群意见进行统计处理。通常可以使用信念图来表达，信念图是由稳健决策组织于 20 世纪 90 年代提出的，并于 2003 年在"通用决策支持方法与系统"中获得专利权。信念图最初作为领导决策管理软件工具 AccordTM 的信息获取界面，而且作为一种辅助决策工具，应用于风险评估时多专家意见的融合。信念图如图 8.1 所示，是外界主体对问题理解程度与满意表达的二维度量空间，它采用笛卡尔坐标系的第一象限表示信念空间。

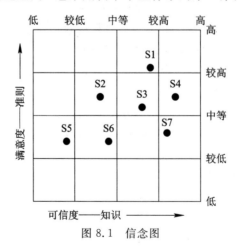

图 8.1　信念图

图 8.1 中，横坐标代表专家对评估问题领域知识的了解程度，即可信度 K，K 的取值为[0，1]；纵坐标代表专家在拥有可信度 K 的情况下对评估对象满足准则程度的满意表

达,即满意度 C, C 的取值为 $[0,1]$。这两者组成对某个问题的信念表达。

信念图表达是指,对一个评估指标及其准则满足评估最终目标的状态表达。它包括对某问题的认识所拥有的知识度,以及某问题所反映出来的可信程度,这两者组成对某个问题的信念表达,信念的表达方式采用群决策的主观概率形式。借助信念图,把评估数据反映评估最终目标的状态统一表达为具有认识广度和认识深度的两维信息格式,即外界主体对该事件的评判价值。而从外界主体的评判结构看,需要从认识广度 K——知识度与认识深度 C——信心度两个方面进行对某评估事件的评判表达。

根据各种评估数据的信念图的表达,通过一种融合算法对多种评估数据源进行融合。对于每个定性指标采用偏好融合,即把各个评估者的满意测量值中的满意部分信息融合成一个概率值形式的数据。采用的融合算法通常是扩展 Bayes 法,当评估主体 $p = \{p_1, p_2, \cdots, p_n\}$ 时,算法如下:

$$P(\theta = Y) = a \prod_{i=1}^{n} [ck + (1-c)(1-k)]_{p_i} \tag{8.4}$$

式中,$P(\theta=Y)$ 表示将所有专家对给定的两个指标 (I_i, I_j),在一定准则下的相关关系表达为存在 (Y) 的概率;$[k, c]_p$ 分别表示专家 p 对所判断问题具有的知识度和信心度;α 为标准化因子

$$\alpha = \frac{1}{\left(\prod_{i=1}^{n}(ck + (1-c)(1-k))_{pi} + \prod_{i=1}^{n}(c(1-k) + (1-c)k)_{p_i}\right)}$$

其中 $p = \{p_1, p_2, \cdots, p_n\}$ 表示专家集。

2) 判断矩阵表达的加权平均方法

ANP 模型超矩阵及加权超矩阵,其输入数据是基本判断矩阵。所谓基本判断矩阵,是指通过在一个准则下,对受支配元素进行两两比较而建立的矩阵。对于同一个评估判断问题来说,利用专家经验知识可以完成成对比较判断过程,从而建立基于专家信息的判断矩阵,如果此问题中受支配元素是可定量的评估指标体系的末级指标,通过仿真试验获取仿真数据,然后进行数据分析格式转换,同样可实现对元素的成对比较判断过程。

针对某一准则 P_i, $i=1, 2, \cdots, s$,对其有影响的元素有 n 个,分别为 $x_1, x_2, \cdots, x_{n-1}, x_n$。当专家判断信息采集建立判断矩阵时,采用 $1 \sim 9$ 标度对元素的重要度或优势度进行判断,可以建立正互反判断矩阵。第 k 位评估专家 E_k 对 $x_1, x_2, \cdots, x_n$ 进行两两比较,建立判断矩阵 $A^{(k)} = (a_{ij}^{(k)})_{n \times n}$,即

$$\boldsymbol{A}^{(k)} = (a_{ij}^{(k)})_{n \times n} = \begin{bmatrix} a_{11}^{(k)} & a_{12}^{(k)} & \cdots & a_{1n}^{(k)} \\ a_{21}^{(k)} & a_{22}^{(k)} & \cdots & a_{2n}^{(k)} \\ \vdots & \vdots & & \vdots \\ a_{n1}^{(k)} & a_{n2}^{(k)} & \cdots & a_{nn}^{(k)} \end{bmatrix} \tag{8.5}$$

基于仿真数据的判断矩阵构造,首先进行作战仿真试验,假设输入一组战术技术指标 $X = (x_1, x_2, \cdots, x_{n-1}, x_n)$,其中 x_i 为第 i 个指标,这组战术技术指标所影响的上层作战能力评估指标为 Y,X_j 为第 j 组试验指标值,$j=1, 2, \cdots, N$,Y_j 为第 j 组试验对应的上层作战能力评估指标值。可以用线性回归的方法逼近上层作战能力评估指标值,即建立数学模型: $Y = b_0 + \sum_{k=1}^{n} b_k x_k$。这样对于 n 个战术技术指标 $X = (x_1, x_2, \cdots, x_n)$,对于其所影

响的上层作战能力评估指标 Y，可得到其影响系数向量为 $\boldsymbol{B} = [b_1, b_2, \cdots, b_n]^{\mathrm{T}}$，经归一化处理得 $\boldsymbol{B}^* = [b_1^*, b_2^*, \cdots, b_n^*]^{\mathrm{T}}$，由 $\boldsymbol{B}^*$ 可以建立 n 个指标相对重要程度判断矩阵形式：

$$
\boldsymbol{A}^* = \begin{bmatrix} b_1^*/b_1^* & b_1^*/b_2^* & \cdots & b_1^*/b_n^* \\ b_2^*/b_1^* & b_2^*/b_2^* & \cdots & b_2^*/b_n^* \\ \vdots & \vdots & & \vdots \\ b_n^*/b_1^* & b_n^*/b_2^* & \cdots & b_n^*/b_n^* \end{bmatrix} = \begin{bmatrix} a_{11}^* & a_{12}^* & \cdots & a_{1n}^* \\ a_{21}^* & a_{22}^* & \cdots & a_{2n}^* \\ \vdots & \vdots & & \vdots \\ a_{n1}^* & a_{n2}^* & \cdots & a_{nn}^* \end{bmatrix} \tag{8.6}
$$

使用微调函数进行调整，将矩阵 $\boldsymbol{A}^* = (a_{ij}^*)_{n \times n}$ 调整为 $\boldsymbol{A} = (a_{ij})_{n \times n}$，且 a_{ij} 符合 $1 \sim 9$ 标度判断要求。仿真数据源转换为判断矩阵的形式后，可以与专家信息为主的定性数据具有相同的度量空间格式，在仿真数据信息表达时，把拥有丰富信息的仿真数据源考虑为一个虚拟的评估主体参与判断。

从构造 ANP 超矩阵所需数据格式的角度来看，用其表达专家对不同评估指标重要度的判断的判断矩阵或者重要度排序向量，都能满足要求，因此可以采用两种方式对多个判断矩阵进行信息融合，即综合判断矩阵法和综合排序向量法。综合的算法又有加权几何平均或者加权算术平均两种，其算法分别如下：

设有一评估准则 $p_i, i = 1, 2, \cdots, s$，影响指标有 n 个，分别为 $x_1, x_2, \cdots, x_{n-1}, x_n$，评估专家集为 $E = \{E_1, E_2, \cdots, E_m\}$，第 k 位评估专家 E_k 的判断矩阵为 $\boldsymbol{A}^{(k)} = (a_{ij}^{(k)})_{n \times n}$，第 k 位专家评估意见的排序向量为 $\boldsymbol{w}^{(k)} = (w_1^{(k)}, w_2^{(k)}, \cdots, w_m^{(k)})^{\mathrm{T}}$，$\lambda = (\lambda_1, \lambda_2, \cdots, \lambda_m)$ 为各专家的权重，综合排序向量为 $\boldsymbol{w} = (w_1, w_2, \cdots, w_n)^{\mathrm{T}}$，综合判断矩阵为 $\boldsymbol{A} = (a_{ij})_{n \times n}$。

① 加权几何综合判断矩阵

$$
a_{ij} = \prod_{k=1}^{m} [a_{ij}^{(k)}]^{\lambda_k} \quad i, j = 1, 2, \cdots, n \tag{8.7}
$$

② 加权算术综合判断矩阵

$$
a_{ij} = \begin{cases} \sum_{k=1}^{m} \lambda_k a_{ij}^{(k)} & j \geqslant i, \ i, j = 1, 2, \cdots, n \\ \dfrac{1}{a_{ij}} & j < i, \ i, j = 1, 2, \cdots, n \end{cases} \tag{8.8}
$$

③ 加权几何综合排序向量

$$
\begin{cases} w_i = \dfrac{w'_i}{\sum\limits_{i=1}^{n} w'_i} & i = 1, 2, \cdots, n \\ w'_i = \prod\limits_{k=1}^{m} [w_i^{(k)}]^{\lambda_k} & i = 1, 2, \cdots, n \end{cases} \tag{8.9}
$$

④ 加权算术综合排序向量

$$
\begin{cases} w_i = \dfrac{w'_i}{\sum\limits_{i=1}^{n} w'_i} & i = 1, 2, \cdots, n \\ w'_i = \sum\limits_{k=1}^{m} \lambda_k w_i^{(k)} & i = 1, 2, \cdots, n \end{cases} \tag{8.10}
$$

经过判断矩阵或排序向量的几何加权平均或算术加权平均，可建立融合多个评估数据源的综合判断矩阵或综合排序向量，综合判断矩阵或综合排序向量融合了不同专家(仿真作为虚拟专家)的评估判断信息。基于专家信息构建判断矩阵和基于仿真数据构建判断矩阵，对判断矩阵进行一致性检验和调整，然后对多评估数据源融合建立综合判断矩阵并进行相容性分析，最后构造 ANP 模型超矩阵和加权超矩阵。

4. 基于 ANP 的作战对手通信网络通信对抗效能评估

1) 评估流程

由前面介绍的内容可知，网络分析法(ANP)是一种能用来处理具有反馈和相关关系的复杂决策问题的定量化方法，ANP 的决策原理与 AHP 基本相同，唯一不同的是前者能够解决网络化评估指标体系问题，而后者面对的是层次递阶结构评估指标体系问题。

基于 ANP 的作战对手通信网络作战能力评估建模基本思路是：首先，根据作战对手通信网络作战能力形成的特点，确定作战对手通信网络作战能力评估指标的选取与指标体系的构建原则；其次，依据评估指标体系的设计原则，初步建立评估指标体系，接着对评估指标进行筛选，以进一步完善和优化评估指标体系，并对指标之间的相关性进行分析，确定指标之间的相互影响关系并设计网络化评估指标体系；然后，将不同来源的多类评估判断数据融合，综合构造 ANP 模型超矩阵，通过矩阵极限运算获得各评估指标权重；最后，基于幂指数函数构建作战对手通信网络作战能力评估模型。图 8.2 给出了基于 ANP 的通信网通信对抗作战能力评估流程框架。

2) 方法及步骤

(1) 明确评估需求。

评估需求是评估活动的起点和归宿。明确评估需求的内容包括明确评估对象、定义评估指标、分析评估想定及规定评估条件。本书的评估对象为针对作战对手的通信网络，研究其在特定场景下的组网能力、指控能力、抗毁作战能力、抗侦察作战能力、抗干扰作战能力及战术能力等。

(2) 初步方案构建及评估指标筛选。

通过对评估对象和评估问题的分析，依据一定方法初步建立评估指标体系后，还需要对评估指标进行筛选，主要是为了进一步完善和优化评估指标体系，避免在建立评估指标体系时体系过于繁琐或过于简化。构建的作战对手通信网络指标体系初步方案如图 8.3 所示。

依据上述设计的通信网作战能力评估指标体系初步方案，采取 Delphi 法进行重要性评估指标的筛选。

(3) 指标相关性分析。

面对实际问题时，建立的层次递阶结构的评估指标体系中，同一层次内或者不同层次间除了支配影响关系外，仍然存在相互影响或依赖关系，指标相关性分析就是确定指标之间的相互影响关系，建立相互影响关系模型。相关关系还可以按照变量之间的密切程度来区分，当变量之间的依存关系密切到近乎函数关系时，称为完全相关；当变量之间不存在依存关系时，就称为不相关或零相关；大多数相关关系介于以上两种情况之间，称为不完全相关。对于评估指标体系中的指标 $I_1, I_2, \cdots, I_r$，任意两指标(I_i, I_j)，其中 $1 \leqslant i, j \leqslant r$，定义指标 I_i 对指标 I_j 的影响关系存在的可能性为指标关联度 $\gamma_{j,i}$，$0 \leqslant \gamma_{i,j} \leqslant 1$，指标 I_j 对指标 I_i 的影响关系存在的可能性为指标关联度 $\gamma_{j,i}$，$0 \leqslant \gamma_{j,i} \leqslant 1$。

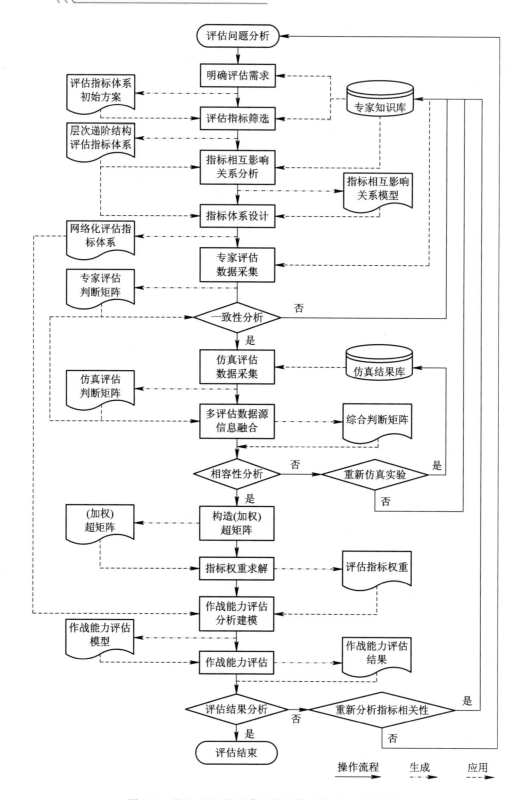

图 8.2 基于 ANP 的通信网络通信对抗能力评估流程

研究评估指标体系中指标之间的相关性，主要任务就是通过领域专家咨询，专家依据自身掌握的知识和对相关领域的了解，对各指标之间存在影响或联系的可能性、密切程度作出符合实际的判断。在定义了指标关联度之后，一个首要的问题就是如何对评估指标体系中任意两个指标之间的关联度 γ 进行获取和表示。通常来说，单个专家提供的信息是不可靠的，因为不同的专家领域知识不同，观察和考虑问题的角度也不同，因此，对于同一个问题，专家们的结果往往不一致，甚至出现结果互相矛盾的情况。因此，通常考虑让多个专家组成专家群来对某个问题进行分析，并对专家群的意见进行统计处理。

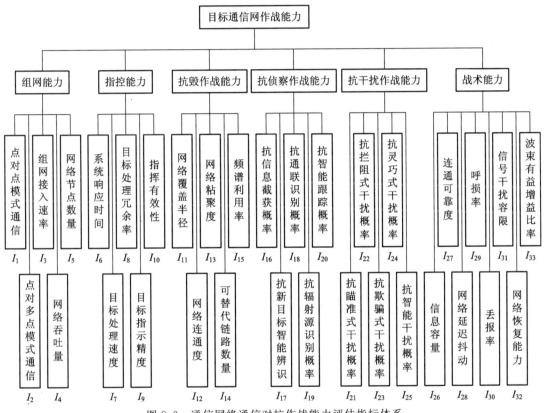

图 8.3　通信网络通信对抗作战能力评估指标体系

（4）指标体系设计。

在对指标相互影响关系进行分析，建立相互影响关系模型后，进一步定义指标节点与指标簇以及它们之间关系的图形化表示。基于 ANP 模型描述方法借助指标相互影响关系模型，构建并描述网络结构的评估指标体系。

（5）专家评估数据采集。

ANP 模型的输入数据是基本判断矩阵，在一个准则下，对受支配元素进行两两比较而建立判断矩阵，对于一个评估判断问题来说，利用专家经验知识可以完成成对比较判断过程，从而建立基于专家信息的判断矩阵。

（6）仿真评估数据采集。

在一个评估判断问题中，如果受支配元素是可定量的评估指标体系的末级指标，通过建模与仿真手段采集到能表达末级指标含义的原始仿真数据，再经过初步统计整理，进行数据分析格式转换，同样可实现对元素的成对比较判断过程，从而建立基于仿真数据的判断矩阵。

（7）多评估数据源信息融合。

在使用 ANP 模型获取判断信息时，若进行专家咨询，对同一个准则，将获得多个判断矩阵，因此有必要对多人的评估，即对所谓多专家评估问题进行研究，以求获得一个合理的综合结果。另外，仿真数据源拥有丰富的信息，可以考虑作为一个虚拟的评估主体进行判断并参与评估。

（8）构造（加权）超矩阵。

ANP 与 AHP 面对的是不同结构的评估指标体系，ANP 对采集而来的数据存储的方法也不同于 AHP，ANP 使用超矩阵来存储模型中表示元素之间相互影响程度的数据，用权矩阵确定元素集之间的相互影响程度，最终将存在支配与反馈关系的元素之间的影响大小存储在加权超矩阵中。

（9）指标权重求解。

在建立了融合多种评估数据源信息的加权超矩阵后，经过对加权超矩阵的极限运算，可以得到作战对手通信网络作战能力评估指标体系中各评估指标的相对重要度排序，即各评估指标权重。

（10）作战能力评估分析建模。

依据评估指标体系的设计原则选取并筛选出影响作战对手通信网络作战能力的各种评估指标，设计出反映各种评估指标相互关系的网络化评估指标体系，并求解出各种评估指标的权重，从而建立起针对作战对手通信网络通信对抗效能的评估模型并进行评估。

8.2　复杂电磁环境适应性评估

测试中构建的复杂电磁环境，应从相似度和复杂度两方面进行评估。相似度评估主要用于解决测试中所构建的复杂电磁环境（被验装备处）与预测的战场电磁环境的一致性、逼真性问题；复杂度评估主要用于定量评价复杂电磁环境相对同一类电子装备的复杂程度，为进一步比较分析同一类电子装备中不同型号装备的适应性优劣奠定基础。

复杂电磁环境复杂度是指测试中构建的复杂电磁环境在频域、时域、功率域、调制域、极化域等方面相对被验装备的综合复杂程度。复杂电磁环境的复杂度计算要素主要包括频域、时域、功率域、调制域、极化域等方面的参数。

复杂电磁环境相似度是指相对于被验装备而言，测试中构建的复杂电磁环境与预测的战场电磁环境的一致程度，即测试中所构建复杂电磁环境的逼真程度。复杂电磁环境的相似度计算要素主要包括频域、时域、功率域、调制域、极化域等方面的参数。其中，频域相似因子主要反映构建的电磁信号与所预测的电磁信号在载频、频谱宽度方面的一致性，为最关键的相似因子；时域相似因子主要反映构建的电磁信号与所预测电磁信号在出现时间、重复周期等时域特性方面的一致性；功率域相似因子主要反映到达被验装备处（接收机射频口）构建的电磁信号与所预测电磁信号的能量一致性；调制域相似因子主要反映构建的电磁信号与所预测电磁信号在信号样式方面的一致性；极化域相似因子主要反映构建的电磁信号与所预测电磁信号在极化状态方面的一致性。对于杂波信号的相似度，则主要从信号功率、频谱、幅度分布等统计特性进行分析。

1. 相似度评估

在对复杂电磁环境相似度进行评估时，对于Ⅰ类电子装备，重点评估其威胁电磁环境、背景电磁环境的相似度；对于Ⅱ类电子装备，重点评估其目标信号环境、背景电磁环境的相似度，必要时考虑威胁电磁环境；对于Ⅲ类电子装备，重点评估其背景电磁环境的相似度。

相似度计算时，首先对复杂电磁环境中各单个电磁信号的相似度进行计算；然后对单个电磁信号相似度进行加权处理，分别计算威胁电磁环境、目标信号环境、背景电磁环境的相似度；最后依据被验装备的接收特性，对威胁电磁环境、目标信号环境、背景电磁环境的相似度进行加权处理，综合评估Ⅰ类电子装备、Ⅱ类电子装备、Ⅲ类电子装备的复杂电磁环境相似度。此外，对于电子信息系统的复杂电磁环境相似度，则应在对系统中各电子装备复杂电磁环境相似度计算的基础上，取各电子装备对电子信息系统完成预定作战任务的贡献率作为权值，经加权处理，综合评估电子信息系统所处的复杂电磁环境与预测的战场电磁环境间的相似度。

其中，对于单个电磁信号相似度权值，需区分威胁电磁环境、目标信号环境、背景电磁环境。在威胁电磁环境相似度计算中，单个电磁信号相似度的权值应取该电磁信号相关度与威胁电磁环境中所有信号相关度总和的比值；在目标信号环境相似度计算中，单个电磁信号相似度的权值应取该信号与目标信号总数的比值；在背景电磁环境相似度计算中，单个电磁信号相似度权值应取该电磁信号相关度与背景电磁环境中所有信号相关度总和的比值。

对于电子装备相似度的权值，应取该电子装备对电子信息系统完成预定作战任务的贡献率与系统内所有电子装备贡献率的比值。这里的贡献率，可根据该电子装备失效时对电子信息系统完成预定作战任务的达到程度或下降程度进行确定。

2. 复杂度评估

复杂电磁环境复杂度评估时，对于Ⅰ类电子装备，基于复杂电磁环境下被验装备进行预定信号匹配接收的难度，进行电磁环境复杂度计算；对于Ⅱ类电子装备，基于复杂电磁环境下被验装备进行目标信号接收和认知的难度，进行电磁环境复杂度计算；对于Ⅲ类电子装备，利用复杂电磁环境信号强度与规定的外界电磁环境限值的关系，进行电磁环境复杂度计算。

对Ⅰ类电子装备的复杂电磁环境进行复杂度计算时，依据Ⅰ类电子装备对预定信号的匹配接收特性，复杂电磁环境的复杂度主要体现为电磁信号在时域、频域、功率域、调制域等方面对被验装备造成的预定信号接收难度。其中，频域的影响可在功率域复杂因子中进行考虑；调制域的影响主要表现为被验装备对复杂电磁环境中单个电磁信号的匹配接收程度，或复杂电磁环境中单个电磁信号与预定接收信号的匹配程度。

对Ⅱ类电子装备的复杂电磁环境进行复杂度计算时，依据Ⅱ类电子装备对电磁信号的认知接收特性，复杂电磁环境的复杂度主要体现为在复杂电磁环境下被验装备进行目标信号接收和认知的难度，包括被验装备对威胁电磁环境、背景电磁环境中电磁信号的认知判别的影响(即威胁电磁环境、背景电磁环境中电磁信号与目标信号越相似时,被验装备对电磁信号的误判率或虚警概率越高);威胁电磁环境、背景电磁环境中电磁信号对被验装备进行目标信号接收的影响(即对被验装备进行目标信号搜索截获的影响);目标信号环境对被验装备进行目标信号接收和认知能力的影响(包括目标信号间的相互影响、目标信号样式变化、目标信号来波方向变化等)。

对Ⅲ类电子装备的复杂电磁环境进行复杂度计算时,依据Ⅲ类电子装备不利用天线(含光学系统)接收信号的特性,复杂电磁环境的复杂度主要体现在外部电磁信号通过导线、缝隙等进入被验装备内部的影响。可利用复杂电磁环境信号强度与规定的外部电磁环境限值的关系,进行复杂度计算。其中,外部电磁环境限值可借鉴 GJB 1389A – 2005《系统电磁兼容性要求》中的相关数据。

在深入研究复杂电磁环境对典型用频装备和部队作战行动影响机理的基础上,研究复杂电磁环境对装备作战效能影响的仿真建模方法;构建包括"电磁环境效应-用频装备技战术性能影响-装备作战效能"三个层次的评估指标体系;针对三层评估指标,基于多次作战场景仿真推演数据,研究复杂电磁环境适应性评估模型构建方法;针对评估数据,开展复杂电磁环境对装备技术性能、战术性能、作战效能等影响相关性分析,研究典型装备复杂电磁环境适应性专家数据模型的构建方法。

对于复杂电磁环境本身的度量涉及方方面面,需要一整套复杂指标体系。但如果从实用角度出发,仅从装备(系统或体系)天线口面去度量,问题可大大简化,而且此方法更有利于统一和推广。

装备(系统或体系)面临的复杂电磁环境由三个方面构成,即威胁电磁环境、目标信号环境和背景电磁环境。三者分别可采用威胁度、密集度和拥挤度进行量化,如图 8.4 所示。

$$\boxed{复杂度} \quad = \quad \boxed{威胁度} \quad + \quad \boxed{密集度} \quad + \quad \boxed{拥挤度}$$

图 8.4 电磁环境复杂度分解

基于上述对电磁环境复杂度的分解,一旦采用复杂电磁环境描述字把装备面临的复杂电磁环境描述出来,那么该装备所面临的威胁度和拥挤度基本上就可以计算出来,从而也可以把复杂度计算出来。

基于对电磁环境的多分辨率建模与表征,我们也可以从不同的层面对电磁环境进行度量分析。

8.3 通信对抗装备效能评估

8.3.1 通信对抗装备指标体系构建

对装备作战效能进行评估,一般可以从两个层面进行,第一层是对装备作战能力进行评估,表示装备系统固有的属性或特征,如尺寸、重量、发射功率、灵敏度、信噪比等。第二层是装备系统或使用装备系统的部队在作战环境中完成特定任务的程度,根据任务的不同需要设定不同的装备系统效能评估指标体系,来评估装备系统的作战效能。装备作战技术指标是作战效能发挥的基础，通过梳理装备作战能力指标体系，按装备在装备体系中的层次，形成装备性能指标体系，以研究装备某项性能指标对整个作战效能的影响程度。比如图 8.5 给出了通信对抗装备的性能指标体系，通过该指标体系，可以直观地看出对作战有影响的装备性能指标。

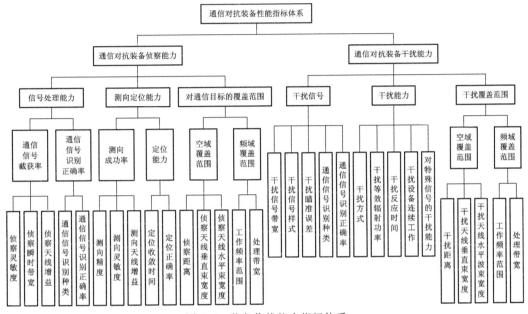

图 8.5　装备作战能力指标体系

8.3.2　复杂战场电磁环境对装备作战能力影响评估

由前述内容可知，复杂电磁环境是指在一定的空域、时域、频域和功率域上，多种电磁信号同时存在，对武器装备运用与作战行动产生一定影响的电磁环境，其构成要素包括目标方的电磁辐射、我方用频装备自扰互扰、民用电子设备辐射以及自然电磁现象四大部分。未来在主要战略方向实施联合作战时，战场配置空间跨度较大，分布在陆、海、空、天战场的各种指挥控制、预警探测、通信/导航、电子对抗、情报侦察、作战信息保障等电子设备密集；目标方和己方、人为和自然、有意和无意的电磁信号种类多，频域覆盖宽，信号密度大，将直接影响各作战集团雷达、通信、情报侦察、电子对抗等用频装备作战效能的发挥，甚至会影响到联合作战的进程和结局。此外，电子信息装备种类多，型号多，技术体制复杂，同样电磁环境对不同类别、不同型号装备的影响机理和影响程度各异，需要结合各型装备的技术特点进行针对性的分析研究。为此，需结合未来联合作战需求，在对电子信息装备面临的复杂电磁环境构成分析的基础上，对复杂电磁环境对被验装备的影响进行深入分析。

1. 指标体系

下面对复杂电磁环境对通信装备的影响进行分析。

通信装备主要用于保障传输情报数据、作战指令和协调信息，通信应用可分为短波通信、超短波通信、接力通信、卫星通信、散射通信等。复杂电磁环境对其影响主要体现在通信传递中断、差错率提高和协同效率下降等方面,这些影响甚至可使通信装备的通信能力下降或丧失,无法进行通信。其中,卫星通信距离远、范围大,还受大气和太阳活动的影响,更容易受到复杂电磁环境干扰的影响;数据链通信主要用于为系统所有战斗单元提供敌我目标位置、电子战情报、威胁报警、武器协同、指挥控制等各种信息数据,复杂电磁环境对其产生的干扰,将大大降低协同效率。另外,还需要重点研究不同等级复杂电磁环境下的话音、数据通信能力以及检验不同等级干扰环境下的话音、数据通信能力。由此,可总结出复杂电磁环境条件下通信装备作战效能变化评估指标如图 8.6 所示。

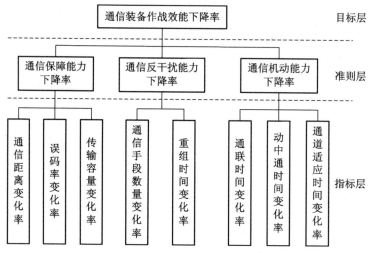

图 8.6　通信装备电磁环境效应指标

对通信侦察装备的作战效能进行以下分解,形成其功能层电磁环境效应评估指标,如图 8.7 所示。

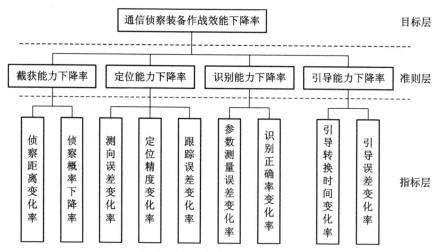

图 8.7　通信侦察装备电磁环境效应指标

在对比不同复杂度等级的电磁环境下某装备的各项战技性能指标数据基础上,计算相应的性能指标下降率,使用相应的评估模型与评估方法(比如加权处理等),计算得出装备作战效能下降率指标,给出该装备对复杂电磁环境的适应性评估结果。若该装备属于某个装备系统,则分别计算各个装备的作战效能下降率指标,采用相应的综合评估方法(比如加权处理等),给出综合评估计算结果,完成对装备系统的复杂电磁环境适应性评估分析,其大致步骤如下:

(1) 确定研究对象,包括需要进行评价的战场电磁空间、工作时间范围和工作频率范围;

(2) 测试/计算并分析一般电磁环境下的各项性能指标;

(3) 测试/计算并分析收到某种复杂程度的电磁环境影响后的各项性能指标;

(4) 计算相应的性能指标下降率;

(5) 计算综合评价结果,给出复杂电磁环境下装备适应性评估结果。

需要说明的是性能指标下降率的判决基准可以是电子装备的产品规范中的战术技术性能指标,可以是电子装备在复杂电磁环境下的作战任务需求,也可以是某个一般电磁环境下装备的各项性能指标。

2. 仿真评估测试流程

通过仿真想定制作和测试设计,在仿真推演过程中实时构建符合某种作战想定或军事演练场景的参数化的复杂电磁环境,通过复杂信号模拟装备及信道模拟装备,射频注入被验装备,被验装备在进行一系列的侦察识别后,如频率侦测、调制样式识别、带宽测量、测向等,得出对输入信息的侦察结果,通过对侦察结果和原始的输入数据进行对比评估,得出装备各项侦察指标的适应性评估指标,再通过装备效能评估指标聚合算法,得出装备总的复杂电磁环境适应性评估结果。这一仿真评估测试的主要流程如图 8.8 所示。

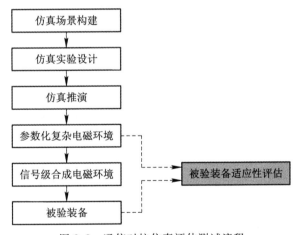

图 8.8　通信对抗仿真评估测试流程

8.4　通信对抗系统认知能力评估

认知通信对抗系统也即认知通信电子战系统是目前及未来的发展方向,本书在现有理论、技术水平和试验条件的基础上,通过设定合理的假设和条件,将认知通信电子战系统测试评估方法研究抽象为一个具有通用性和基础性的理论问题,从而利用合适的数学手段和工具来找到解决认知通信电子战系统测试中评估分析的同一性与认知实现的多样性之间矛盾的途径和方法。在认知通信电子战系统典型构成的基础上，采用认知模型来对不同认知通信电子战系统的认知过程进行描述，再在认知模型的基础上进行测试评估方法研究，从而使得认知通信电子战系统测试评估方法既能满足对认知能力有效程度的评估需求，也能解决认知实现多样性所带来的问题。

8.4.1　认知通信电子战系统认知过程分析

在认知过程分析中，通常采用认知模型来对认知能力在电磁频谱对抗不同阶段所表现出的典型特征进行描述。不同认知通信电子战系统通常具有不同的认知实现过程，但可以用相同的认知模型来反映。因此，基于同一认知模型，认知通信电子战系统的测试评估可以在相同条件下进行分析和实现。

认知模型构建关键在于全和准：全是指能够完全覆盖认知通信电子战系统认知过程的已有形式，准是指能够准确反映认知通信电子战系统认知过程的能力水平。因此认知模型的分析构建分为以下三个阶段：

（1）梳理认知通信电子战系统发展的技术趋势和重点方向，确定认知模型的描述侧面；

（2）明确认知通信电子战系统的核心功能和重要指标，划分认知模型的描述层次；

（3）确定认知通信电子战系统认知模型的输入输出及相互联系，建立认知模型的描述方式。

8.4.2　认知通信电子战系统认知能力局部表现评估

在认知能力局部表现评估中，主要分为环境感知能力评估、博弈决策能力评估和知识生长能力评估三个部分来阐述。

1. 环境感知能力评估

在环境感知能力评估中，相同环境感知输入下不同认知通信电子战系统具有不同的环境感知输出，从而对应不同的环境感知输入分布。因此，通过比较被验认知通信电子战系统与理想认知通信电子战系统在环境感知输入分布上的差异，能够分析被验认知通信电子战系统环境感知实现的有效程度。

对于同一电磁环境输入，不同认知通信电子战系统的环境感知输出在类型、粒度、数量等方面都可能存在差异，所以不能通过环境感知输出之间的直接比较来对环境感知能力的高低进行判断。因此，应采用环境感知输入上的对比分析来完成对环境感知能力的评价。

2. 博弈决策能力评估

在博弈决策能力评估中，认知实现的有效程度主要取决于博弈决策输出分布的优化程度，因而可以采用决策覆盖度、决策共有度等指标来对博弈决策输出分布进行分析。其中，决策覆盖度用于对博弈决策实现的精确程度进行分析，决策共有度用于对博弈决策的调整裕度进行度量。

认知通信电子战系统与传统电子战系统的一个显著差别在于对抗决策的优化上。决策优化不仅体现在认知通信电子战系统能够针对不同的输入来给出适合的输出，还体现在认知通信电子战系统能够根据对抗效果分析来调整对抗的方式和参数。因此，博弈决策能力评估主要从博弈决策输出的优化程度方面进行分析。

3. 知识生长能力评估

在知识生长能力评估中，主要从知识库模块对环境感知模块和博弈决策模块的支撑能力角度进行分析，即通过比较知识生长过程前后环境感知能力和博弈决策能力的变化程度来对知识生长能力的高低进行衡量。

知识生长能力决定了认知通信电子战系统对于环境和对手的适应能力，其高低从根本上确定了环境感知能力和博弈决策能力的潜力上限。对知识生长能力的评估主要侧重于知识库模块对装备现有能力的影响大小，因此，可以通过环境感知能力和博弈决策能力的变化程度来对知识生长能力的高低进行判断。

8.4.3　认知通信电子战系统认知能力整体表现评估

在认知通信电子战系统认知能力整体表现评估中，将环境感知过程、博弈决策过程、知识生长过程作为一个整体进行分析，采用整体智能水平考核的方式来对认知通信电子战系统进行评价。

在整体智能水平考核中，将认知能力划分为信号认知、行为认知和威胁认知三个层次，不同层次的认知过程对应不同的认知输入范围和认知输出特征；在每一层次的认知评估中，根据环境感知能力、博弈决策能力、知识生长能力的评估输出来确定认知系统的整体智能水平。

整体智能水平考核类似于包含多个级别的计算机能力测试，是将试卷的难易程度和相应的得分情况相结合来对能力进行合理评价的方式。

8.4.4　认知通信电子战系统对抗效果评估

首先，对认知通信电子战系统可能面对的典型对抗场景进行研究，从典型战术和典型对手两个方面进行分析。其次，在传统电子战系统测试评估的基础上，构建能够体现认知通信电子战系统对抗过程特性的评估指标体系。最后，建立认知通信电子战系统认知能力与输出表现的关联模型，实现从对抗结果到能力表现的推理分析。

8.4.5　认知通信电子战系统交战环境系统设计

首先，在对认知通信电子战系统的功能指标以及评估需求梳理的基础上，完成交战环境系统总体设计；其次，区分认知通信电子战系统测试的不同类型，给出交战环境系统使用流程；最后，针对典型认知通信电子战系统和特定评估需求，采用交战环境系统来对测试评估方法进行测试分析。

认知通信电子战系统内场交战环境系统设计必须重视电磁环境数据集的构建工作。电磁环境数据集不仅能为认知通信电子战系统的测试评估提供必要输入，而且能为认知通信电子战系统的训练提升提供标准样本，为认知通信电子战系统的加速研制和改进完善提供有效支撑。

为了构建认知通信电子战交战环境和验证评估方法效能，以软件无线电技术为核心，通过研究软件算法和样机系统构架，构建一套干扰样式灵活多变的智能认知干扰机系统。

认知通信电子战需要具备灵活的认知对抗能力，主要体现在未知目标的快速检测、智能攻击及策略优化、攻击效果评估、动态知识库管理等相关功能。因此，基于软件无线电理论，采用标准的技术协议规范，通过硬件通用化、功能软件化和软件构件化设计，构建功能可重构的开放式系统架构，开发系统灵活的、可扩展的认知干扰机，验证认知通信电子战系统测试评估方法，为认知通信电子战测试训练奠定基础。认知通信电子战系统交战环境模拟系统的一般架构如图 8.9 所示。

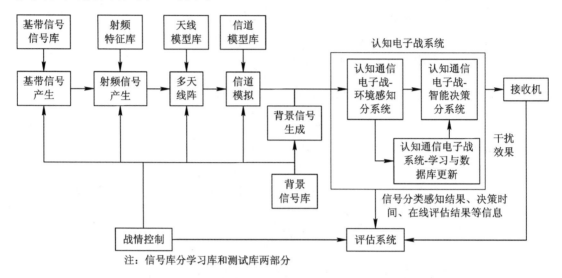

图 8.9　认知通信电子战系统交战环境模拟系统基础架构

8.5　基于多域多维复杂电磁环境适应性评估方法

目前，电磁频谱战适应性考核环境的评估考核主要存在两类问题，一类是电磁频谱战适应性考核环境的构建问题，另一类是电磁频谱战适应性考核环境的评估问题。电磁频谱战适应性考核环境构建的主要问题是缺乏操作性强的通用标准，与此相关的 GJB 6130—2007《战场电磁环境术语》、GJB 6520－2008《战场电磁环境分类与分级方法》主要是定义上的描述，若按其要求的方法进行，对于宽频带不同等级电磁频谱战适应性考核环境构建来说，将需要大量的模拟装备，不经济也不现实；对于电磁频谱战适应性考核环境评估来说，可用的评估方法较多，如层次分析法、模糊集理论、粗糙集理论等，但诸如此类方法中的主观性评价因素所占权重过大，所得评估结果无法体现电磁频谱战适应性考核环境效应的动态性变化过程，影响了评估的客观性与形象性。

本节基于上述问题，探索性地提出了相应的解决办法，基于电磁环境激励与响应的综合评估机制，利用诸影响因素测试结果，建立了针对电子信息系统信道占有度、频谱重合度、背景信号强度等要素的多激励多响应电磁环境效应"套桶"评估模型，减少了主观因素，解决了被验对象的客观与形象评估问题。本节的研究结果在相关多频段、多组网的无线通信指挥信息系统电磁频谱战适应性考核环境的评估考核中得到了成功应用。

8.5.1　激励与响应评估机制

建立各类客体电磁频谱战适应性考核激励与响应评估机制,目的是为了能够在设定的不同复杂度电磁环境下,考核各类客体诸多能力的变化(如数据通信误码率、语音通信清晰度、传输时延、组网时间、承受子网数量、路由能力等)。电磁频谱战适应性考核的激励与响应评估机制示意图如图 8.10 所示。图中评估模型是问题的核心,依据被测系统各类响应变化情况,通过综合分析去评估被验系统的电磁频谱战环境适应性。目前,传统的评估方法有层次分析法、粗糙集理论、模糊集理论等,存在着主观性评价因素所占权重过大、评估结果看不到电磁频谱战适应性考核环境效应的动态性变化等问题,本书基于激励与响应关系,在相关数学分析的基础上,建立了一种基于多域多维电磁环境效应"套桶"评估方法,一定程度上弥补了上述缺陷。

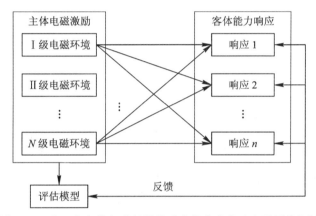

图 8.10　基于主客体电磁频谱战适应性的考核响应及评估机制

8.5.2　激励与响应关系构建

1. 激励集描述

激励因子是指基于客体脆弱性的各类影响因素,包括各类有意干扰(瞄准式干扰信号、区域拦阻压制信号等)、无意干扰(工作频道的各邻道干扰信号、交叉调制干扰信号、互调干扰信号、中频干扰信号、镜频干扰信号及各类抬高底噪的其他环境信号等)及随机背景电磁环境信号。对于这些可变环境信号,我们用 X_i 来表示,即 $X_i = (x_1, x_2, \cdots, x_n)$,集合中的所有元素都是一个变化的量,分别表示各类干扰影响参数,当其变化使接收机出现功能中断问题时,其临界值为其最大值。由于各类干扰影响因子差别很大,意义不一样,为了便于分析问题及提高可比性,我们分别将其归一化,用 X_i' 表示,且 $X_i' = (x_1', x_2', \cdots, x_n')$,即其取值分别除以其最大值。

2. 响应集描述

1) 单激励响应集描述

从激励与响应的关系中可以知道,X_i 中每一类因素干扰可导致信息系统至少一项或多项能力的变化,因此,电磁环境单元素与响应之间是一种一对多的关系,我们用集合来描

述它们，可写成

$$Z_i \rightarrow (\chi_1, \chi_2, \cdots, \chi_n, \cdots) \tag{8.11}$$

式中，$(\chi_1, \chi_2, \cdots, \chi_n, \cdots)$对应被验系统能力的变化(如数据通信误码率、语音通信清晰度、传输时延、组网时间、承受子网数量、路由能力等)。由于各类能力元素的意义不一致，为了使其相互具有可比性，$(\chi_1, \chi_2, \cdots, \chi_n, \cdots)$中各元素也分别归一化，即$(\chi_1, \chi_2, \cdots, \chi_n, \cdots)$分别是对应资源的归一化数值。

为了更清楚地表述以及便于量化分析，我们把电磁环境引起各类通信能力变化的参数值统一到一个矩阵中去，用矩阵的各列对应各环境因素下单通信能力的逐渐变化情况，矩阵中各行对应在单一电磁环境影响因素下参数取值时的各类能力值。我们把这样的矩阵称为系统单激励通信能力响应矩阵，如式(8.12)所示。

$$\mathbf{Z} = \begin{bmatrix} \chi'_{11} & \chi'_{12} & \cdots & \chi'_{1n} \\ \chi'_{21} & \chi'_{22} & \cdots & \chi'_{2n} \\ \chi'_{31} & \chi'_{32} & \cdots & \chi'_{3n} \\ \vdots & \vdots & \cdots & \vdots \\ \chi'_{n1} & \chi'_{n2} & \cdots & \chi'_{m} \end{bmatrix} \tag{8.12}$$

2) 多激励相关响应集的描述

多激励是指多类影响因子的综合效应，因各影响因子之间存在着直接或间接的联系，故可以通过它们的相关关系做经验判定，如图8.11所示。图中，利用各旋转坐标轴之间的夹角来表示各电磁环境影响效应之间的相关性，由向量合成计算公式$|OC|^2 = |OA|^2 + |OB|^2 + 2|OA||OB|\cos(a_i)$可知，夹角小于90°时表示这两类电磁环境影响效应之间具有正相关性；当这个角度等于0°时，表示这两类资源之间具有最强的正相关性；当这个角度等于90°时，说明这两类资源之间没有相关性；当这个角度大于90°时表示负相关。负相关是不可能发生在资源响应之间的，因此，a的经验取值范围为[0°, 90°)。根据余弦函数的特性及资源响应数据的变化情况，我们把a的取值进一步细分为两个区域，即[0°, 45°]及(45°, 90°)，当从反馈信息中发现任意两类电磁环境效应相关性很强时，就从[0°, 45°]取一经验值，否则就从(45°, 90°)取值。为了便于相关计算，效应的相关性用下面的矩阵表示：

$$[a_1, a_2, a_3, \cdots, a_n]^T \tag{8.13}$$

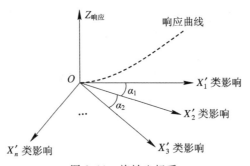

图 8.11　旋转坐标系

由于各类电磁环境因素组合下接收机响应之间存在着相关性，用式(8.14)来分别求它们的向量合成，这些合成点我们称为相关响应点 s。

$$
s = \begin{bmatrix} \chi'_{11} & \chi'_{12} & \cdots & \chi'_{1n} \\ \chi'_{21} & \chi'_{22} & \cdots & \chi'_{2n} \\ \chi'_{31} & \chi'_{32} & \cdots & \chi'_{3n} \\ \vdots & \vdots & & \vdots \\ \chi'_{n1} & \chi'_{n2} & \cdots & \chi'_{nn} \end{bmatrix} \times \begin{bmatrix} a_1 \\ a_2 \\ a_3 \\ \vdots \\ a_n \end{bmatrix} \tag{8.14}
$$

在进行合成时，合成向量可能被放大，可能影响水平面上各通信能力响应坐标系的比例，为了保持坐标系的比例性，减少判断误差，我们给合成向量分别乘上它对应的合成因子，$\delta = \cos\alpha_1$，则 χ'_{11}、χ'_{12} 的合成相关点的值为 $s_{11} = |\boldsymbol{OC_1}|\cos\alpha_1$。然后，以此类推，分别求出剩余各相关点的值。

3. 综合效应集描述

通过以上的步骤，我们就得到了被验对象在几类电磁激励下的各类能力响应点及相关响应点，把得到的单响应点及相关点放在同一个矩阵中，如式(8.15)所示。评估电磁环境适应性的方法就是看在各类干扰可变参数逐渐变化时，矩阵中每行的响应点及综合响应点的变化趋势，并对这些变化趋势进行综合分析，从而评估电磁环境的适应性。

$$
\boldsymbol{C}_{\text{all}} = \begin{bmatrix} \chi'_{11} & \chi'_{12} & \cdots & \chi'_{1n} & s_{11} & s_{12} & \cdots & s_{1n} \\ \chi'_{21} & \chi'_{22} & \cdots & \chi'_{2n} & s_{21} & s_{22} & \cdots & s_{2n} \\ \chi'_{31} & \chi'_{32} & \cdots & \chi'_{3n} & s_{31} & s_{32} & \cdots & s_{3n} \\ \vdots & \vdots & & \vdots & \vdots & \vdots & & \vdots \\ \chi'_{n1} & \chi'_{n2} & \cdots & \chi'_{nn} & s_{n1} & s_{n2} & \cdots & s_{nn} \end{bmatrix} \tag{8.15}
$$

8.5.3　基于多域多维电磁环境效应的"套桶"评估方法

依据激励与响应的对应关系，为了形象评估电磁频谱战适应性考核环境，我们把式(8.15)所示的电磁环境适应性结果投射在图 8.12 所示的旋转套桶坐标系中。

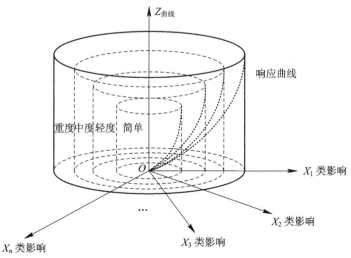

图 8.12　套桶评估模型示意图

图中，水平坐标面为设置的电磁频谱战适应性考核环境信号中对接收机产生影响的各类电磁环境激励因子 X_i；Z_i 为各类电磁频谱战适应性考核环境条件下，被测系统的能力变化情况（数据通信误码率、语音通信清晰度、传输时延、组网时间、承受子网数量、路由能力等通信组网能力的各类通信变化效应）。依据被验系统在不同复杂度电磁环境下的各类能力变化情况，规定不同的规则边界，划分不同的响应"套桶"边界，如可依据 GJB 6130—2007《战场电磁环境术语》、GJB 6520—2008《战场电磁环境分类与分级方法》将系统的电磁频谱战适应性考核环境规定为如下所述四个不同环境级别的环境：

Ⅰ级电磁频谱战适应性考核环境：为最内层桶（Z_i 的取值范围为 0～0.01），即设定的电磁环境对被验对象的各类能力影响可以忽略，表现为被验对象的数据通信误码率、语音通信清晰度、传输时延、组网时间、承受子网数量、路由能力等不产生影响或影响可以忽略。

Ⅱ级电磁频谱战适应性考核环境：为最内层桶次层（Z_i 的取值范围为 0.01～0.10），即设定的电磁环境对被验对象的各类能力有较轻的影响，表现为被验对象的数据通信误码率、语音通信清晰度、传输时延、组网时间、承受子网数量、路由能力等有一定程度的下降。

Ⅲ级电磁频谱战适应性考核环境：为最内层桶第二次层（Z_i 的取值范围为 0.10～0.50），即设定的电磁环境对被验对象的各类能力有较大的影响，表现为被验对象的数据通信误码率、语音通信清晰度、传输时延、组网时间、承受子网数量、路由能力等有较大的下降。

Ⅳ级电磁频谱战适应性考核环境：为最外层桶（Z_i 的取值范围大于 0.50），即设定的电磁环境对被验对象的各类能力有严重的影响，表现为被验对象的数据通信误码率、语音通信清晰度、传输时延、组网时间、承受子网数量、路由能力等有严重的下降，全部或部分无法进行正常的通信。

8.5.4　典型信息系统复杂电磁环境适应性考核效果评估应用

基于上述的电磁频谱战适应性考核环境构建及评估方法，作者及其团队在某区域构建了包括短波电台网、超短波电台网、散射通信网等典型目标信息传输网进行考核验证，动用了各类电磁频谱战适应性考核环境模拟装备进行等级模拟。其简单电磁环境为考核场地的自然电磁环境及 10 个动态出现的随机信号；中轻度电磁频谱战适应性考核环境为在被测对象工作频点区域设置 35 个邻道信号、2 个互调信号、1 个中频信号、20 个动态出现的随机信号；中度电磁频谱战适应性考核环境为在被测对象工作频点区域设置 149 个邻道信号、2 个互调信号、1 个中频信号、1 个镜频信号、30 个动态出现的随机信号；重度电磁频谱战适应性考核环境为在被测对象工作频点区域设置 312 个邻道信号、2 个信号产生的互调信号、1 个中频信号、1 个镜频信号、50 个动态出现的随机信号。依据多域多维电磁环境效应"套桶"评估方法，通过数据处理得到了综合效应结果。图 8.13 为上述四级电磁环境条件下，综合信息系统中超短波电台网误码率综合效应部分结果图。

从图中处理结果可以看到，在不同复杂度的电磁环境下，构成环境的不同影响因素对被测对象通信效能的影响程度不一样，其中有意干扰、近邻道、互调因素影响权重大，而中频、镜频环境信号影响比较小。由此可见，本书所提出的基于多域多维电磁环境效应"套桶"评估方法，为通信及通信对抗试验训练的科学评估，提供了另外一种解决思路与措施，并在多项任务中得到了有效验证。

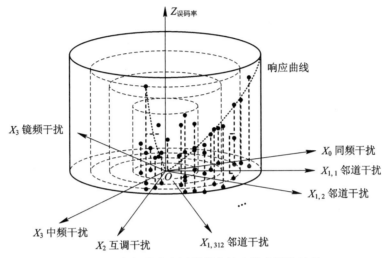

图 8.13　超短波电台网误码率综合效应评估结果

参 考 文 献

[1] 邓兵. 通信对抗原理及应用[M]. 北京：中国工信出版集团，2017.

[2] 陈军. 通信对抗装备试验[M]. 北京：国防工业出版社，2009.

[3] 王国盛，洛刚. 美军一体联动试验鉴定分析及启示[J]. 装备指挥技术学院学报，2010，21(2)：13 - 17.

[4] 杨磊武，小悦. 美军装备一体联动试验与评价技术发展[J]. 国防科技，2010，21(2)：33 - 35.

[5] 汤云革. 无线电传播特性模拟计算方法[M]. 西安：西安电子科技大学出版社，2020.

[6] Rec. ITU-R P. 368 Ground-wave propagation curves for frequencies between 10 kHz and 30 MHz

[7] Rec. ITU-R P. 533 HF propagation prediction method

[8] Rec. ITU-R P. 1546 Method for point-to-area predictions for terrestrial services in the frequency range 30 MHz to 3000 MHz

[9] Rec. ITU-R P. 528 Propagation curves for aeronautical mobile and radionavigation services using the vhf, uhf and shf bands

[10] Rec. ITU-R P. 618 Propagation data and prediction methods required for the design of earth-space telecommunication systems

[11] Rec. ITU-R P. 681 Propagation data required for the design of earth-space land mobile telecommunication systems

[12] Rec. ITU-R P. 680 propagation data required for the design of earth-space maritime mobile telecommunication systems

[13] Rec. ITU-R P. 682 propagation data required for the design of earth-space aeronautical mobile telecommunication systems

[14] 谢益溪. 无线电波传播：原理及应用[M]. 北京：人民邮电出版社，2008.

[15] 谢处方. 天线原理与设计[M]. 成都：成都电子科技大学出版社，2001.

[16] 宋铮. 天线与电波传播[M]. 西安：西安电子科技大学出版社，2003.

[17] 林昌禄. 天线工程手册[M]. 北京：电子工业出版社，2002.

[18] 丁晓磊. 对数周期偶极天线的一种新的分析方法[J]. 系统工程与电子技术，2002，24(5)：17 - 19.

[19] 王红霞，潘成胜，宋建辉. 星载自适应多波束天线波束形成技术[M]. 北京：国防工业出版社，2013.

[20] 龚耀寰. 自适应滤波：时域自适应滤波和自适应多波束天线[M]. 2版. 北京：电子工业出版社，2003.

[21] ［美］弗兰克·B. 格罗斯(Frank B. Gross). 自适应多波束天线 MATLAB 实践版

[M]. 北京：机械工业出版社，2019.

[22] 王玖珍，薛正辉. 天线测量实用手册[M]. 北京：人民邮电出版社，2018.

[23] 郭业才. 非线性信道模型及其仿真[M]. 北京：清华大学出版社，2019.

[24] 冯小平. 通信对抗原理[M]. 西安：西安电子科技大学出版社，2009.

[25] 聂皞，汪连栋，曾勇虎等. 电子信息系统复杂电磁环境效应[M]. 北京：国防工业出版社，2013.

[26] 汤云革. 基于受体脆弱性的复杂电磁环境构建与评估[J]. 电光与控制，2017，24(11)：100 - 104.